Flexibilitätsmanagement in der Logistik

INFORMATIONSTECHNOLOGIE UND ÖKONOMIE

Herausgegeben von Wolfgang Gaul, Armin Heinzl
und Martin Schader

Band 25

PETER LANG
Frankfurt am Main · Berlin · Bern · Bruxelles · New York · Oxford · Wien

Stefan Hocke

Flexibilitätsmanagement in der Logistik

Systemtheoretische Fundierung und Simulation logistischer Gestaltungsparameter

PETER LANG
Europäischer Verlag der Wissenschaften

Bibliografische Information Der Deutschen Bibliothek
Die Deutsche Bibliothek verzeichnet diese Publikation in der Deutschen Nationalbibliografie; detaillierte bibliografische Daten sind im Internet über <http://dnb.ddb.de> abrufbar.

Zugl.: Bayreuth, Univ., Diss., 2004

D 703
ISSN 1616-086X
ISBN 3-631-52714-4

www.peterlang.de

Geleitwort

Die Forderung nach Flexibilität ist im unternehmerischen Umfeld allgegenwärtig. Flexible Fertigungssysteme sind nur ein Beispiel dafür, wie die Flexibilität in der Produktion erhöht werden kann. Bedingt durch die zunehmende zwischenbetriebliche Arbeitsteilung besteht zudem die Notwendigkeit, die Flexibilität auch im interorganisatorischen Kontext zielgerichtet zu gestalten. Das Management der Flexibilität im intra- und interorganisatorischen Bereich setzt jedoch einen Bezugsrahmen und einen Flexibilitätsmessansatz voraus.

Trotz der Bedeutung des Flexibilitätsmanagements gibt es keine wissenschaftliche Arbeit im deutschsprachigen und angloamerikanischen Raum, die unabhängig von einem konkreten Untersuchungsgegenstand konsistente Bezugsrahmen zur Gestaltung der Flexibilität vorstellt und – darauf aufbauend – einen mehrstufigen Flexibilitätsmessansatz entwickelt.

Genau hier setzt die Arbeit von Herrn Stefan Hocke an. Mit der systemtheoretischen Fundierung des Flexibilitätsmanagements in Verbindung mit der Vorstellung eines mehrstufigen Flexibilitätsmessansatzes entwickelte Herr Hocke einen innovativen konzeptionellen Gestaltungsrahmen zum Management der Flexibilität. Anhand der beispielhaften Anwendung dieses Gestaltungsrahmens auf einen zweistufigen logistischen Prozess konnte sowohl dessen Anwendbarkeit als auch die Relevanz der Flexibilitätsbetrachtung bestätigt werden.

Das vorliegende Werk leistet daher einen wichtigen Beitrag für die betriebswirtschaftliche Forschung und wendet sich gleichermaßen an Wissenschaftler und Praktiker, die sich mit der Thematik des Flexibilitätsmanagements im intra- als auch interorganisatorischen Kontext auseinandersetzen.

Prof. Dr. Armin Heinzl

Vorwort

Flexibilität wird in fast allen Lebensbereichen gefordert. Die omnipräsente Verwendung des Begriffs „Flexibilität" lässt auf ein homogenes Verständnis schließen. Insofern scheint die Frage berechtigt, welchen Beitrag die vorliegende Arbeit leisten kann. Demjenigen, der das Konzept der Flexibilität kritisch hinterfragt, eröffnet sich eine Vielzahl interessanter und herausfordernder Fragen, wie zum Beispiel, ob die maximale Flexibilität erstrebenswert ist. Diese Arbeit gibt eine Antwort auf diese und weitere Fragen. Um ein allgemein gültiges Verständnis von Flexibilität zu erarbeiten, werden konzeptionelle Bezugsrahmen entwickelt, anhand derer der Leser ein fundiertes Verständnis des Konzeptes „Flexibilität" erhält. Das Ziel dieses Buches ist es, den Leser in die Lage zu versetzen, mit Hilfe dieser Bezugsrahmen seine Fragen im Rahmen des Flexibilitätsmanagements selbstständig lösen zu können. Der konzeptionelle Charakter dieser Arbeit birgt natürlich die Gefahr, dass diese Materie als undurchdringlich wahrgenommen wird. Um diese Gefahr zu minimieren, werden die theoretischen Erkenntnisse auf einen zweistufigen logistischen Prozess im Rahmen einer Simulationsstudie übertragen und analysiert.

Die vorliegende Arbeit wurde im September 2003 an der Rechts- und Wirtschaftswissenschaftlichen Fakultät der Universität Bayreuth in leicht veränderter Form als Dissertationsschrift eingereicht. Zu Dank verpflichtet bin ich in erster Linie meinem Doktorvater Prof. Dr. A. Heinzl für den Freiraum und die ideelle Unterstützung meines Dissertationsprojektes. Diese Rahmenbedingungen waren die Grundlage für eine zügige Realisierung des Promotionsprojektes. Zudem danke ich Prof. Dr. H. Woratschek und zwar nicht nur für die Übernahme des Zweigutachtens, sondern auch für seine konstruktiven Anregungen.

Mein Dank gilt auch dem gesamten Team des Lehrstuhls Wirtschaftsinformatik, das mich in menschlicher, fachlicher und technisch-organisatorischer Weise unterstützt hat und mir so das Schreiben der Dissertation erleichterte.

Ein besonderer Dank gilt insbesondere meinen Eltern und meinen beiden Schwestern, die mir den notwendigen Rückhalt für das Gelingen dieser Arbeit gegeben haben. Ihnen sei diese Arbeit gewidmet.

Bayreuth, im Juni 2004 Stefan Hocke

Inhaltsverzeichnis

Abbildungsverzeichnis

Tabellenverzeichnis

Abkürzungsverzeichnis

ALM	Allgemeines Lineares Modell
b_{Range}	Range Bewertungskriterium
et al.	und andere
f.	folgende
F	Flexibilitätswert
D	Messdimension
FP	Flexibilitätspotenzial
g	Zielgewichtungsfaktor
GLM	General Linear Model
n. d.	nicht definiert
p	Wahrscheinlichkeit
s	Schwellenwert
S.	Seite
Sp.	Spalte
Stabw.	Standardabweichung
U	Umweltsituation
VBA	Visual Basic for Applications
x	Messwert
Z	Zielwert
μ	Erwartungswert
σ	Standardabweichung

1 Einleitung

1.1 Motivation der Arbeit

Die Fähigkeit von Unternehmen, auf Veränderungen[1] reagieren zu können, wird unter den sich wandelnden Wettbewerbsbedingungen als Notwendigkeit gesehen, um den Ansprüchen der Stakeholder gerecht zu werden. Im Sprachgebrauch wird diese Fähigkeit mit dem Begriff der Flexibilität[2] umschrieben.

Flexibilität wird im Allgemeinen als eine positive Eigenschaft von Produktionsstätten, Unternehmen, Logistikketten und Supply Chains wahrgenommen. In Zusammenhang mit der Flexibilitätsdiskussion wird auch von einem neuen Leitbild,[3] einer „..key competitive weapon...“[4] oder einer „... Herausforderung an die Unternehmensführung...“[5] gesprochen. De Meyer et al. proklamieren sogar Flexibilität als „...next competitive battle...“[6]

Geht es jedoch darum, Flexibilität zu definieren, zu charakterisieren, zu messen, so zeigt sich ein heterogenes Verständnis sowohl bei Praktikern als auch Wissenschaftlern in der seit über 80 Jahren geführten Flexibilitätsdiskussion.[7] Für ein zielsetzungsgerechtes Flexibilitätsmanagement

---

1 Veränderungen können sowohl intern als auch extern auf Unternehmen einwirken. Beispielhaft können Nachfrageschwankungen, Maschinenausfälle oder Streiks genannt werden.

2 Etymologisch stammt das Wort flexibel aus dem Lateinischen und bedeutet biegsam, elastisch beziehungsweise sehr anpassungsfähig. Siehe Drosdowski, G./Müller, W./Scholze-Stubenrecht, W./Wermke, M., 1996 Stichwort „flexibel“.

3 Siehe Picot, A./Reichwald, R./Wigand, R. T., 2001, S. 9.

4 Siehe Vokurka, R. J./O'Leary-Kelly, S. W., 2000, S. 485.

5 Siehe Meffert, H., 1985, S. 121.

6 Siehe De Meyer, A./Nakane, J./Miller, J. G./Ferdows, K., 1989.

7 Ein hervorragender Review der Literatur wird bei Sethi, A. K./Sethi, S. P., 1990 gegeben. Zum uneinheitlichen Verständnis siehe beispielhaft Reichwald, R./Behrbohm, P., 1983, S. 831, Shewchuk, J. P./Moodie, C. L., 1998, S. 325 und Koste, L. L./Malhotra, M. K., 1999, S. 75 f.

stehen Entscheidungsträgern demzufolge auch keine allgemein anwendbaren Bezugsrahmen zur Ausgestaltung der Flexibilität zur Verfügung, um zum Beispiel auf Nachfrageschwankungen, Streiks oder Maschinenausfälle reagieren zu können.

In der Literatur wird neben der Flexibilität die Fähigkeit zur effizienten interorganisatorischen Zusammenarbeit von Unternehmen als Kernkompetenz gesehen.[8] Die interorganisatorische Integration wird in den Konzepten des Logistikmanagements,[9] des Supply Chain Managements[10] oder auch in dem Konzept der grenzenlosen Unternehmung[11] thematisiert, um nur einige zu nennen.

Trotz der hohen Relevanz beider Themenbereiche – der Flexibilität und der interorganisatorischen Zusammenarbeit – verwundert die überschaubare Zahl der Literatur zur interorganisatorischen Flexibilitätsbetrachtung.[12] Eine modelltheoretische Untersuchung der interorganisatorischen Flexibilität zur Bestätigung der Relevanz und Analyse der Flexibilität steht in diesem Bereich noch aus.

1.2 Zielsetzungen der Arbeit

Aus dem uneinheitlichen Flexibilitätsverständnis leitet sich der erste Zielsetzungskomplex mit drei Unterzielen ab. Zunächst besteht das Ziel darin, auf der Basis der betriebswirtschaftlichen Flexibilitätsliteratur eine allgemein gültige Definition des Begriffs Flexibilität zu erarbeiten. Darauf aufbauend soll ein Ansatz des Flexibilitätsmanagements erarbeitet werden, der es ermöglicht, den Flexibilitätsbedarf und die Flexibilitätspoten-

---

8 Siehe Fraunhofer-Institut, 1998, S. 104 in Anlehnung an Kaluza, B./Blecker, T., 2000a, S. 12.

9 Siehe beispielhaft Stock, J. R./Lambert, D. M., 2001.

10 Ein grundlegender Artikel zu diesem Konzept wurde von Cooper, M. C./Lambert, D. M./Pagh, J. D., 1997 veröffentlicht.

11 Siehe Picot, A./Reichwald, R./Wigand, R. T., 2001.

12 Eine empirische Arbeit von Vickery, S./Calantone, R., 1999 oder die eher theoretischen Ansätze von Kühn, M., 1989 und Pibernik, R., 2001a, Pibernik, R., 2001b sind beispielhaft zu nennen.

ziale zu kategorisieren. Ausgehend von den definitorischen Grundlagen ergibt sich die dritte Zielsetzung der Arbeit: Die Entwicklung eines Flexibilitätsmessansatzes zur zielgerechten Gestaltung der Flexibilität.

Aufbauend auf den Vorarbeiten zur Konkretisierung des Flexibilitätsmanagements ergibt sich das Hauptziel der Arbeit. Dieses besteht darin zu zeigen, inwieweit das theoretisch erarbeitete Rahmenwerk des Flexibilitätsmanagements – bestehend aus der Kategorisierung des Flexibilitätsbedarfs und der Flexibilitätspotenziale und der Messung der Flexibilitätspotenziale – auf einen interorganisatorischen Kontext angewendet und damit die Relevanz des Flexibilitätsmanagements bestätigt werden kann.

1.3 Aufbau der Arbeit

Der Aufbau der Arbeit orientiert sich an deren Zielsetzungen. Der erste Zielsetzungskomplex ist der Gegenstand von Kapitel zwei. Zunächst wird die Flexibilitätsliteratur analysiert, insbesondere die betriebswirtschaftliche. Darauf aufbauend wird eine systemtheoretisch-kybernetische Explikation der Flexibilität vorgenommen und eine entsprechende Definition gegeben. Gegenstand des Kapitels 2.4 ist das Flexibilitätsmanagement mit der Analyse der Flexibilitätsbedarfe und Flexibilitätspotenziale. Auf der Basis der Systemtheorie werden die Flexibilitätspotenziale kategorisiert und charakterisiert. Die Beschreibung der Flexibilitätspotenziale erfolgt anhand von aus der Literatur bekannten Dimensionen. Anschließend wird auf die für das Flexibilitätsmanagement notwendige Messung der Flexibilität eingegangen. Dazu werden bestehende Messansätze interpretiert und einer kritischen Würdigung unterzogen, um darauf aufbauend einen mehrstufigen Flexibilitätsmessansatz vorzustellen. Das Kapitel schließt mit der konzeptionellen Darstellung der Strategien des Flexibilitätsmanagements und einem Ausblick zur mehrperiodigen Flexibilitätsplanung.

Das Hauptziel der Arbeit ist Gegenstand der Kapitel drei und vier. Kapitel drei bildet die Grundlage zur Erarbeitung des modelltheoretischen Designs. Dazu wird zunächst in Abschnitt 3.1 der interorganisatorische Untersuchungsgegenstand und die Analysemethode ausgewählt. Darauf aufbauend erfolgt eine nähere Erläuterung der einzelnen Schritte der modelltheoretischen Untersuchung. In Kapitel vier folgt die Analyse der aus der modelltheoretischen Untersuchung gewonnenen Daten. Zunächst werden die Simulationsergebnisse in Abschnitt 4.1 anhand des systemtheoretisch-kybernetischen Rahmenwerkes interpretiert. Grundlage dafür bilden die in Kapitel zwei erarbeiteten Bezugsrahmen zur Kategorisierung und Beschreibung von Flexibilitätspotenzialen. In Abschnitt 4.2 wird das in Kapitel zwei erarbeitete Vorgehensmodell zur Flexibilitätsmessung der analysierten logistischen Prozesse angewendet. Die gewonnenen Ergebnisse werden im Anschluss daran hinsichtlich deren Implikationen für das Flexibilitätsmanagement näher erläutert. Abschließend wird eine kritische Würdigung der Erkenntnisse vorgenommen.

Das Kapitel fünf beschließt die Arbeit, indem die gewonnenen Ergebnisse zusammengefasst und Anregungen für weitere Forschungsfragen gegeben werden. In Abbildung 1 sind die Schritte der Arbeit visualisiert.

Kapitel 1 **Einleitung**

Kapitel 2 **Flexibilität**

- Flexibilität in der Literatur
- Flexibilität in der betriebswirtschaftlichen Literatur

Systemtheoretisch-kybernetischer Ansatz

- Systemtheoretische Explikation der Flexibilität

Flexibilitätsmanagement

Flexibilitätsbedarfe

- Beschreibungsdimensionen

Flexibilitätspotenziale

- Systemtheoretisch-kybernetische Mechanismen
- Beschreibungsdimensionen

Flexibilitätsmessung

- Literaturanalyse
- Kritik an den derzeitigen Ansätzen
- Entwicklung eins mehrstufigen Flexibilitätsmessansatzes

Strategien des Flexibiltitätsmanagements

Mehrperiodige Flexibilitätsplanung

Kapitel 3 **Modelltheoretische Analyse der Flexibilität**

Selektion:

- Untersuchungsgegenstand
  Supply Chain Management vs. Logistik
- Untersuchungsmethode
  Warteschlangentheorie vs. Simulation

Vorgehensmodell für eine Simulationsstudie

- Problemformulierung
- Datenerhebung
- Implementierung
- Verifizierung / Validierung
- Versuchsplanung
- Durchführung der Experimente
- Ergebnisanalyse

Kapitel 4 **Ergebnisauswertung**

- Interpretation der untersuchten Flexibilitätspotenziale
- Durchführung der Flexibilitätsmessung
- Implikationen für das Flexibilitätsmanagement
- Kritische Würdigung der Ergebnisse

Kapitel 5 **Zusammenfassung und Fazit**

Abbildung 1: Gang der Arbeit

1.4 Wissenschaftliche Einordnung

Der Forschungsgegenstand der vorliegenden Arbeit ist das Flexibilitätsmanagement logistischer Prozesse, die in dieser Arbeit als soziotechnische Systeme aufgefasst werden. Soziotechnische Systeme können durch die Komponenten Mensch (zum Beispiel Kunden, Lieferanten), Aufgabe (zum Beispiel Lagerung, Transport) und Technik (zum Beispiel Informations- und Kommunikationssysteme) näher charakterisiert werden. Die hier vorliegenden Forschungsergebnisse dienen der Gestaltung logistischer Systeme, deren Aufgabenerfüllung mit Hilfe von Informations- und Kommunikationssystemen unterstützt wird. Die Gestaltung von Informations- und Kommunikationssystemen ist dem Forschungsbereich der Wirtschaftsinformatik zuzuschreiben,[13] wobei Kurbel/Strunz explizit hervorheben, dass auch die überbetriebliche Betrachtung (zum Beispiel eines mehrstufigen logistischen Prozesses) ein Erkenntnisobjekt der Wirtschaftsinformatik darstellt.[14]

Die Ergebnisse dieser Arbeit können zur Entwicklung effizienter und effektiver interorganisatorischer logistischer Prozesse in Verbingung mit Informations- und Kommunikationssystemen eingesetzt werden, da für Zusammenhänge des Flexibilitätsmanagements Bezugsrahmen entwickelt werden, die wiederum zur Ausgestaltung der Mensch-, Aufgabe- und Technik-Komponenten herangezogen werden können. Insofern bietet die vorliegende Arbeit für Entscheidungsträger im Bereich des Prozessmanagements und für Softwareentwickler Anhaltspunkte für die Entwicklung von Informationssystemen. Aus diesem Grund wird diese Arbeit der Schnittstelle zwischen der Wirtschaftsinformatik und der Logistik zugeordnet.

---

[13] Siehe Heinrich, L., 2001, S. 15-17 und Heinzl, A./König, W./Hack, J., 2001.

[14] Siehe Kurbel, K./Strunz, H., 1990, S. 11.

2 Flexibilität

2.1 Flexibilität in der Literatur

Flexibilität, die Fähigkeit sich Veränderungen anzupassen,[15] wird in der Literatur vielfältig definiert und es besteht Unstimmigkeit darüber, was unter dem Begriff Flexibilität subsumiert werden kann. Resultat dieses Phänomens ist eine Vielzahl von Flexibilitätsdefinitionen, die vor dem Hintergrund einer spezifischen erkenntnistheoretischen Perspektive und dem konkreten Untersuchungsgegenstand entstanden sind.[16] Sethi/Sethi konstatieren, dass allein in der Literatur zur produktionswirtschaftlichen Flexibilität 50 Definitionen existieren.[17] Meffert kommt zu einem ähnlichen Urteil, er verweist auf über 30 verschiedene Arten von Flexibilität.[18]

Um einen Einblick in die Flexibilitätsliteratur zu geben, werden im Folgenden einige Flexibilitätsdefinitionen vor dem Hintergrund der erkenntnistheoretischen Perspektive, dem Untersuchungsgegenstand und den Definitionselementen analysiert. Die Strukturierung der Flexibilitätsliteratur soll dabei ausgehend von den historischen Anfängen der Flexibilitätsdiskussion erfolgen.

Flexibilität wird seit cirka 80 Jahren in der deutsch- und englischsprachigen Literatur diskutiert.[19] So wird beispielsweise von Schmidt 1926 vor dem Hintergrund der Inflation beziehungsweise der Konjunkturlage die

---

15 Dies ist die Arbeitsdefinition, die in dieser Arbeit bis zur Erarbeitung einer Definition verwendet wird.

16 Siehe dazu Reichwald, R./Behrbohm, P., 1983, S. 834.

17 Siehe Sethi, A. K./Sethi, S. P., 1990, S. 289.

18 Siehe Meffert, H., 1985, S. 121.

19 Siehe Sethi, A. K./Sethi, S. P., 1990, S. 290-292. Dort wird ein guter Überblick über die englischsprachige Literatur und die historische Entwicklung des Flexibilitätsbegriffes gegeben. Ein Beispiel für eine erste Diskussion in der deutschsprachigen Literatur ist Schmidt, F., 1926 und in der englischsprachigen ist Lavington, F., 1921. Lavington beschäftigt sich mit dem englischen Kapitalmarkt, insbesondere „... process of readjustment to disturbing influences..." der sich letztendlich in einem speziellen Marktgleichgewicht äußert. Siehe Lavington, F., 1921, S. 5.

„Anpassung der Betriebe an die Wirtschaftslage“ erörtert.[20] Dabei wurden die Phänomene, die heute unter dem Begriff der Flexibilität diskutiert werden, unter dem Begriff der Anpassung beziehungsweise Elastizität analysiert. Die mikroökonomische Betrachtung setzt sich in den Arbeiten von Stigler, Hart und Marschak/Nelson fort.[21] Der Untersuchungsgegenstand war zu dieser Zeit vielfältig und eine theoretische Fundierung war nicht gegeben.[22]

Die Organisationsforschung ist ein weiteres Gebiet, in dem die Flexibilitätsbetrachtung thematisiert wird.[23] Reich stellte 1932 in seinem Werk „Maintaining a Flexible Organization for Changing Conditions“ die Forderung nach einer flexiblen Organisation auf.[24] Der Begriff der „organizational flexibility“ wurde von Feibleman/Friend 1945 eingeführt und als die Fähigkeit definiert, auf begrenzte Veränderungen ohne organisatorische Umstrukturierung reagieren zu müssen.[25] March/Simon analysieren 1958 das Konzept des „organizational slack“ – der Überschussressourcen – die notwendig sind, um auf interne und externe Veränderungen reagieren zu können.[26] Dieses Konzept wurde von Kaluza aufgegriffen, im Rahmen neuer Kooperationsmodelle weiterentwickelt und der Begriff des „cooperative slack“ geprägt.[27]

Die wohl umfangreichste Flexibilitätsdiskussion wird im Produktionsbereich geführt. Sethi/Sethi sehen die Anfänge dieser Diskussion bei Die-

---

20 Siehe dazu Schmidt, F., 1926.

21 Siehe Stigler, G., 1939, Hart, A. G., 1942 in Anlehnung an Marschak, T./Nelson, R., 1962.

22 Siehe Maier, K., 1982, S. 54 f.

23 Ein komprimierter Überblick wird bei Sethi, A. K./Sethi, S. P., 1990, S. 292 f. gegeben.

24 Siehe Reich, O. D., 1932 und Maier, K., 1982, S. 54.

25 Siehe Feibleman, J./Friend, J. W., 1945. Insbesondere wird auf das Spannungsfeld zwischen Flexibilität und Rigidität auf S. 41 eingegangen.

26 Siehe March, J. G./Simon, H. A., 1958 beziehungsweise in der deutschsprachigen Literatur Cyert, R. M./March, J. G., 1995, S. 40-44. Zur Diskussion dieses Konzeptes in Zusammenhang mit Flexibilität siehe Fallgatter, M., 1995 und dort insbesondere S. 217.

27 Siehe dazu Kaluza, B./Blecker, T., 2000b.

bold, der die Bedeutung von Flexibilität in der diskreten Fertigung 1952 analysiert.[28] Im Folgenden wurden die „Trade-offs" Flexibilität versus Effizienz am Beispiel der flexiblen Arbeitskraft und der Automation in Fertigungssystemen näher betrachtet.[29] Mit der Entwicklung flexibler Fertigungssysteme – die die Effizienz der Massenproduktion mit der Möglichkeit der Mass-Customization verbinden – wurde die Flexibilitätsdefinition beflügelt, da durch diese Systeme scheinbar alte Zielkonflikte aufgelöst werden konnten.[30] Eine Vielzahl von Veröffentlichungen ist in diesem Bereich vorzufinden.[31] Einen guten Überblick über die empirische Forschung in der Produktionsflexibilität erhält man bei Gerwin und Vokurka/O'Leary-Kelly.[32] Seit 1991 ist ein neuer Trend mit einer Publikation des Iacocca Institute „21st Century Manufacturing Enterprise Strategy" festzustellen.[33] Agility, die Fähigkeit einer Organisation schnell auf Bedarfsveränderungen zu reagieren,[34] wird zunehmend als ein neues Kon-

---

28 Siehe Diebold, J., 1952 und Sethi, A. K./Sethi, S. P., 1990, S. 293.

29 Sethi, A. K./Sethi, S. P., 1990, S. 294.

30 Zu dem Spannungsfeld zwischen Rationalisierung und Flexibilisierung sei beispielhaft auf die Ausführungen von Adam, D., 1993 verwiesen. Zum Zusammenhang zwischen Automatisierungsgrad und Flexibilität siehe Schauerhuber, M., 1998, S. 37 f.

31 Beispielhaft soll auf die folgende Literatur verwiesen werden: Slack, N., 1983, Mandelbaum, M./Buzacott, J. A., 1986, Gerwin, D., 1987, Slack, N., 1987, De Meyer, A./Nakane, J./Miller, J. G./Ferdows, K., 1989, Gupta, D./Buzacott, J. A., 1989, Gupta, Y. P./Goyal, S., 1989, Sethi, A. K./Sethi, S. P., 1990, Dixon, R. J., 1992, Gerwin, D., 1993, Gupta, D., 1993, Sarker, B. R./Krishnamurthy, S./Kuthethur, S. G., 1994, Upton, D. M., 1994, Suarez, F., 1995, Shewchuk, J. P./Moodie, C. L., 1997, Choi, S.-H./Kim, J.-S., 1998, Shewchuk, J. P./Moodie, C. L., 1998, Koste, L. L./Malhotra, M. K., 1999, Beach, R./Muhlemann, A. P./Price, D. H. R., 2000, Shewchuk, J. P./Moodie, C. L., 2000, Vokurka, R. J./O'Leary-Kelly, S. W., 2000.

32 Siehe Gerwin, D., 1987 sowie Vokurka, R. J./O'Leary-Kelly, S. W., 2000.

33 Siehe Kidd, P. T., 1995b, S. 9 and Gunasekaran, A./McGaughey, R./Wolstencroft, V., 2001, S. 25.

34 Siehe Christopher, M., 2000.

zept aufgefasst, das weitreichender als Flexibilität sein soll.[35] Ein direkter Vergleich beider Konzepte wurde in der bekannten Literatur noch nicht vorgenommen, allerdings scheinen beide Konzepte verwandt. Dies zeigt sich in der synonymen Verwendung beider Begriffe in der Literatur.[36]

Alle zuvor betrachteten Literaturströmungen der Flexibilitätsanalyse haben sich entweder mit mikroökonomischen Zusammenhängen, mit der Organisation oder Vorgängen innerhalb der Organisation – insbesondere der Fertigung – auseinandergesetzt. Interessant ist jedoch auch und gerade wegen der immer stärkeren Konzentration auf die Kernkompetenzen und der Zusammenarbeit beziehungsweise Kooperation in Netzwerken beziehungsweise Supply Chains die Frage, inwieweit Flexibilität bei der Kopplung zweier Organisationseinheiten eine Bedeutung besitzt.[37] Empirisch konnte von Vickery et al. gezeigt werden, dass eine positive Korrelation zwischen der Flexibilität innerhalb einer Supply Chain und der Performance der beteiligten Unternehmen besteht.[38] Trotz der hohen Relevanz der Themenbereiche interorganisatorischer Zusammenarbeit und Flexibilität verwundert die sehr überschaubare Literatur in diesem Bereich. Beamon kommt in einem Review der englischsprachigen Litera-

---

[35] Eine nähere Diskussion und ein Vergleich von Flexibilität und Agilität ist nicht Gegenstand der Arbeit und wird deshalb hier nicht vorgenommen. Allerdings kann bei der Sichtung der Agilitätsliteratur festgestellt werden, dass dem Konzept Agilität auch das Prinzip der Anpassung an Veränderungen, Absatzschwankungen, inhärent ist. Einzig der Zielfokus hat sich im Vergleich zur Flexibilität verschoben. Auf die Bedeutung von Zielen zur Flexibilitätsgestaltung wird in Kapitel 2.3.2 eingegangen. Das Konzept von Agilität kann beispielhaft bei folgenden Autoren vertieft werden: Dove, R., 1995, Kidd, P. T., 1995a, Kidd, P. T., 1995b, Goranson, H. T., 1999, Mason-Jones, R./Towill, D. R., 1999, Naylor, J. B./Naim, M. M./Berry, D., 1999, Christopher, M., 2000, Kidd, P. T., 2000, Sieger, D. B./Badiru, A. B./Milatovic, M., 2000, Gunasekaran, A./McGaughey, R./Wolstencroft, V., 2001, Lau, R. S. M./Hurley, N. M., 2001.

[36] Ein Beispiel für diese Verwendung ist bei Volberda zu finden. Siehe Volberda, H. W., 1998, S. 2.

[37] Zu den zunehmenden Kooperationstendenzen siehe Zahn, E./Foschiani, S., 2000.

[38] Siehe Vickery, S./Calantone, R., 1999, S. 21. In dieser Untersuchung wurde die Flexibilität anhand mehrerer Flexibilitätsarten differenziert betrachtet. Es wurde eine signifikante Korrelation von Volume und Launch Flexibility und der Performance gefunden.

tur zu Supply Chain Modellen 1998 zu dem Ergebnis, dass nur ein Autor Flexibilität in seinem Modell berücksichtigt.[39] In der deutschsprachigen Literatur sind Kühn und Pibernik hervorzuheben. Kühn beschäftigt sich 1989 mit seinem Werk „Flexibilität in logistischen Systemen" explizit mit der Flexibilität und deren Messung sowie Planung.[40] Auf der Basis der flexiblen Planung erstellt Pibernik 2001 ein Modell für die Flexibilitätsplanung in Wertschöpfungsnetzwerken.[41] Implizit wird in mehreren Artikeln die Bedeutung der Flexibilität in der Logistik betrachtet. Eine vollständige Aufzählung der Beiträge ist durch den geringen Erkenntnisgewinn aus forschungsökonomischer Sicht an dieser Stelle nicht sinnvoll. Greis/Kasarda sehen beispielsweise Flexibilität als ein notwendiges logistisches Attribut, um „Real-Time Response to Changes in Logistics Requirements" zu ermöglichen.[42] Der Leser wird allerdings im Unklaren gelassen, welche Flexibilitätsdefinition zu Grunde gelegt wird. Sabri/Beamon beschreiben in ihrem mathematischen Ansatz „A multi-objective approach to simultaneous strategic and operational planning in supply chain design" die Flexibilität als Residualgröße zwischen vorhandener und genutzter Kapazität im Produktions- und Distributionsbereich.[43] Einen Residualgrößenansatz wählt auch Voudouris für die Flexibilitätserfassung in seinem Modell.[44]

Auf der Basis der Literaturbetrachtung ist Folgendes zu konstatieren:

- Es besteht keine einheitliche Flexibilitätsdefinition beziehungsweise kein einheitliches Flexibilitätsverständnis in der Literatur.
- Eine Definition von Flexibilität wird oft nur vor dem Hintergrund des konkreten Erkenntnisgegenstandes vorgenommen.

---

[39] Siehe Beamon, B. M., 1998, S. 291. Voudouris wird als einziger Autor genannt, der Flexibilität berücksichtigt. Siehe Voudouris, V. T., 1996.

[40] Siehe Kühn, M., 1989.

[41] Siehe dazu Pibernik, R., 2001a, Pibernik, R., 2001b.

[42] Greis, N. P./Kasarda, J. D., 1997, S. 68.

[43] Siehe Sabri, E. H./Beamon, B. M., 2000, S. 586. Formal wird die Flexibilitätsberechnung in Formel 2 durchgeführt.

[44] Siehe Voudouris, V. T., 1996, S. 1272 f.

- Es sind drei große Literaturströmungen zu identifizieren, die mikroökonomische, die organisatorische und die produktionswirtschaftliche Sicht.
- Flexibilität interorganisatorischer Beziehungen – konkret der Logistik beziehungsweise des Supply Chain Managements[45] – wurde bisher nur in wenigen Arbeiten betrachtet.

Aus obigem Fazit ergeben sich Implikationen für den weiteren Gang der Arbeit. Eine eingehende wissenschaftliche Analyse der Flexibilität ist nur mit einem allgemein gültigen Definitionsrahmen zielführend. Auf der Basis der bekannten Literatur konnte dieser jedoch nicht identifiziert werden. Die vorbehaltlose Übernahme einer Flexibilitätsdefinition erscheint nicht sinnvoll, da diese in Abhängigkeit von dem gewählten Erkenntnisgegenstand differieren kann. Grundlage für die Explikation einer allgemein gültigen Flexibilitätsdefinition ist die Erarbeitung von Definitionselementen auf der Basis der bestehenden Definitionen. Darauf aufbauend wird Flexibilität vor einem allgemein gültigen Definitionsrahmen – der Systemtheorie – definiert.

Weiterhin scheint die Analyse der Literatur im Bereich der interorganisatorischen Flexibilität sinnvoll, um die unterschiedlichen theoretischen und methodischen Ansätze einer kritischen Würdigung unterziehen zu können.

2.2 Flexibilitätsdefinitionen in der betriebswirtschaftlichen Literatur

Die betriebswirtschaftliche Literatur ist durch unterschiedlich weit gefasste und zum Teil stark divergierende Flexibilitätsterminologien geprägt. Zur Verdeutlichung dieser Aussage sind in Tabelle 1 häufig zitierte Flexibilitätsdefinitionen aus unterschiedlichen Bereichen der Betriebswirtschaft dargestellt. Auf der anderen Seite weisen die Definitionen trotz der

---

45 Sowohl das Konzept der Logistik als auch das des Supply Chain Managements werden in Kapitel 3.1.1 näher analysiert.

verschiedenen Terminologien bestimmte Definitionselemente auf, die im Folgenden näher analysiert werden sollen.

Tabelle 1: Flexibilitätsdefinitionen in der betriebswirtschaftlichen Literatur

Autor	Definition
(Blecker, 1999), S. 134.	Die Flexibilität ist eine wichtige Eigenschaft von Unternehmen und Systemen zur Bewältigung komplexer, sich wandelnder und nicht vorhersehbarer Umweltsituationen.
(Fallgatter, 1995), S. 217.	Flexibilität stellt Änderungsvermögen dar und beschreibt die Fähigkeit, im Bedarfsfall mit den notwendigen Aktivitäten reagieren zu können. Ein Unternehmen gilt als flexibel, wenn es trotz interner und externer Störungen gelingt, einen sach- und formalzieladäquaten Zustand aufrechtzuerhalten.
(Knof, 1992), S. 70.	Flexibilität selbst als die Eigenschaft eines zielgerichteten offenen Systems wird deshalb definiert: als das Reaktions- und Aktionsvermögen eines Systems, das dieses in die Lage versetzt, Ressourcenpotentiale zur Deckung eines extern und intern induzierten Änderungsbedarfs zu aktivieren, um so die Realisierung vorgegebener Ziele zu gewährleisten.
(Mandelbaum/Buzacott, 1986), S. 121.	Flexibility is defined as the ability of a system or decision process to cope with changing circumstances.
(Massie, 1958), S. 447.	Flexibility, in its general sense, refers to the response of one or more variables to change in one or more related variables.
(Pibernik, 2001a), S. 899. Ähnlich in (Pibernik, 2001b).	Flexibilität ist die Fähigkeit eines dynamischen, offenen, sozio-technischen Systems, auf Basis einer Menge zur Disposition stehender Handlungsspielräume auf relevante system- oder umweltinduzierte Veränderungen zielgerecht zu reagieren.

Autor	Definition
(Reichwald/Behrbohm, 1983), S. 838, (Behrbohm, 1985), S. 192.	Ein industrielles Produktionssystem ist potentiell beziehungsweise aktuell flexibel, wenn es über fakultative Aktions- und Reaktionsmöglichkeiten in Form von Handlungsspielräumen verfügt, um funktionsgefährdende, zielabträgliche oder zielfördernde Wirkungen eines intern oder extern bedingten, denkbaren beziehungsweise tatsächlich eingetretenen Flexibilitätsbedarfs zu kompensieren oder zu nutzen.
(Schlüchtermann, 1995), S. 94.	Flexibilität bedeutet Schaffung und Sicherung von Handlungsspielräumen, um aktuelle oder zukünftige Risiken abwehren und Chancen nutzen zu können.
(Schneeweiß/Kühn, 1990), S. 379.	Flexibilität ist als Maß für die Fähigkeit eines Systems anzusehen, sich veränderten Umweltsituationen anzupassen.
(Sethi/Sethi, 1990), S. 295.	Flexibility of a system is its adaptability to a wide Range of possible environments that it may encounter. A flexible system must be capable of changing in order to deal with a changing environment.
(Slack, 1983), S. 7.	... the ability to take up different positions or alternatively the ability to adopt a Range of states.
(Upton, 1994), S. 73.	...the ability to change or react with little penalty in time, effort, cost, performance.
(Vokurka/O'Leary-Kelly, 2000), S. 485.	Manufacturing flexibility reflects the ability of firms to respond to changes in their customers' needs, as well as to unanticipated changes stemming form competitive pressure.
(Wildemann, 1987), S. 467 f.	Flexibilität kann definiert werden als die Fähigkeit, sich an veränderte Umweltbedingungen anzupassen. Stellt die Umweltveränderung ein Risiko für die Zielerreichung der Unternehmung dar, so dient die vorhandene Flexibilität der Unternehmung dazu, die zielbedrohende Wirkung auszugleichen. Eröffnet eine Veränderung der Umwelt der Unternehmung jedoch neue Chancen, so wird die Flexibilität dafür benötigt, diese Chancen zu nutzen.

Die Analyse der Definitionen zeigt trotz aller Divergenz eine Gemeinsamkeit hinsichtlich der Definitionselemente:

- Eigenschaft beziehungsweise Fähigkeit eines Untersuchungsgegenstandes,
- Bewältigung von Veränderungen,
- Vorhandensein von Handlungsspielräumen und
- Zielgerichtetheit.

Eigenschaft eines Untersuchungsgegenstandes

In den meisten Definitionen wird Flexibilität als die Eigenschaft beziehungsweise Fähigkeit – Capability – eines Untersuchungsgegenstandes beschrieben. Der Untersuchungsgegenstand divergiert dabei in Abhängigkeit vom Fokus der jeweiligen Arbeit. Einige Autoren beziehen sich auf ein Produktionssystem,[46] ein Unternehmen[47] oder allgemein auf ein System.[48]

Bewältigung von Veränderungen

Von einem weitgehenden Konsens in der Literatur kann hinsichtlich des Definitionselementes „Bewältigung von Veränderungen" ausgegangen werden. Mandelbaum/Buzacott sehen in „... to cope with changing circumstances..." die zentrale Eigenschaft von Flexibilität. Die meisten in Tabelle 1 aufgeführten Definitionen berücksichtigen dieses Element. So umschreiben Sethi/Sethi dies mit „... be capable of changing..."[49] bezie-

[46] Siehe dazu die Definitionen von Reichwald, R./Behrbohm, P., 1983, S. 838, Behrbohm, P., 1985, S. 192 und Vokurka, R. J./O'Leary-Kelly, S. W., 2000, S. 485.

[47] Siehe die Definitionen von Blecker, T., 1999, S. 134, Fallgatter, M., 1995, S. 217 und Wildemann, H., 1987, S. 467 f.

[48] Siehe die Definitionen von Blecker, T., 1999, S. 134, Knof, H., 1992, S. 70, Mandelbaum, M./Buzacott, J. A., 1986, S. 121, Pibernik, R., 2001a, S. 899, Schneeweiß, C./Kühn, M., 1990, S. 379, Sethi, A. K./Sethi, S. P., 1990, S. 295.

[49] Sethi, A. K./Sethi, S. P., 1990, S. 295.

hungsweise Pibernik mit „Flexibilität ist die Fähigkeit... auf relevante system- oder umweltinduzierte Veränderungen ... zu reagieren".[50]

Aus obigen Definitionen wird auch deutlich, dass kein Konsens der Autoren hinsichtlich des Ursprungs und der Art der zu berücksichtigenden Veränderungen besteht. Einige Autoren konkretisieren die Veränderungen nicht, dementsprechend kann implizit eine weite Auslegung des Begriffes subsumiert werden.[51] Anders Vokurka/Leary-Kelly, die Veränderungen als „...customers' needs, as well as to unanticipated changes stemming form competitive pressure..." definieren.[52] Dieser sehr engen Auslegung des Ursprungs von Veränderungen stehen die Definitionen von Fallgatter, Knof, Pibernik, Reichwald/Behrbohm gegenüber, die explizit sowohl interne als auch externe Veränderungen betrachten.[53] Die Berücksichtigung externer Veränderungen ist hingegen weitgehend unstrittig.[54]

Hinsichtlich der Art der Veränderung werden häufig – implizit als auch explizit – nur Veränderungen mit negativen Auswirkungen, Störungen, in die Definition einbezogen.[55] Schlüchtermann und Wildemann beziehen explizit Veränderungen mit positiven Auswirkungen auf die Zielwerte (Chancen) als auch mit negativen Auswirkungen auf die Zielwerte (Risi-

---

[50] Pibernik, R., 2001a, S. 899.

[51] Siehe dazu beispielhaft die Definitionen von Mandelbaum, M./Buzacott, J. A., 1986, S. 121, Massie, J. L., 1958, S. 447 sowie Upton, D. M., 1994, S. 73. Upton konkretisiert seine Überlegungen hinsichtlich interner und externer Veränderungen, so dass die im Text getroffene weite Auslegung möglich ist. Siehe Upton, D. M., 1994, S. 75.

[52] Vokurka, R. J./O'Leary-Kelly, S. W., 2000, S. 485.

[53] Fallgatter, M., 1995, S. 217, Knof, H., 1992, S: 70, Pibernik, R., 2001a, S. 899, Reichwald, R./Behrbohm, P., 1983, S. 838, Behrbohm, P., 1985, S. 192.

[54] Siehe dazu die Definitionen, die in Fußnote 53 genannt sind und beispielhaft die Definitionen von Blecker, T., 1999, S. 134 sowie Schneeweiß, C./Kühn, M., 1990, S. 379, die allein Umweltveränderungen berücksichtigen.

[55] Ein Beispiel dafür ist die Definition von Fallgatter, M., 1995, S. 217.

ken) in ihre Definition ein.[56] Die Berücksichtigung positiver Veränderungen ermöglicht, die unterstützende Wirkung der Flexibilität auf diese Veränderungen zu analysieren.[57]

Vorhandensein von Handlungsspielräumen

Ein weiteres, häufig genanntes Element der in Tabelle 1 zusammengestellten Definitionen ist das Vorhandensein von Handlungsspielräumen.[58] Maier sieht „... das Vorliegen von Handlungs- und Entscheidungsspielräumen oder Variationsmöglichkeiten..." neben den Veränderungen als ein zweites zentrales Element von Flexibilitätsdefinitionen, da diese erst eine Anpassung an die Veränderungen ermöglichen.[59] Es ist daher zu konstatieren, dass Handlungsspielräume, unter denen im Folgenden auch Entscheidungsspielräume und Variationsmöglichkeiten subsumiert werden können, ein wesentlicher Bestandteil des Flexibilitätskonzeptes und somit der Definition sind.

Zielgerichtetheit

Nach Schneeweiß/Kühn ist die Zielgerichtetheit notwendig, um das Phänomen der Flexibilität zu beschreiben. Denn die „passive" in „blindem Aktionismus" bestehende Anpassung auf Veränderungen ist eher als aktionistisch beziehungsweise elastisch, denn als flexibel zu bezeichnen.[60] In einigen Definitionen wird dieses Begriffselement, wenn auch seman-

---

[56] Siehe Schlüchtermann, J., 1995, S. 94, Reichwald, R./Behrbohm, P., 1983, S. 838, Behrbohm, P., 1985, S. 192 und Wildemann, H., 1987, S. 467 f. In diesem Zusammenhang wird auch von reaktiver und proaktiver Flexibilität gesprochen. Siehe Schlüchtermann, J., 1995, S. 94.

[57] Positive Veränderungen werden ebenso von Reichwald, R./Behrbohm, P., 1983, S. 837 f., Koste, L. L./Malhotra, M. K., 1999, S. 78 und Pibernik, R., 2001b, S. 43 f. berücksichtigt.

[58] Siehe die Definitionen von Pibernik, R., 2001a, S. 899, Reichwald, R./Behrbohm, P., 1983, S. 838, Behrbohm, P., 1985, S. 192, Schlüchtermann, J., 1995, S. 94, Slack, N., 1983, S. 7.

[59] Maier, K., 1982, S. 101. Siehe ebenso Reichwald, R./Behrbohm, P., 1983, S. 837.

[60] Siehe Schneeweiß, C./Kühn, M., 1990, S. 379.

tisch unterschiedlich, aufgenommen.[61] Die Zielgerichtetheit ist ursächlich für das Dilemma der Flexibilitätsplanung. Dieses begründet sich zum einen aus den Flexibilitätsvorteilen bei ausreichender Flexibilität, bei der in entsprechendem Maße Anpassungen an die Veränderungen stattfinden können und zum anderen aus den Kosten, die durch den Aufbau von Handlungsspielräumen entstehen. Das Dilemma begründet sich aus den diametral zueinander stehenden Größen Flexibilitätsvorteil und Kostennachteil.[62]

Die eingehende Sichtung der Flexibilitätsdefinitionen aus der betriebswirtschaftlichen Literatur bestätigte das heterogene Bild des Flexibilitätsverständnisses, das sich letztendlich in den verschiedenen Definitionen mit divergierenden Definitionselementen äußert. Ein wesentlicher Grund für dieses unterschiedliche Verständnis ergibt sich aus den verschiedenartigen Untersuchungsgegenständen. Deshalb ist es notwendig, bei der Erarbeitung einer Flexibilitätsdefinition auf einen allgemein gültigen Definitionsrahmen zurückzugreifen, die Systemtheorie. Im Rahmen der systemtheoretisch-kybernetischen Betrachtung ist es notwendig, eine Klärung hinsichtlich der unterschiedlichen Auffassungen in den Definitionselementen vorzunehmen.

2.3 Systemtheoretisch-kybernetischer Ansatz

Der systemtheoretisch-kybernetische Ansatz dient im Folgenden als Erklärungs- und Definitionsrahmen zur Findung und Veranschaulichung einer Flexibilitätsdefinition. Dabei wird der Frage nachgegangen, inwieweit die auf der Basis der betriebswirtschaftlichen Literatur identifizierten Definitionselemente im systemtheoretisch-kybernetischen Modell wiederzufinden sind. Dazu werden zunächst die Grundlagen der Systemtheorie erläutert, um anschließend der obigen Frage nachzugehen.

---

[61] Siehe Fallgatter, M., 1995, S. 217, Knof, H., 1992, S. 70, Pibernik, R., 2001a, S. 899, Reichwald, R./Behrbohm, P., 1983, S. 838, Behrbohm, P., 1985, S. 192, indirekt auch Upton, D. M., 1994, S. 73, Wildemann, H., 1987, S. 467 f.

[62] Siehe Meffert, H., 1985, S. 123 und Schlüchtermann, J., 1995, S. 101-103.

2.3.1 Grundzüge des Systemdenkens

Der Ursprung des Systemdenkens lässt sich bis in die Antike zurückverfolgen. Schon damals beschäftigten sich Platon und Aristoteles mit der Idee des Holon, des Ganzen.[63] Die Herausforderung, sich mit ganzheitlichen Dingen, deren Struktur und deren Dynamik zu beschäftigen, stellt sich in jeder Wissenschaft. Deshalb wurde das Modell des offenen Systems verallgemeinert, um dieses auf Phänomene des realen und idealen Seins anzuwenden. Eine entsprechende Verallgemeinerung wurde von Ludwig von Bertalanffy vorgenommen.[64] Diese gründet auf der Annahme, dass „... die Eigenschaften, Zustände und Verhaltensweisen unterschiedlicher realer Systeme durch formal isomorphe Systemgesetze erklärt werden können."[65] Die Systemtheorie stellt daher eine generalisierbare und auf unterschiedliche Disziplinen anwendbare Theorie dar, die in Abhängigkeit vom Untersuchungsgegenstand mit einzelnen Wissenschaftsbereichen konkretisiert und ausgefüllt werden kann.[66] Neben der Beschreibung der Systemstruktur ist auch das Verhalten von Systemen von tragender Bedeutung. Die Verhaltensanalyse ist Gegenstand der Kybernetik, die als Teildisziplin der Systemtheorie zielorientierte dynamische Systeme zum Gegenstand hat und sowohl deren Strukturen als auch das Verhalten betrachtet.[67]

Zentraler Betrachtungsgegenstand der Systemtheorie sind Systeme. Etymologisch wird der Begriff System von dem griechischen Wort „systema" abgeleitet und bedeutet „aus Teilen Zusammengesetztes". In der Literatur wird eine Vielzahl ähnlicher Definitionen für ein System vorgeschlagen. Dieser Arbeit wird folgende Systemdefinition zu Grunde gelegt: „Ein System besteht aus Elementen mit Eigenschaften, wobei die Elemente durch Beziehungen verknüpft sind. Beziehungen konkretisie-

---

63 Der Satz von Aristoteles „Das Ganze ist mehr als die Summe seiner Teile" dient der Verdeutlichung der ganzheitlichen Betrachtung. Siehe Woratschek, H., 1995, Sp. 2436.

64 Siehe Fuchs, H., 1972, S. 48 und von Bertalanffy, L., 1949.

65 Fuchs, H., 1973, S. 24 f.

66 Siehe Ferstl, O. K./Sinz, E. J., 2001, S. 11.

67 Siehe Krieg, W., 1971, S. 26-39.

ren sich dabei durch den Austausch von Energie, Materie und Information zwischen den Elementen und werden Strömungsgrößen genannt."[68]

Eine Kategorisierung von Systemen lässt sich auf Grund der vielfältigen Anwendung der Systemtheorie hinsichtlich einer Fülle von zweckorientierten und subjektiven Kriterien vornehmen. Die im Folgenden zur Anwendung kommende Kategorisierung ermöglicht es, die im Rahmen der Analyse der Flexibilitätsdefinitionen in Kapitel 2.2 identifizierten Untersuchungsgegenstände – Produktionssysteme beziehungsweise Unternehmen – zu subsumieren. Unter Systemen werden im weiteren Verlauf der Arbeit soziotechnische Systeme verstanden.[69]

In Abhängigkeit von der Problemstellung und Zielsetzung einer Analyse werden Systeme – beziehungsweise deren Elemente – von der Umwelt abgegrenzt.[70] Dabei kann in Abhängigkeit von den Anforderungen der Untersuchung die Systemstruktur verfeinert werden, so dass Subsysteme und Elemente identifiziert werden können.[71] Systeme können wiederum Bestandteil von Supersystemen sein.[72] In Abbildung 2 werden die

---

[68] Grochla, E./Lehmann, H./Fuchs, H., 1976, S. 533. Siehe ebenso Woratschek, H., 1995, Sp. 2438.

[69] Unter dem Begriff soziotechnische Systeme sind die Merkmale real, künstlich, offen und dynamisch zu subsumieren. Das Pendant zu dem Merkmal des Seinsbereichs real ist ideal. Reale Systeme beschreiben materielle Objektsysteme der erfahrbaren Realität. Weiterhin sind die betrachteten Systeme keines natürlichen Ursprungs. Künstliche Systeme können nur Elemente aus Menschen (soziale Systeme), nur technische Elemente (technische Systeme) und sowohl Menschen als auch technische Elemente enthalten. Bei solchen Systemen spricht man von soziotechnischen Systemen. Da zwischen dem System und der Umwelt Beziehungen existent sind, ist nicht von einem geschlossenen, sondern von einem offenen System auszugehen. Siehe Fuchs, H., 1972, S. 51 und Haberfellner, R., 1975, S. 17. Systeme sind weiterhin hinsichtlich ihrer Aktivität zu kategorisieren. Die betrachteten Systeme unterliegen einer Änderung im Zeitablauf, insofern ist nicht von einem statischen, sondern von einem dynamischen System auszugehen. Siehe Haberfellner, R., 1975, S. 22.

[70] Siehe Woratschek, H., 1995, Sp. 2438.

[71] Ein umfassender Überblick zur Subsystembildung wird bei Gagsch, S., 1980 gegeben.

[72] Siehe Kast, F. E./Rosenzweig, J. E., 1976, S. 21 f.

Grundbegriffe der Systemtheorie, insbesondere die Verfeinerung eines Systems in ein Subsystem, visualisiert.

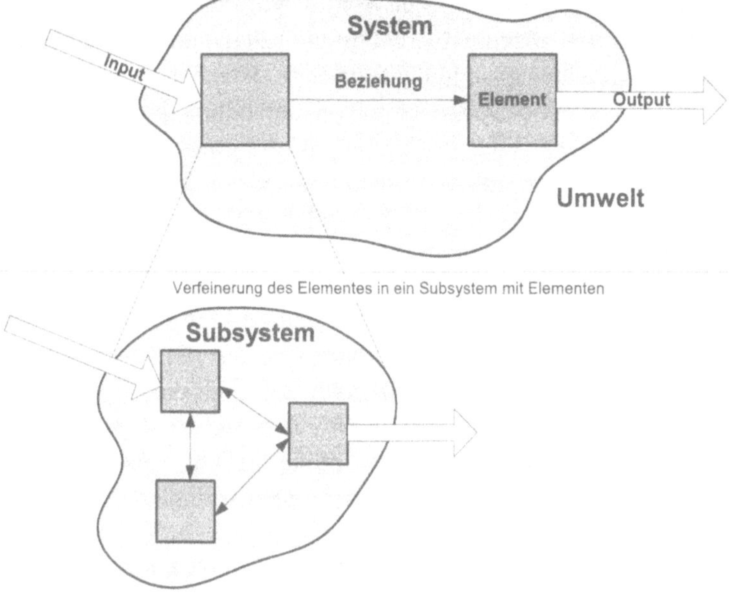

Abbildung 2: Systemtheoretische Grundbegriffe

2.3.2 Systemtheoretisch-kybernetische Explikation von Flexibilität

Die systemtheoretisch-kybernetische Explikation der Flexibilitätsdefinition erfolgt anhand der in der Analyse der Flexibilitätsdefinitionen aufgestellten Definitionselemente. Das Ziel der Explikation ist eine Definition von Flexibilität, die allgemein anwendbar und übertragbar auf die verschiedensten Untersuchungsgegenstände ist.

<u>Bewältigung von Veränderungen</u>

Die Bewältigung von Veränderungen ist weitgehend unstrittig als ein Definitionselement der Flexibilität anerkannt. Es ist allerdings zu prüfen, ob die Veränderungen intern und/oder extern beziehungsweise positiv und/oder negativ vor dem Hintergrund der systemtheoretischen Analyse sein können.

In der systemtheoretischen Literatur werden Veränderungen unter dem Begriff der Störungen diskutiert.[73] Störungen sind interne und externe Einflüsse, die in qualitativer, quantitativer oder zeitlicher Hinsicht das erwartete oder gewünschte Systemverhalten behindern beziehungsweise verhindern.[74] In der Definition von Störungen wird bereits explizit auf den internen und externen Charakter eingegangen. Somit kann für die Flexibilitätsdefinition auf der Basis der Systemtheorie von der Betrachtung interner und externer Störungen, Veränderungen ausgegangen werden.

Die Konnotation des Wortes Störung als auch des Wortes Veränderung impliziert vorerst nur die negative Wirkrichtung auf die Ziele des Systems. Ausgehend von obiger Störungsdefinition greift die enge negative Auslegung der Störung zu kurz. Störungen mit positiven als auch negativen Auswirkungen bewirken eine Behinderung beziehungsweise Verhinderung des erwarteten oder gewünschten Systemverhaltens. Zum anderen ist festzustellen, dass bei dem Vorliegen eines komplexen Zielsystems in einem System das Vorhandensein von konfligierenden Zielgrößen wahrscheinlich ist. Eine Unterscheidung in negative oder positive Störungen ist in dem Fall zweier konfligierender Ziele[75] ohne eine Konkretisierung des betrachteten Ziels nicht sinnvoll, da sowohl eine verschlechterte als auch eine verbesserte Zielerreichung in Abhängigkeit von der Störung vorliegt.[76] Im Folgenden werden daher unter dem Begriff der Störung beziehungsweise der Veränderung sowohl positive als auch negative Einflüsse auf ein System subsumiert. Um die negative Konnota-

---

[73] Siehe zu Störungen beispielsweise Woratschek, H., 1995, Sp. 2440-2444.

[74] Siehe Haberfellner, R., 1975, S. 165.

[75] In diesem Abschnitt werden die Begriffe Zweck und Ziel synonym verwendet. Zur Unterscheidung beider Begriffe siehe Kapitel 2.3.1.

[76] Diese allgemeine Darstellung bedeutet, bezogen auf den Untersuchungsgegenstand Transportlogistik, dass zum Beispiel durch die Annahme eines Zusatztransportauftrages ein höherer Umsatz generiert wird, aber dass gleichzeitig durch nicht ausreichend zur Verfügung stehende Transportkapazitäten es zu zeitlichen Verzögerungen bei den durchzuführenden Transporten kommt.

tion explizit auszuschließen, werden jedoch die Attribute positiv und negativ verwendet.

Vorhandensein von Handlungsspielräumen

Handlungsspielräume ermöglichen eine Anpassungsfähigkeit des Systems an veränderte Gegebenheiten, Störungen. Die Anpassungsfähigkeit setzt Aktivitäten voraus, die mit einer Veränderung des Systemverhaltens beziehungsweise der Systemstruktur verbunden sind.[77] Übertragen auf die Kategorisierung von Systemen bedeutet dies, dass nur dynamische Systeme[78] – welche in der vorliegenden Arbeit analysiert werden – eine Anpassungsfähigkeit besitzen können. Die Summe der möglichen Aktivitäten eines Systems ist abhängig von dessen Komplexität. Diese bestimmt sich durch die Zahl der Systemelemente, deren Eigenheiten sowie der Vielfalt der Beziehungen.[79]

Handlungsspielräume stellen somit ein zentrales Element zur Bewältigung von Störungen dar, die auf das System einen Einfluss ausüben. Die Spielräume eines Systems sind determiniert durch die Systemkomplexität.

Zielgerichtetheit

Eine weitere, soziotechnischen Systemen inhärente Eigenschaft ist die Zweck- und Zielorientierung. Nach Ulrich ist der Zweck determiniert durch die Funktionen, die das System in seiner Umwelt ausübt beziehungsweise ausüben soll. Das Ziel eines Systems bestimmt hingegen die Verhaltensweisen des Systems beziehungsweise den Output des Systems.[80] Rein technische Systeme können daher nur Zwecke verfolgen, jedoch keine eigene Zielsetzung erfüllen. Soziotechnische Systeme

---

[77] Siehe Haberfellner, R., 1975, S. 25.

[78] Soziotechnische Systeme sind auf Grund ihrer Systemelemente (Menschen, technische Elemente) immer dynamisch. Siehe dazu Fußnote 69.

[79] Siehe Krieg, W., 1971, S. 55, Fuchs, H., 1972, S. 50 und Fisch, R., 1990, S. 13.

[80] Siehe Ulrich, H., 1970, S. 114 f. und Haberfellner, R., 1975, S. 19.

hingegen besitzen eine Zielorientierung, da Menschen Elemente des Systems sind, die eigene Ziele anstreben.[81]

Zusammenführung der definitorischen Komponenten

Auf Basis der Analyse der Flexibilitätsdefinitionen in der betriebswirtschaftlichen Literatur und der systemtheoretischen Grundlagen soll im folgenden Kapitel eine allgemein anwendbare Definition von Flexibilität für soziotechnische Systeme erarbeitet werden. Die Systemtheorie wird dabei als analytisches Instrumentarium verwendet.[82]

In der betriebswirtschaftlichen Literatur besteht weitgehender Konsens, dass die Bewältigung von Veränderungen ein zentrales Element in der Flexibilitätsdefinition darstellt. Jedoch bestanden Unschärfen hinsichtlich der Veränderung, hinsichtlich des Ursprungs und deren Auswirkung auf die Zielerreichung. Bei der Definition von Veränderungen beziehungsweise Störungen auf Basis der Systemtheorie kann Folgendes festgestellt werden:

- Veränderungen können sowohl internen als auch externen Ursprungs sein und
- Veränderungen können sowohl positive als auch negative Auswirkungen auf die Zielerreichung des Systems haben.

Für das zweite Definitionselement, die Handlungsspielräume, gibt es in der systemtheoretischen Literatur ein Pendant: die Aktivitäten. Die potenziellen Aktivitäten sind durch die Systemkomplexität determiniert. Das Definitionselement der Handlungsspielräume ist demzufolge problemlos auf ein soziotechnisches System übertragbar und anwendbar.

Die Zielgerichtetheit als letztes Element der Flexibilitätsdefinition wird in der betriebswirtschaftlichen Literatur als wichtig erachtet, allerdings ist es

---

[81] Siehe Haberfellner, R., 1975, S. 19.

[82] Im Gegensatz dazu wurde in den in Kapitel 2.2 vorgestellten Definitionen der Begriff System als definitorisches, denn als analytisches Instrumentarium eingesetzt. Die Definitionen, die den Begriff System beinhalten, sind in Fußnote 48 aufgeführt.

nur in einigen der vorgestellten Flexibilitätsdefinitionen ein Bestandteil.[83] Bei der Übertragung dieses Definitionselementes auf soziotechnische Systeme ist zu prüfen, ob in diesen Systemen eine Zielgerichtetheit vorliegt. Dies kann auf Grund obiger Ausführungen bejaht werden. Die Zielgerichtetheit ist zudem ursächlich für die Unterteilung der Störungen in relevante und nicht relevante. Das heißt, relevante Störungen besitzen einen Einfluss auf das Zielsystem des Systems, nicht relevante Störungen keinen.

Eine nochmalige Sichtung der Definitionen aus der betriebswirtschaftlichen Literatur vor dem Hintergrund der gewonnenen Erkenntnisse zeigt, dass die Definition von Pibernik die geförderten Ergebnisse gut widerspiegelt. Pibernik definierte Flexibilität wie folgt: „Flexibilität ist die Fähigkeit eines dynamischen, offenen soziotechnischen Systems, auf Basis einer Menge zur Disposition stehender Handlungsspielräume auf relevante system- oder umweltinduzierte Veränderungen zielgerecht zu reagieren."[84] Positiv ist an dieser Definition der Systembezug zu würdigen. Zu kritisieren ist die Definition auf der semantischen Ebene zum einen durch die pleonastische Verwendung der Begriffe: soziotechnisch, dynamisch, offen. Soziotechnische Systeme sind bedingt durch ihre Systemelemente immer dynamisch und offen.[85] Zum anderen sind positive Veränderungen, Störungen nur implizit Bestandteil der Definition. Wie in obigen Ausführungen gezeigt wurde, ist es auf Grund von Interpretationsspielräumen sinnvoll, sowohl die positive als auch die negative Konnotation explizit in die Definition zu integrieren.

Zusammenfassend kann Flexibilität auf der Basis der systemtheoretischen Explikation wie folgt definiert werden:

> *Flexibilität ist die Fähigkeit eines soziotechnischen Systems, sich auf der Basis seiner Handlungsspielräume an relevante system- und umweltinduzierte Veränderungen, die sowohl Chancen als auch Risiken bedeuten können, zielgerichtet anzupassen.*

---

[83] Siehe Tabelle 1.

[84] Pibernik, R., 2001a, S. 899.

[85] Siehe dazu die Erläuterungen in Fußnote 69.

Die Systemtheorie als Analyserahmen ermöglichte es, die unterschiedlichen Definitionsansätze in der betriebswirtschaftlichen Literatur zu integrieren und eine semantisch eindeutige Definition zu erarbeiten.

2.4 Flexibilitätsmanagement

Die Flexibilitätsdefinition gilt als Ausgangspunkt für die Betrachtung des Flexibilitätsmanagements, die Ausgestaltung von Flexibilität in Systemen. Der Begriff Flexibilitätsmanagement[86] wird synonym mit den Begriffen Flexibilitätspolitik[87] und Flexibilitätsplanung[88] verwendet.[89] Ziel des Flexibilitätsmanagements ist es, Flexibilitätsbedarfe und Flexibilitätspotenziale bestmöglich zum Ausgleich zu bringen. Der Grundsatz des Flexibilitätsmanagementes ist: „... so starr wie möglich und (nur) so flexibel wie nötig."[90] Zur Umsetzung dieses Grundsatzes dienen Strategien des Flexibilitätsmanagements; solche zu erarbeiten ist eine der Zielsetzung der folgenden Abschnitte. Grundlagen für die Erarbeitung der Strategien ist die Analyse der Begriffe Flexibilitätsbedarf und Flexibilitätspotenzial sowie die Vorstellung eines geeigneten Messansatzes.

2.4.1 Flexibilitätsbedarfe

In der betriebswirtschaftlichen Literatur werden die relevanten systeminternen und systemexternen sowie positiven und negativen Veränderungen unter dem Begriff der Flexibilitätsbedarfe diskutiert.[91] Der Flexibili-

---

86 Siehe Thielen, C. A. L., 1993, S. 127 und S. 133 f. und Janssen, H., 1997, S. 40.

87 Siehe Fichtner, S., 1992, S. 150.

88 Siehe Hillmer, H.-J., 1987, S. 144 und Pibernik, R., 2001b, S. 48.

89 In der vorliegenden Arbeit wird aus Gründen der Verständlichkeit auf die synonyme Verwendung verzichtet.

90 Eversheim, W./Schaefer, F.-W., 1980, S. 235.

91 Siehe Thielen, C. A. L., 1993, S. 60. Der Flexibilitätsbedarf wird wie folgt charakterisiert „Der Flexibilitätsbedarf ... kann systemexternen oder –internen Ursprungs sein." Zur Verwendung des Begriffes siehe beispielhaft Eversheim, W./Schaefer, F.-W., 1980, Pibernik, R., 2001a und Pibernik, R., 2001b.

tätsbedarf determiniert die Nachfrage nach Flexibilität.[92] Die Identifikation und Erfassung der Flexibilitätsbedarfe ist demzufolge die Voraussetzung für ein zielgerichtetes Flexibilitätsmanagement.

Die Bestimmung der Flexibilitätsbedarfe ist dadurch gekennzeichnet, dass diese zum einen schlecht quantifizierbar sind und zum anderen nur unvollkommene Informationen über deren Auftreten in zeitlicher Hinsicht bekannt sind. Daher ist es notwendig, Bedarfe zu kategorisieren, um deren Analyse zu erleichtern. In der Literatur wurden verschiedene Analyserahmen vorgestellt. Pibernik schlägt für die Klassifizierung des Flexibilitätsbedarfes innerhalb eines Wertschöpfungsnetzwerkes folgende Kriterien vor:

- interner beziehungsweise externer Ursprung,
- Knoten- beziehungsweise Pfeilbezug sowie
- zeitliche Struktur der Veränderungen.[93]

Reichwald/Behrbohm hingegen typisieren die Flexibilitätsbedarfe hinsichtlich des Ursprungs, der Informationsbasis, der Entwicklungstendenz und der Nachhaltigkeit.[94] Der Bezugsrahmen von Upton zur Analyse der Flexibilitätsbedarfe basiert auf der Identifikation der Dimensionen und des zeitlichen Horizontes.[95] Unter Dimensionen versteht Upton die Veränderungen, für die Flexibilität bereitgestellt werden muss. Die Veränderungen werden anhand des zeitlichen Horizontes hinsichtlich ihrer Auftretensdauer näher beschrieben. Bezogen auf ein Produktionssystem kategorisieren Shewchuk/Moodie Flexibilitätsbedarfe in Veränderungen in den Produktionsanforderungen, in den Produktionssysteminputs und in Veränderungen, die das Produktionssystem selbst betreffen.[96]

---

92 Siehe Schlüchtermann, J., 1995, S. 103.

93 Siehe Pibernik, R., 2001a, S. 901-903.

94 Siehe Reichwald, R./Behrbohm, P., 1983, S. 56.

95 Siehe Upton, D. M., 1994, S. 77-79. Der von Upton vorgestellte Bezugsrahmen zur Flexibilitätsgestaltung trennt nicht zwischen Flexibilitätsbedarfen und Flexibilitätspotenzialen. Aus diesem Grund wird der dritte Punkt seines Bezugsrahmens „Identifying the element of flexibility“ erst bei der Betrachtung der Flexibilitätspotenziale in Kapitel 0 näher analysiert.

96 Siehe Shewchuk, J. P./Moodie, C. L., 1997, S. 330.

Zusammenfassend kann auf der Grundlage der kursorisch vorgestellten Analyserahmen festgehalten werden, dass keine einheitliche Auffassung darüber vorliegt, welche Kriterien zur Kategorisierung Verwendung finden können. Der Ursprung ist ein wesentliches Kriterium in den bereits vorgestellten Analyserahmen zur Erfassung und Identifikation des Flexibilitätsbedarfes. Der Ursprung wird bei Pibernik in den Knoten- und Pfeilbezug unterschieden. Übertragen auf den Untersuchungsgegenstand System entspricht das einer Unterscheidung in den Flexibilitätsbedarf der Systemelemente und in den Bedarf der Beziehungen.[97] Auf der Basis der systemtheoretischen Betrachtung wird der Ursprung des Flexibilitätsbedarfes in systemintern und systemextern untergliedert, wobei systemintern nochmals in Systemelemente und Beziehungen eingeteilt wird. Der systemexterne Flexibilitätsbedarf wird jedoch nicht weiter in Elemente und Beziehungen unterteilt. Diese Beschränkung lässt sich dadurch begründen, dass Veränderungen in Systemen und Beziehungen zur Systemumwelt immer über systemexterne Beziehungen Einfluss auf das System nehmen. Eine Unterscheidung ist daher nicht sinnvoll.

Ein weiteres Kriterium auf Basis der oben analysierten Literatur ist die zeitliche Charakterisierung des Flexibilitätsbedarfes. Von den vorgestellten Autoren wird die zeitliche Dimension jedoch unterschiedlich erfasst. Pibernik unterteilt sie in punktuell beziehungsweise permanent.[98] Reichwald/Behrbohm umschreiben diese Kategorisierung mit Hilfe der Entwicklungstendenz, die reversibel, punktuell oder irreversibel, permanent sein kann.[99] Upton spezifiziert die zeitliche Dimension ähnlich. Er unterscheidet in kontinuierlichen beziehungsweise diskreten Bedarf, der sowohl kurzfristig als auch langfristig existent sein kann.[100] Das Merkmal des zeitlichen Auftretens des Bedarfs wird nicht explizit erwähnt. Ein Flexibilitätsmanagement wird diese Information benötigen, um dem Bedarf

---

97 Siehe Pibernik, R., 2001a, S. 901 f.

98 Siehe Pibernik, R., 2001a, S. 902 f.

99 Siehe Reichwald, R./Behrbohm, P., 1983, S. 843.

100 Siehe Upton, D. M., 1994, S. 77-79.

zielgerecht zu begegnen.[101] Für die Kategorisierung des Flexibilitätsbedarfes in zeitlicher Hinsicht werden daher die Dauer der Veränderung und der Zeitpunkt des Auftretens übernommen.

In dem dritten Kriterium werden die Wirkungen der Veränderungen, die den Flexibilitätsbedarf induzieren, betrachtet. Reichwald/Behrbohm verwenden in Anlehnung an Eppink[102] das Kriterium der Nachhaltigkeit. Diese wird in taktisch, wettbewerbsbedingt sowie strategisch untergliedert und beschreibt die Wirkungen des Flexibilitätsbedarfs.[103] Upton erwähnt dieses Kriterium implizit im Sinne eines „...degree of commitment..." der notwendig ist, um sich dem Flexibilitätsbedarf anzupassen.[104] Je länger die Veränderung andauert, desto länger muss das Commitment sein, diese mitzutragen. Das Zielsystem bestimmt neben den zeitlichen Aspekten die Auswirkungen beziehungsweise die Relevanz der Veränderungen für das System. Die Zielgerichtetheit der Flexibilität beziehungsweise des Flexibilitätsmanagements ist ursächlich für die Bewertung der Auswirkungen des Flexibilitätsbedarfes. In Abhängigkeit der Auswirkungen kann in relevante und nicht-relevante Veränderungen unterschieden werden.

Das vierte Kriterium zur Kategorisierung der Flexibilitätsbedarfe sind die unterschiedlichen Informationsstände über das Eintreten von Flexibilitätsbedarfen.[105] Der Informationsstand kann in Sicherheits-, Risiko- sowie in Ungewissheitssituationen unterschieden werden. Die Sicherheitssituation wird hier der Vollständigkeit halber mit in die Betrachtung aufgenommen. Der Fall, dass vollkommene Informationen bezüglich der zielrelevanten Flexibilitätsbedarfe vorliegen, ist jedoch eher theoretisch, denn praktisch relevant.[106] Können subjektive oder objektive Wahrscheinlichkeiten über das Eintreten von Flexibilitätsbedarfen angegeben

[101] Ein Flexibilitätsbedarf, der sich einem System in einem Jahr stellt, erfordert eine andere Anpassung, als wenn sich der Bedarf erst in fünf Jahren stellen würde.

[102] Siehe Eppink, D. J., 1978, S. 9 f.

[103] Siehe Reichwald, R./Behrbohm, P., 1983, S. 843 f.

[104] Upton, D. M., 1994, S. 79.

[105] In Anlehnung an Reichwald, R./Behrbohm, P., 1983, S. 843.

[106] Siehe dazu Bamberg, G./Coenenberg, A. G., 2000, S. 44.

werden, so liegt eine Risikosituation vor. Eine Entscheidungssituation unter Ungewissheit ist dann gegeben, wenn keine Wahrscheinlichkeiten über das Eintreten von relevanten Veränderungen bekannt sind.[107]

Tabelle 2: Beschreibungsdimensionen von Flexibilitätsbedarfen

<table>
<tr><th>Beschreibungsdimensionen von Flexibilitätsbedarfen</th><th colspan="4">Ausprägungen</th></tr>
<tr><td rowspan="2">Ursprung</td><td>Systemextern</td><td colspan="3">Systemintern</td></tr>
<tr><td>Beziehungen</td><td colspan="2">Beziehungen</td><td>Systemelemente</td></tr>
<tr><td>Zeitliche Dimension</td><td colspan="2">Dauer</td><td colspan="2">Zeitpunkt</td></tr>
<tr><td>Zieldimension</td><td colspan="2">Relevante Veränderungen</td><td colspan="2">Nicht-relevante Veränderungen</td></tr>
<tr><td>Informationsstände</td><td>Sicherheit</td><td colspan="2">Risiko</td><td>Ungewissheit</td></tr>
</table>

Zusammenfassend sind die Beschreibungsdimensionen in dem morphologischen Kasten in Tabelle 2 dargestellt.

2.4.2 Flexibilitätspotenziale

Analog zu der Begriffsverwendung des Flexibilitätsbedarfs werden die in der Flexibilitätsdefinition erwähnten Handlungsspielräume, die zur Anpassung an die Flexibilitätsbedarfe genutzt werden, als Flexibilitätspotenziale bezeichnet. Die Operationalisierung der Flexibilitätspotenziale gestaltet sich aus folgenden Gründen schwierig:

- Die Operationalisierung der Flexibilitätspotenziale ist, wie der Name schon impliziert, eine Messung von Potenzialen, deren Wirkung a priori für das Flexibilitätsmanagement bewertet werden muss.[108]
- Flexibilitätspotenziale können nicht losgelöst von der Art der Flexibilitätsbedarfe operationalisiert werden, da die Flexibilitätspotenziale zur Deckung der Flexibilitätsbedarfe eingesetzt werden.[109]

---

[107] Siehe dazu Bamberg, G./Coenenberg, A. G., 2000, S. 24.

[108] Siehe Slack, N., 1983, S. 12.

[109] Siehe Horváth, P./Mayer, R., 1986, S. 74.

- Auf Grund der Multidimensionalität von Flexibilität und der vielfältigen beziehungsweise allgemeinen Untersuchungsgegenstände fällt die Festlegung der relevanten und allgemein gültigen Messdimensionen schwer. Die Erfassung der Flexibilitätspotenziale in einer Maßzahl ist mit einem großen Informationsverlust verbunden.[110]
- Die Multidimensionalität der Flexibilitätspotenziale erfordert eine aufwändige Messung, da für mehrere festzulegende Messgrößen die Daten erhoben werden müssen.[111]
- Flexibilitätspotenziale können für das System, das Subsystem oder die Systemelemente bestimmt werden. Die hierarchische Eigenschaft impliziert, dass bei einer Messung die relevante beziehungsweise die relevanten Hierarchiestufen festgelegt werden müssen.[112]

Die genannten Herausforderungen bei der Operationalisierung der Flexibilität erfordern es, Flexibilitätspotenziale und deren Eigenschaften näher zu analysieren, um auf der Basis dieser Vorarbeit ein geeignetes Messkonzept vorstellen zu können. Als Grundlage für die weitergehende Analyse wird wiederum die Systemtheorie – wie bei der Erarbeitung der Flexibilitätsdefinition – herangezogen.

2.4.2.1 Flexibilitätspotenziale in der systemtheoretisch-kybernetischen Betrachtung

Die systemtheoretisch-kybernetische Literatur kennt zwei grundsätzliche Arten, mit der auf Flexibilitätsbedarfe reagiert werden kann. Das sind zum einen die Mechanismen der

- passiven Störungsabwehr und zum anderen die der
- aktiven Störungsbewältigung.[113]

---

[110] Siehe Horváth, P./Mayer, R., 1986, S. 75 und Gerwin, D., 1993, S. 400 f.

[111] Siehe Slack, N., 1983, S. 12 und Gerwin, D., 1993, S. 401.

[112] Siehe Gerwin, D., 1993, S. 401.

[113] Siehe Krieg, W., 1971, S. 71 und die dort zitierte Literatur sowie Haberfellner, R., 1975, S. 167.

Diese Mechanismen sind den Handlungsspielräumen eines Systems, also Flexibilitätspotenzialen gleichzusetzen. In realen Situationen können sie natürlich auch in Kombination zur Anwendung gelangen.[114] Nachfolgend werden diese isoliert analysiert, um deren jeweilige Spezifik zu verdeutlichen.

2.4.2.1.1 Störungsabwehr

Die passive Störungsabwehr reduziert oder blockiert die Veränderungen,[115] die auf das System wirken. Dabei kann die Abschirmung des Systems von der selektiven Inputaufnahme unterschieden werden.

Abschirmung des Systems

Die Abschirmung eines Systems kann mit Hilfe der verschiedensten Maßnahmen erfolgen, wie zum Beispiel mit Puffern und Reserven.[116] Die Abschirmung ist damit die einfachste Form, auf Flexibilitätsbedarfe zu reagieren, indem die Veränderungen erst gar nicht in das System gelangen. Allerdings ist diese Form der Störungsabwehr aufwändig und durch Starrheit gekennzeichnet. Zudem werden Informationen über die tatsächlichen Flexibilitätsbedarfe durch die Abschirmung verfälscht beziehungsweise blockiert.

Selektive Inputaufnahme

Die selektive Inputaufnahme als zweites Konzept zur Störungsabwehr muss weniger kritisch betrachtet werden, obwohl diese mit der Abschirmung vergleichbar ist. Der Unterschied zwischen beiden Konzepten liegt darin, dass im Rahmen der Abschirmung störende Einflüsse bereits an der Systemgrenze abgeblockt werden. Bei der selektiven Inputaufnahme

---

114 Siehe Krieg, W., 1971, S. 78.

115 In der systemtheoretisch-kybernetischen Literatur wird auch von Störungen gesprochen.

116 Siehe beispielhaft Krieg, W., 1971, S. 71, Fuchs, H., 1973, S. 120 und Haberfellner, R., 1975, S. 167. Ein Beispiel für Puffer und Reserven in Lieferketten sind Sicherheitsbestände. Siehe dazu auch Kapitel 3.3.6.2.

werden hingegen Systeminputs, Störungen, durch aktive Entscheidungen im System ignoriert, zurückgewiesen oder weitergeleitet.[117] Die selektive Inputaufnahme ist damit ein notwendiges Konzept, um die systeminterne Verarbeitungseffizienz zu erhöhen und damit die Funktionsfähigkeit des Systems zu gewährleisten.[118]

Zum Beispiel stellt der Wunsch eines Kunden zur Verlegung eines avisierten Liefertermins für ein logistisches System eine Störung dar. Der Disponent im logistischen System kann entscheiden, ob die Störung zurückgewiesen wird, das heißt, dem Kundenwunsch wird nicht nachgegangen und die Abläufe im System bleiben unverändert. Wird hingegen die Störung in das logistische System weitergeleitet, dem Kundenwunsch also entsprochen, so verändern sich auf Grund der Störung die Abläufe innerhalb des logistischen Systems.

2.4.2.1.2 Störungsbewältigung

Wird ein Flexibilitätsbedarf nicht durch die passive Störungsabwehr bewältigt, kommen Mechanismen der aktiven Störungsbewältigung zum Tragen, zu diesen zählen:

- Steuerung,
- Regelung sowie
- Prozessanpassungen und strukturelle Anpassungen.[119]

<u>Steuerung</u>

Die Steuerung als Mechanismus der Störungsbewältigung ist durch die zielgerichtete Beeinflussung von Systemen oder Systemelementen durch andere Systeme oder Systemelemente gekennzeichnet, ohne

---

117 Siehe Haberfellner, R., 1975, S. 167.

118 Siehe Krieg, W., 1971, S. 71.

119 Siehe Haberfellner, R., 1975, S. 168 f. Es handelt sich bei der obigen Aufstellung nur um eine Auswahl der für diese Arbeit relevanten Mechanismen. Für weitergehende Unterscheidungen sei auf die hier zitierte Literatur verwiesen.

dass eine Rückkopplung stattfindet.[120] Die Steuerung läuft dabei wie folgt ab: Die Steuerinstanz als das steuernde System beziehungsweise Element gibt auf Grund von Störungen im Input Informationen – die Stellgröße – an die Steuerstrecke ab. Die Steuerstrecke umfasst das gesteuerte System oder Element. Die Steuerstrecke setzt dann die Informationen der Steuerinstanz um, um den gewünschten Output zu erreichen, ohne dabei den tatsächlichen Output zu berücksichtigen.

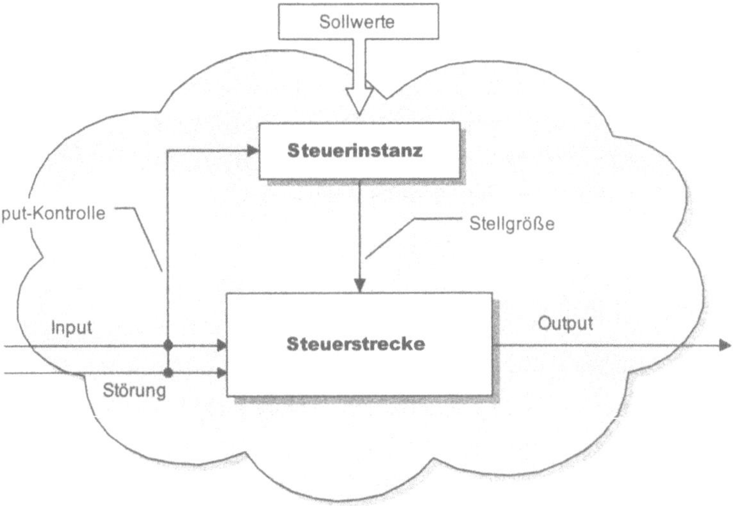

Abbildung 3: Grundprinzip der Steuerung[121]

Der Mechanismus der Steuerung setzt zur Erreichung des gewünschten Outputs voraus, dass alle Störungen bekannt sind, jeder Störung eine vollständig bekannte Steuerungsmaßnahme zugeordnet werden kann und dass die Systemreaktionen eindeutige Funktionen der Störungen sind.[122] Auf Grund der restriktiven Anwendungsvoraussetzungen der Steuerung ist der Einsatz dieses Mechanismus zur Störungsbewältigung beschränkt.

---

[120] Siehe Krieg, W., 1971, S. 72 und die dort zitierte Literatur sowie Woratschek, H., 1995, Sp. 2440-2442.

[121] In Anlehnung an Krieg, W., 1971, S. 73 und Haberfellner, R., 1975, S. 49.

[122] Siehe Krieg, W., 1971, S. 73 und die dort zitierte Literatur.

Regelung

Der Mechanismus der Regelung besitzt im Vergleich zur Steuerung weniger restriktive Anwendungsvoraussetzungen, da dieser auf dem Prinzip der Rückkopplung basiert. Unter Rückkopplung versteht man einen Vorgang, bei dem eine Verbindung vom Output eines Systems zurück zum Input eines Systems hergestellt wird.[123] Realisiert wird diese Verbindung durch einen Regelkreis. Der Mechanismus der Regelung ist in Abbildung 4 abgebildet und stellt sich wie folgt dar: Der Regler als regelndes Element empfängt Informationen über den Ist-Output der Regelstrecke und vergleicht diese mit einem Sollwert. Im Falle einer Abweichung vom Sollwert gibt der Regler Korrekturinformationen durch die Stellgröße an die Regelstrecke zurück, um den gewünschten Output zu erreichen.[124]

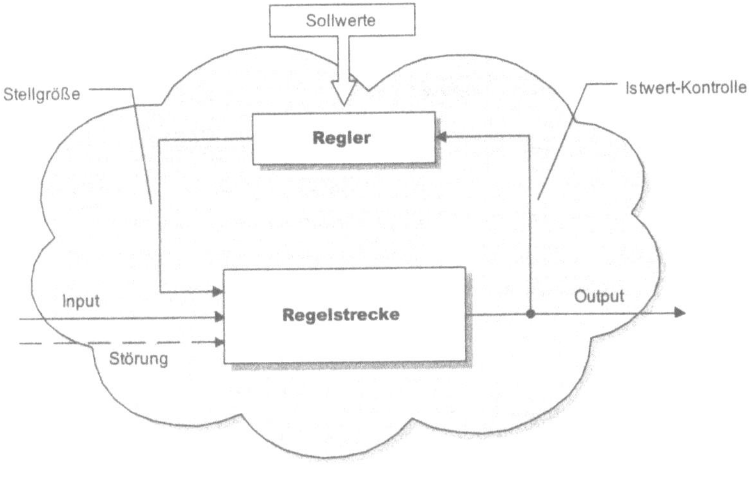

Abbildung 4: Grundprinzip der Regelung[125]

Charakteristisch für die outputorientierte Regelung ist, dass eine Regelung nur dann erfolgt, wenn es zu einer Abweichung zwischen Soll- und

[123] Siehe Ulrich, H., 1970, S. 121.

[124] Siehe beispielhaft Flik, H., 1969, S. 31-34 und Krieg, W., 1971, S. 74-75.

[125] Quelle: In Anlehnung an Flik, H., 1969, S. 31, Krieg, W., 1971, S. 75 und Woratschek, H., 1995, Sp. 2442.

Ist-Werten kommt.[126] Die Korrekturinformationen sind zudem unabhängig von der auftretenden Störung.[127] Das ermöglicht die Kontrolle von unbekannten Störungen und im Vergleich zur Steuerung zu einer größeren Zahl von zu bewältigenden Störungen, da verschiedene Störungen zu ein und derselben Outputabweichung führen können.[128] Ein wesentlicher Nachteil der Regelung ist die fehlende Präzision, die zu Zielabweichungen führt. Dies ist zum einen durch die zeitliche Verzögerung bedingt, mit der der Regler auf die Störung reagieren kann und zum anderen müsste die Regelung absolut erfolgreich sein.[129] In Regelkreissystemen ist deshalb die Festlegung von Toleranzen im Output sowie die Untersuchung des Zeitverhaltens des Regelsystems und des Regelkreises wichtig.[130] Weiterhin ist anzumerken, dass ein Rückkopplungsmechanismus zwar jede Art von Störungen bewältigen kann, jedoch nur innerhalb einer gewissen Bandbreite.

Prozess- und strukturelle Anpassungen

Ist eine Störung so erheblich, dass eine Bewältigung durch Steuerung und Regelung nicht möglich ist, müssen Prozess- beziehungsweise strukturelle Anpassungen im System vorgenommen werden.[131] Unter der Anpassung der Prozessstruktur sind beispielsweise Änderungen der bestehenden Systemabläufe, Prozeduren und Informationsbeziehungen in

---

126 Siehe Mirow, H. M., 1969, S. 97 f.

127 Siehe Mirow, H. M., 1969, S. 98.

128 Siehe Mirow, H. M., 1969, S. 98 und Krieg, W., 1971, S. 75 f. Als Beispiel führt Mirow die Temperaturregelung eines Raumes an. Die gewünschte Raumtemperatur wird beispielsweise durch die Sonneneinstrahlung, die Windrichtung und Windgeschwindigkeit sowie die Wärmeisolierung bestimmt. Die Berücksichtigung aller möglichen Störungen, die die Raumtemperatur beeinflussen, ist – wenn überhaupt – nur mit einem hohen Aufwand möglich. Die Steuerung als Mechanismus der Störungsbewältigung scheidet daher aus. Mit der Regelung können hingegen Temperaturabweichungen erfasst werden und durch Korrekturinformationen an die Klimaanlage wird die gewünschte Raumtemperatur wieder hergestellt. Siehe Mirow, H. M., 1969, S. 98.

129 Siehe Krieg, W., 1971, S. 76.

130 Siehe Krieg, W., 1971, S. 76.

131 Siehe Krieg, W., 1971, S. 82 und Haberfellner, R., 1975, S. 170.

den bestehenden Systemelementen und Beziehungen zu verstehen.[132] Strukturelle Anpassungen sind hingegen solche Maßnahmen, die mit der Schaffung beziehungsweise Eliminierung von Systemelementen verbunden sind. Beispielhaft sei hier die Auslagerung, Ausgliederung bestimmter Prozessteile in ein neues Systemelement genannt.[133] Beide Arten der Anpassung bauen auf demselben Grundkonzept, der Rückkopplung zweiter Ordnung, auf. Wird die Rückkopplung zweiter Ordnung aktiviert, dann werden sprunghafte Übergänge in den Systemprozessen beziehungsweise in der Systemstruktur ausgelöst, um auf eine Störung zu reagieren.[134] Die Anpassungen werden solange fortgeführt, bis ein angepasster stabiler Zustand erreicht ist. Voraussetzung dafür ist die Fähigkeit des Systems, ein Repertoire an Anpassungsmöglichkeiten in Prozess- und struktureller Hinsicht zu besitzen. Die Anpassung der Systemprozesse und der Systemstruktur stellt das mächtigste Instrument zur Reaktion auf Störungen dar, allerdings ist diese Art der Anpassung zeit- und ressourcenaufwändig.[135]

2.4.2.1.3 Fazit der systemtheoretisch-kybernetischen Betrachtung

Anhand der systemtheoretisch-kybernetischen Betrachtung konnten verschiedene Handlungsspielräume eines Systems identifiziert werden, um sich Veränderungen, Störungen, anzupassen. Die Handlungsspielräume ergeben sich aus den Mechanismen zur Störungsabwehr und zur Störungsbewältigung. Jeder der Mechanismen besitzt unterschiedliche Eigenschaften, die deren Eignung als Flexibilitätspotenzial determinieren. Die hier vorgestellten Handlungsspielräume kommen in realen Situatio-

---

[132] Siehe Haberfellner, R., 1975, S. 170.

[133] Siehe Haberfellner, R., 1975, S. 172. Zur Ausgliederung der betrieblichen Datenverarbeitung sei auf Heinzl, A., 1993 verwiesen.

[134] Siehe Krieg, W., 1971, S. 82.

[135] Siehe Krieg, W., 1971, S. 82.

nen häufig in Kombination zum Einsatz, um die Vorteile mehrerer Mechanismen zu kombinieren und die Nachteile zu reduzieren.[136]

2.4.2.2 Dimensionen zur Beschreibung der Flexibilitätspotenziale

Die Flexibilitätspotenziale dienen der zielgerichteten Anpassung an Flexibilitätsbedarfe.[137] Es stellt sich daher die Frage, welche Auswirkungen Flexibilitätsbedarfe – unter Berücksichtigung spezifischer Flexibilitätspotenziale – auf die Systemziele besitzen. Um diese Frage zu beantworten, werden im Folgenden Dimensionen erarbeitet, anhand derer die Leistungsfähigkeit der Flexibilitätspotenziale beurteilt werden kann. Zur Verdeutlichung der erarbeiteten Dimensionen werden diese beispielhaft zur Beschreibung der Flexibilitätspotenziale eines logistischen Prozesses, der mit einem Flexibilitätsbedarf – induziert durch einen langfristig zu bedienenden Zusatzauftrag – konfrontiert wird, angewendet.

Range

Ein Flexibilitätspotenzial ist zunächst durch dessen Fähigkeit, auf unterschiedliche Flexibilitätsbedarfe überhaupt reagieren zu können, näher zu charakterisieren. Diese Fähigkeit soll im Weiteren in Anlehnung an Slack, Upton und Koste/Malhotra mit dem „Range"-Konstrukt näher umschrieben werden.[138] Die „Range" ist dabei als Bandbreite potenzieller

---

[136] Ein Beispiel dafür ist der kombinierte Einsatz von Abschirmung, Inputselektion, Steuerung und Regelung. Man spricht dann von einer Mischlenkung. Siehe Krieg, W., 1971, S. 78.

[137] Siehe dazu auch Kapitel 2.3.2.

[138] Siehe Slack, N., 1983, S. 7, Upton, D. M., 1994, S. 80 und Koste, L. L./Malhotra, M. K., 1999, S. 78.

Flexibilitätsbedarfe zu verstehen, die mit Hilfe eines spezifischen Flexibilitätspotenzials beantwortet werden können.[139]

Koste/Malhotra erweitern das „Range"-Konstrukt um die Dimension der „Range-Heterogeneity". Diese zusätzliche Dimension dient zur näheren Beschreibung der Fähigkeiten eines Flexibilitätspotenzials, auf unterschiedliche Flexibilitätsbedarfe reagieren zu können.[140] Die Autoren begründen die Erweiterung des „Range"-Konstruktes durch die nicht explizit berücksichtigte qualitative Beschreibung der Bandbreite.[141] Dieser Meinung wird in dieser Arbeit nicht gefolgt, da die „Range" immer neben der absoluten Zahl auch eine qualitative Beschreibung und Wertung der Bandbreite impliziert. Anderenfalls würde Slack nicht das Beispiel verschiedener Qualitätsstufen, die im Bereich der Produktion erbracht werden, anführen, deren rein zählende Beschreibung keine Rückschlüsse auf das zu beurteilende Flexibilitätspotenzial zulässt.[142] Zur Präzisierung des „Range"-Konstruktes ist es daher notwendig, zum einen die Zahl der Ausprägungen der zu bewältigenden Flexibilitätsbedarfe zu erfassen und

---

139 Slack beschreibt das „Range"-Konstrukt wie folgt: „So one production system is more flexible than another if it is capable of exhibiting a wider range of states or behaviours; for example, make a greater variety of products, manufacture at different output levels, achieve a range of alternative quality levels or delivery lead times, and so on." Slack, N., 1983, S. 7.
Upton fasst das Konstrukt präziser: „Range – The first element of flexibility concerns the ability to effect or accommodate a large *range* on the dimension of change. This may be represented as the number of viable positions within the range, or some metric of the 'distance' between extremes of the range…" Upton, D. M., 1994, S. 80.

140 Siehe Koste, L. L./Malhotra, M. K., 1999, S. 78. Grundlage für die von den Autoren eingeführte Unterscheidung bildet die von Upton gegebene Charakterisierung des „Range"-Konstruktes (siehe Fußnote 139). In dieser spricht Upton zum einen von „...viable positions ..." und zum anderen von „...some metric of the 'distance'...". Upton, D. M., 1994, S. 80.

141 Koste/Malhotra führen als Beispiel den Flexibilitätsvergleich von zwei Fertigungsstätten auf der Basis der hergestellten Produkte an, wobei sich die hergestellten Produkte auf Grund deren Charakteristika hinsichtlich der Fertigungstechnologie unterscheiden. Bei dem alleinigen Vergleich der Zahl der Produkte, so die Autoren, werden die Unterschiede in der Fertigungstechnologie nicht berücksichtigt und somit wird ein falsches Ergebnis für den Flexibilitätsvergleich der zwei Fertigungsstätten gewonnen. Siehe Koste, L. L./Malhotra, M. K., 1999, S. 78.

142 Siehe Slack, N., 1983, S. 7.

zum anderen die Ausprägungen näher zu charakterisieren, falls diese sich qualitativ unterscheiden. So ist zum Beispiel die Fähigkeit eines logistischen Systems einen Zusatzauftrag bedienen zu können nicht nur durch die Zahl der zu transportierenden Güter, sondern auch durch die Eigenschaften der Güter determiniert.

Bezogen auf den exemplarisch zu betrachtenden logistischen Prozess wird mit dem „Range“-Konstrukt beschrieben, ob der Zusatzauftrag überhaupt bewältigt werden kann.

Mobility

Die alleinige Betrachtung des „Range“-Konstruktes reicht nicht aus, um ein Flexibilitätspotenzial zu beschreiben. Beispielsweise können zwei unterschiedliche Flexibilitätspotenziale (eine Steuerung und eine Regelung) in der Lage sein, die gleiche „Range“ an potenziellen Flexibilitätsbedarfen zu bewältigen. Trotzdem ergeben sich Unterschiede in der Art und Weise, wie diese Potenziale auf den Flexibilitätsbedarf reagieren können.[143] Ein zweites Konstrukt, die „Mobility“, wurde daher von Upton eingeführt, um den Anpassungsvorgang an den Flexibilitätsbedarf zu beschreiben.[144] Upton fast dieses Konstrukt sehr allgemein, indem er von einer „...transition penalty for moving within the „Range“...“[145] spricht. Koste/Malhotra betonen, dass „transition penalties“ nur dann auftreten, wenn sich ein System einem veränderten Flexibilitätsbedarf anpasst.[146]

---

[143] In Kapitel 2.4.2.1.2 wurde gezeigt, dass die Regelung im Vergleich zur Steuerung nicht so schnell auf Störungen reagieren kann.

[144] Siehe Upton, D. M., 1994, S. 80 sowie Koste, L. L./Malhotra, M. K., 1999, S. 78. Upton definiert „Mobility“ wie folgt: „The second way in which systems are seen as 'flexible' is in their ability to provide *mobility* within the dimension of change. Flexible systems are those in which the transition penalties for moving within the range are small.“ Upton, D. M., 1994, S. 80. Koste/Malhotra charakterisieren „Mobility“ ähnlich: „Mobility (M) represents the ease with which the organization moves from one state to another.“ Koste, L. L./Malhotra, M. K., 1999, S. 78.
Slack erwähnt die Zeit und die Kosten, die zur Anpassung benötigt werden. Siehe Slack, N., 1983, S. 7.

[145] Upton, D. M., 1994, S. 80. Der Autor konkretisiert die „transition penalties“ später in einem Beispiel.

[146] Siehe Koste, L. L./Malhotra, M. K., 1999, S. 79.

„Transition penalties" können vielfältiger Natur sein und sind determiniert von der konkreten Problemstellung. In der Literatur werden beispielhaft der Managementaufwand, Produktionsausfallzeiten und –kosten genannt.[147] Die „transition penalties" können demzufolge durch Zeit- und Kostengrößen erfasst werden.[148] Auf die Bedeutung der Reaktionszeit als notwendiges Element zur Beschreibung von Flexibilitätspotenzialen weisen auch Schaefer und Horváth/Mayer hin.[149] Upton weist jedoch darauf hin, dass die Zeit im Sinne der Anpassungsdauer beziehungsweise Reaktionszeit nur eine Stellvertretergröße für die Kosten ist.[150]

Angewendet auf den logistischen Prozess und den Zusatzauftrag wird mit dem „Mobility"-Konstrukt die Frage beantwortet, wie lange es dauert, bis die Lieferbereitschaft für diesen Zusatzauftrag hergestellt werden kann und ob eventuelle Umstellungskosten zum Beispiel durch die Aufstellung neuer Tourenpläne involviert sind.

Uniformity

Mit dem „Range"- und dem „Mobility"-Konstrukt ist es möglich, Flexibilitätspotenziale hinsichtlich deren prinzipiellen Fähigkeit und den Vorgang der Anpassung auf den Flexibilitätsbedarf näher zu beschreiben. Flexibilitätspotenziale können sich hinsichtlich der eher kurzfristigen „transition penalties" und auch in Bezug auf die Veränderung der langfristigen Performance nach der erfolgten Anpassung unterscheiden.[151]

Die Veränderung der langfristigen Performance wird durch Upton unter dem Begriff der „Uniformity" subsumiert.[152] Nach Upton ist ein System

---

[147] Siehe Upton, D. M., 1994, S. 80 und Koste, L. L./Malhotra, M. K., 1999, S. 79.

[148] Siehe Koste, L. L./Malhotra, M. K., 1999, S. 79.

[149] Siehe Schaefer, F. W., 1980, S. 10 und Horváth, P./Mayer, R., 1986, S. 75.

[150] Siehe Upton, D. M., 1994, S. 80.

[151] Siehe Gupta, D./Buzacott, J. A., 1989, S. 95, Upton, D. M., 1994, S. 80. und Koste, L. L./Malhotra, M. K., 1999, S. 79.

[152] Siehe Upton, D. M., 1994, S. 80. Koste/Malhotra geben in Anlehnung an Upton folgende Definition: „Uniformity (U) captures the similarity of performance outcomes within the range. The less flexible system will exhibit peaks or valleys in performance outcomes..." Koste, L. L./Malhotra, M. K., 1999, S. 79.

dann flexibel, wenn die Performance des Systems unabhängig, das heißt konstant, von dem zu bewältigenden Flexibilitätsbedarf ist.[153] Die „Uniformity" kann mit einer Vielzahl von Messgrößen erfasst werden, so zum Beispiel der Effizienz, der Produktivität, der Qualität, der Durchlaufzeiten und der Produktionskosten.[154]

Da durch das „Uniformity"-Konstrukt das Verhalten des Systems nach der erfolgten Anpassung näher charakterisiert wird, eignet sich das Konstrukt nur dann zur Beschreibung des Flexibilitätspotenzials, wenn der Flexibilitätsbedarf innerhalb der „Range" des Flexibilitätspotenzials liegt.[155]

Das „Uniformity"-Konstrukt beschreibt im Rahmen des beispielhaft betrachteten Prozesses die Performance des logistischen Prozesses nach der erfolgten Anpassung an den Zusatzauftrag, das heißt, es wird untersucht, inwieweit sich die Performance des logistischen Prozesses während der Belieferung des langfristigen Zusatzauftrages im Vergleich zur ursprünglichen Performance – zum Beispiel durch Überstunden – verändert.

Cost of Providing

Mit der vierten Beschreibungsdimension für Flexibilitätspotenziale werden in Anlehnung an Slack die Kosten für deren Implementierung, die „Cost of Providing", erfasst.[156] Mit den „Cost of Providing" werden die Investitionen für die jeweils zu betrachtenden Flexibilitätspotenziale erfasst. Diese Dimension steht nicht direkt mit dem Anpassungsprozess in Verbindung und wurde deshalb nicht in den Bezugsrahmen von Upton beziehungsweise von Koste/Malhotra aufgenommen.[157] Die „Cost of

---

153 Der Flexibilitätsbedarf muss natürlich innerhalb der Range des Flexibilitätspotenzials liegen. Siehe Upton, D. M., 1994, S. 80.

154 Siehe Koste, L. L./Malhotra, M. K., 1999, S. 79 und die dort angegebene Literatur zur Messung der Performance eines Systems.

155 Siehe Upton, D. M., 1994, S. 80 und Koste, L. L./Malhotra, M. K., 1999, S. 79.

156 Siehe Slack, N., 1983, S. 7.

157 Siehe Upton, D. M., 1994 und Koste, L. L./Malhotra, M. K., 1999.

Providing" sind daher als ein eigenständiges Kriterium anzusehen, dessen Betrachtung aber notwendig ist, um eine umfassende Charakterisierung unterschiedlicher Flexibilitätspotenziale vornehmen zu können.

Die „Cost of Providing" dienen im exemplarisch betrachteten logistischen Prozess zur Erfassung der Investitions- beziehungsweise Setupkosten für diesen Prozess. Ein Beispiel für diese Kosten sind die Anschaffungskosten eines Lastkraftwagens.

In Abbildung 5 werden die Dimensionen zur Beschreibung der Flexibilitätspotenziale zusammenfassend dargestellt. Die Sonderrolle der Dimension „Cost of Providing" wird durch eine gestrichelte Linie verdeutlicht.

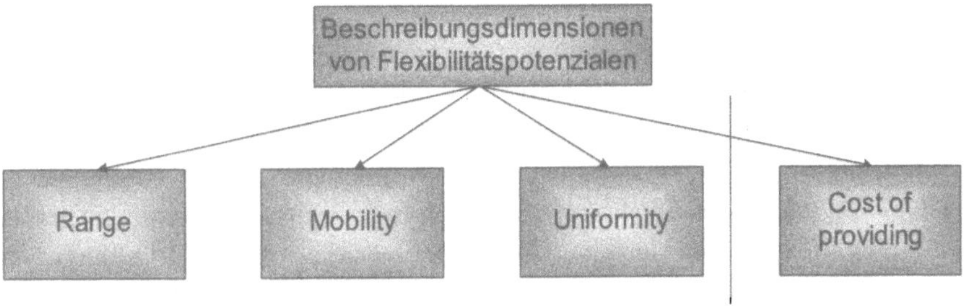

Abbildung 5: Beschreibungsdimensionen von Flexibilitätspotenzialen

2.4.3 Flexibilitätsmessung

In der Literatur werden verschiedene Verfahren zur Flexibilitätsmessung vorgestellt,[158] ausgewählte Ansätze sollen nachfolgend Gegenstand einer kritischen Betrachtung sein. Die vorgestellten Ansätze lassen sich in Indikator- und Wirkungsmessung unterscheiden.[159] Indikatormessungen gehen von einem Zusammenhang zwischen dem zu messenden Indika-

[158] Eine Zusammenfassung in der englischsprachigen Literatur im Bereich der Produktionsflexibilität ist bei Gupta, Y. P./Goyal, S., 1989, insbesondere auf S. 130 zu finden. In der deutschsprachigen Literatur sei beispielhaft auf Schlüchtermann, J., 1995, S. 107-125 verwiesen.

[159] Siehe Jacob, H., 1990, S. 25-27, Schlüchtermann, J., 1995, S. 108 und Zapf, M., 2001b, S. 98.

tor und der Flexibilität des Systems unabhängig von konkreten Flexibilitätsbedarfen aus. Wirkungsmessungen hingegen versuchen, die Auswirkungen von Flexibilitätsbedarfen vor dem Hintergrund konkreter Flexibilitätspotenziale zu quantifizieren.

2.4.3.1 Indikatormessung

Im Rahmen der Indikatormessung werden zur Beschreibung der Flexibilität eines Systems Indikatoren in Form von Einzelindikatoren oder Kennzahlensystemen herangezogen. Zur Verdeutlichung des Messansatzes werden einige Ansätze aus der Literatur kursorisch vorgestellt.

Sabri/Beamon verwenden in ihrem Optimierungsmodell für die Ermittlung der verfügbaren Flexibilität im Sinne der noch freien Lieferkapazität die Differenz zwischen der maximalen Kapazität und der aktuell genutzten Kapazität.[160] Die Mengendifferenz wird damit als alleiniger Flexibilitätsindikator für das zur Verfügung stehende Flexibilitätspotenzial angesehen. Einen anderen Ansatz wählen Eversheim/Schaefer, indem sie die Flexibilität mit Hilfe eines Differenzquotienten berechnen. Dieser wird aus dem Quotienten der veränderbaren Kapazität in einem Planungszeitraum und dem Planungszeitraum ermittelt.[161] Ökonomische Konsequenzen von Flexibilitätsbedarfen auf die Systemziele können mit Hilfe dieser Indikatoren nicht erfasst werden. Das wäre notwendig, um eine zielsetzungsgerechte Flexibilitätsausgestaltung zu ermöglichen. Ein weiterer Kritikpunkt an der singulären Indikatormessung ist, dass das multidimensionale Konstrukt Flexibilität nicht mit Hilfe eines einzelnen Indikators erfasst werden kann.[162]

Um diesen Nachteil zu umgehen, wurden umfassende Kennzahlensysteme zur Bewertung der Flexibilität von Unternehmensteilsystemen ent-

---

[160] Siehe Sabri, E. H./Beamon, B. M., 2000, S. 586.

[161] Siehe Eversheim, W./Schaefer, F.-W., 1980, S. 234. Die Autoren schlagen vor, dass die Größe der veränderlichen Kapazität auf andere Größen wie zum Beispiel die Verfügbarkeit von Kapital, die Bereitstellung von Rohmaterialien oder die Veränderung der Fixkosten übertragen wird.

[162] Zu der begrenzten Aussagefähigkeit einzelner Kennzahlen siehe Perridon, L./Steiner, M., 2002, S. 575.

wickelt. Als ausgewählte Ansätze sind die von Pauli[163] und Ost[164] zu nennen. Das Kennzahlensystem von Ost umfasst 33 Indikatoren zur Messung der Flexibilitätspotenziale. Die Indikatoren werden zunächst hinsichtlich der zeitlichen Dimension in kurzfristige und langfristige Flexibilitätspotenziale untergliedert, diese werden wiederum in Teilflexibilitäten verfeinert: in die Einsatzflexibilität, Störungsflexibilität, Mengenflexibilität sowie in Umbauflexibilität und Integrationsflexibilität. Die Störungsflexibilität wird zum Beispiel weiter in die Kompensationsfähigkeit, die Umsteuerbarkeit und die Durchlauffreizügigkeit unterteilt, für die jeweils Indikatoren zur Beschreibung herangezogen werden. Die Durchlauffreizügigkeit wird beispielsweise mit drei Indikatoren konkretisiert. Ein Indikator ist dabei der Freiheitsgrad der Bearbeitungspfadwahl, der sich wie folgt berechnet: „Summe aller Stationen minus Summe der Stationen in Zwangsfolge durch Summe aller Stationen".[165]

Der Ansatz von Pauli stellt das wohl umfassendste Kennzahlensystem für die Erfassung der Flexibilitätspotenziale vor.[166] Der Autor untergliedert die einzelnen Flexibilitätskennzahlen in einer zweidimensionalen Matrix:

Tabelle 3: Struktur des Flexibilitätskennzahlensystems nach Pauli[167]

	Produkteflexibilität	Leistungsflexibilität	Versorgungsflexibilität
Quantitativ			
Qualitativ			
Örtlich		z.B. F_{231}	
Zeitlich			

Die Flexibilität der marktgerichteten Aktivitäten des Unternehmens wird mit Hilfe der Dimension Produkteflexibilität erfasst. Die Leistungsflexibilität umfasst alle Aktivitäten, die die Leistungserstellung des Unterneh-

163 Siehe Pauli, J. W., 1986, S. 88-135.

164 Siehe Ost, S., 1995, S. 153-158.

165 Ost, S., 1995, S. 154.

166 Siehe Pauli, J. W., 1986, S. 88-135.

167 In Anlehnung an Schlüchtermann, J., 1995, S. 111 und Pibernik, R., 2001b, S. 96.

mens betreffen und die Versorgungsflexibilität alle, die mit der Beschaffung der benötigten Faktoren in Verbindung stehen. Für jedes Feld in der Matrix hat Pauli eine oder mehrere Kennzahlen entwickelt, mit der die jeweiligen Teilflexibilitäten erfasst werden sollen. Zum Beispiel wird durch Kennzahl F_{231} die örtliche Flexibilität in Bezug auf die Nachfrage gemessen.[168] Die Kennzahl errechnet sich aus dem Quotienten der wirtschaftlich bedienbaren Absatzregionen im Verhältnis zu den gesamten Absatzregionen.[169]

Die Ansätze zur Indikatormessung besitzen den Vorteil, dass auf der Basis von Soll-Ist-Vergleichen Abweichungen in den Indikatoren identifiziert werden und daraufhin entsprechende Maßnahmen getroffen werden können. Dies setzt voraus, dass die zur Berechnung der Indikatoren verwendeten Größen quantifizierbar sind. Im Rahmen des Flexibilitätsmanagements ist die Eignung der Indikatormessung jedoch kritisch zu hinterfragen. Bei der Verwendung einzelner Indikatoren ist zu kritisieren, dass diese auf Grund der beschränkten Aussagefähigkeit eines Indikators und des hohen Aggregationsgrades die Messung multidimensionaler Flexibilitätspotenziale nur in beschränktem Umfang ermöglichen. Um die Kritik an der singulären Indikatormessung auszuräumen, wurden Kennzahlensysteme zur Messung der Flexibilität eingeführt. Die inhärenten Mängel der Indikatormessung bleiben unabhängig von der Verwendung einzelner oder mehrerer Indikatoren bestehen. Die zielgerichtete Ausgestaltung von Flexibilitätspotenzialen ist mit Verfahren der Indikatormessung nicht möglich, da die Flexibilitätsbedarfe – für die Flexibilitätspotenziale aufgebaut werden – nicht Gegenstand der Betrachtung sind. Kritisch ist zudem die logisch-deduktive Ableitung der Indikatoren in den vorgestellten Ansätzen zu sehen, die impliziert, dass die relevanten Messindikatoren und die korrekte Messhierarchie auf der Basis von Plausibilitätsüberlegungen identifiziert werden können. Eine empirische Überprüfung der Indikatoren, zum Beispiel auf Basis einer Faktorenanalyse, findet in den analysierten Arbeiten nicht statt.

---

[168] Der Term „örtliche Flexibilität in Bezug auf die Nachfrage" wurde durch Pauli geprägt. Siehe Pauli, J. W., 1986, S. 125.

[169] Siehe Pauli, J. W., 1986, S. 125.

Abschließend ist zu konstatieren, dass die vorgestellten Ansätze zur Flexibilitätsindikatormessung nicht zur Erfassung und Bewertung der Flexibilitätspotenziale geeignet sind. Vielmehr können mit Hilfe dieses Messkonzeptes nur allgemeine Aussagen über den Umfang der Flexibilitätspotenziale gegeben werden.[170]

2.4.3.2 Wirkungsmessung

Im Gegensatz zur Indikatormessung wird bei der Wirkungsmessung die Flexibilität von Flexibilitätspotenzialen vor dem Hintergrund eines konkreten Flexibilitätsbedarfes gemessen.

Ein interessanter und eingängiger Messansatz ist bei Marschak/Nelson[171] zu finden. In diesem wird die Flexibilität durch die verbleibenden Alternativen bestimmt, die nach einer getroffenen Entscheidung noch existieren. Die Flexibilität einer Entscheidung ist demzufolge abhängig von der Zahl der verbleibenden Alternativen. Ein Vorteil dieses Messansatzes ist in der intuitiven Formulierung des Flexibilitätsmaßes zu sehen. Der geringe Detaillierungsgrad und die unbewertete Flexibilitätskennzahl, die zu einem beschränkten Aussagewert führt, sind jedoch zu kritisieren.[172] Um diese Kritik zu überwinden, erweitern Marschak/Nelson ihren Ansatz um eine Nutzenfunktion zur Bewertung der verbleibenden Alternativen vor dem Hintergrund der gegebenen Rahmenbedingungen.[173] In realen Entscheidungssituationen ist die Anwen-

---

[170] Siehe Jacob, H., 1990, S. 26.

[171] Siehe Marschak, T./Nelson, R., 1962. Siehe auch Schlüchtermann, J., 1995, S. 112.

[172] Siehe Schlüchtermann, J., 1995, S. 112.

[173] Die Rahmenbedingungen werden von Marschak/Nelson als „... state of the world..." beschrieben. Marschak, T./Nelson, R., 1962, S. 45.

dung dieses Ansatzes auf Grund der schlechten Quantifizierbarkeit nicht gegeben.[174]

Ein anderer Ansatz der Wirkungsmessung wird von den Autoren Jacob, Hanssmann, Schneeweiß/Kühn und Zapf vorgestellt. Der Ansatz beruht auf dem gleichen Grundkonzept, das von den einzelnen Autoren unterschiedlich stark präzisiert und weiterentwickelt wird.[175] Die Grundannahme der Autoren besteht darin, die Flexibilität F_i eines Flexibilitätspotenzials i mit Hilfe des durch dieses Potenzials erreichbaren Zielwertes Z_i zu messen. Der Zielwert Z_i wird in dem Intervall zwischen optimal erreichbaren Zielwert Z^+ und minimal erreichbaren Zielwert Z^- auf das Intervall [0;1] normiert. Die resultierende Größe wird dann der Flexibilität des Flexibilitätspotenzials gleichgesetzt. Formal stellt sich die Berechnung der Flexibilität eines Flexibilitätspotenzials wie folgt dar:[176]

$$F_i = \frac{Z_i - Z^-}{Z^+ - Z^-}. \qquad (2\text{-}1)$$

Ist der errechnete Flexibilitätswert F_i des Flexibilitätspotenzials i eins, so handelt es sich um die vollkommene Flexibilität. In diesem Fall entspricht der erreichte Zielwert des Flexibilitätspotenzials dem optimalen Zielwert, formal gilt: $Z_i = Z^+$. Der Fall der vollkommenen Inflexibilität liegt dann vor, wenn der minimal erreichbare Zielwert mit dem des Flexibilitätspotenzials zusammenfällt, das heißt: $Z_i = Z^-$. Im Folgenden wird näher auf die einzelnen Ansätze der Autoren eingegangen.

---

[174] Eine Nutzenfunktion eines Entscheidungsträgers existiert nur dann, wenn die Präferenz des Entscheiders hinsichtlich mehrerer Alternativen die Axiome: vollständige Ordnung, Stetigkeit und Unabhängigkeit erfüllt. Siehe Eisenführ, F./Weber, M., 1999, S. 211-221. Da die Axiome in realen Entscheidungssituationen verletzt werden, kann das reale Entscheidungsverhalten nicht mit Hilfe der Nutzentheorie beschrieben beziehungsweise quantifiziert werden. Siehe Eisenführ, F./Weber, M., 1999, S. 396.

[175] Siehe Jacob, H., 1974, Jacob, H., 1990, Hanssmann, F., 1987, Kühn, M., 1989, Schneeweiß, C./Kühn, M., 1990, Schneeweiß, C., 1992, Schneeweiß, C./Schneider, H., 1999 und Zapf, M., 2001b.

[176] Die hier vorgestellte Formel geht von der vereinfachten Annahme aus, dass nur eine Umweltsituation vorliegt. Deshalb wird auf die Indizierung zur Verdeutlichung verschiedener Umweltsituationen verzichtet.

Jacob stellte 1974 in seinem Aufsatz „Unsicherheit und Flexibilität – Zur Theorie der Planung bei Unsicherheit" einen Ansatz zur Messung der Flexibilität vor. Vereinfacht lässt sich dieser, angelehnt an die oben vorgestellte, allgemeine Notation, wie folgt darstellen:[177]

$$F_i = \frac{Z^+ - Z^-}{Z^+ - Z_i} - 1. \qquad (2\text{-}2)$$

Die Interpretation des in der obigen Formel ermittelten Flexibilitätsmaßes fällt schwer, da das Maß nicht auf ein abgeschlossenes Intervall normiert wird.[178] In einem späteren Werk führt Jacob die Normierung der Flexibilitätsmessung ein, die der obigen Formel (2-1) entspricht und sich somit auch leichter interpretieren lässt.[179]

Der Messansatz von Hanssmann stimmt formal mit der Formel (2-1) überein. Zur Verdeutlichung verschiedener Umweltsituationen j wird jedoch ein weiterer Index eingefügt, so dass sich folgende Formel ergibt:[180]

$$F_{ij} = \frac{Z_{ij} - Z_j^-}{Z_j^+ - Z_j^-}. \qquad (2\text{-}3)$$

Interessant sind die weitergehenden Überlegungen von Hanssmann zur Bewertung der Flexibilität eines Systems in mehreren denkbaren Um-

---

[177] Siehe Jacob, H., 1974, S. 324. Jacob unterscheidet bei der Messung zwischen Bestands- und Entwicklungsflexibilität. Die Formeln zur Berechnung sind jedoch bis auf einen Index gleich, so dass in der obigen Formel auf diesen Index verzichtet wird. Des Weiteren summiert Jacob jeweils den Zähler und den Nenner über alle möglichen Datensituationen auf.

[178] Nähert sich die Zielerreichung der Handlungsaktion dem optimalen Zielwert an, dann wird der Flexibilitätswert unendlich groß. Die Subtraktion mit eins ermöglicht die einfache Interpretation, wenn die Zielerreichung der Handlungsaktion 50 Prozent des optimalen Zielwertes ist, dann ergibt sich ein Flexibilitätswert von 1.

[179] Siehe Jacob, H., 1990, S. 27. Die dort vorgestellte Formel ist nicht identisch mit der Formel (2-1). Nach Umstellung entsprechen sich jedoch beide Formeln.

[180] In Anlehnung an Hanssmann, F., 1987, S. 229.

weltsituationen j unter Berücksichtigung der Entscheidungssituation.[181] Bei dem Vorliegen einer Risikosituation, die gekennzeichnet ist durch das Vorliegen von Wahrscheinlichkeiten p_j, wird die erwartete Flexibilität eines Flexibilitätspotenzials i wie folgt berechnet:[182]

$$F_i = \sum_j p_j F_{ij} \, . \qquad (2\text{-}4)$$

Im Fall der Entscheidungssituation unter Unsicherheit, in der keine Wahrscheinlichkeiten angegeben werden können, schlägt Hanssmann die Berechnung der durchschnittlichen Flexibilität vor:[183]

$$F_i = \frac{1}{m} \sum_j F_{ij} \, . \qquad (2\text{-}5)$$

Das von Hanssmann gewählte Vorgehen der Ermittlung der erwarteten Flexibilität eines Flexibilitätspotenzials i für alle Umweltsituationen $j = (1,\ldots,m)$ ist kritisch zu sehen, wie im Beispiel von Tabelle 4 gezeigt wird.[184] Das Flexibilitätspotenzial 1 ist, bezogen auf die zwei Umweltsituationen, durch eine höhere Zielerreichung gekennzeichnet als das Flexibilitätspotenzial 2. Die erwartete Flexibilität von Potenzial 2 ist jedoch größer. Ursächlich für dieses nicht intuitive Ergebnis ist die Erwartungswertbildung über Quotienten und die gewählte Entscheidungsregel.[185]

Der Ansatz von Kühn, Schneeweiß/Kühn beziehungsweise Schneeweiß basiert grundsätzlich auch auf der Formel (2-1), allerdings wird die Ziel-

---

181 Siehe Hanssmann, F., 1987, S. 229 f. Jacob stellt einen ähnlichen Ansatz zur Zusammenfassung einzelner Flexibilitätswerte vor, jedoch werden unterschiedliche Entscheidungssituationen nicht differenziert betrachtet. Siehe Jacob, H., 1990, S. 27.

182 Siehe Hanssmann, F., 1987, S. 229.

183 Siehe Hanssmann, F., 1987, S. 229.

184 In Anlehnung an Kühn, M., 1989, S. 76.

185 Siehe Kühn, M., 1989, S. 76 und zur näheren Betrachtung der Entscheidungsregeln unter Unsicherheit 2.4.3.3.3 und dort insbesondere die Ausführungen in Schritt 3.

erreichung Z als ein Ergebnis der flexiblen Planung definiert.[186] Somit errechnen die Autoren die Flexibilität für eine bestimmte Entscheidungssituation und bewerten neben der Flexibilität der Handlungsoption auch den Wirkungsgrad der Planung. Zentrale Konstrukte der Autoren sind zum einen die Technologie, die die Menge der erreichbaren stochastischen Zustände determiniert[187] und zum anderen die Strategie, die durch das gewählte Planungsverfahren bestimmt wird. Das folgende Beispiel dient der Verdeutlichung des Ansatzes.

Tabelle 4: Berechnung der erwarteten Flexibilität nach Hanssmann

	Umweltsituation j[188]		Flexibilität F_{ij}		Erwartete Flexibilität
Flexibilitätspotenzial i	1	2	F_{i1}	F_{i2}	F_i
$i = 1$	1000	1	1	0,1	0,55
$i = 2$	600	10	0,6	1	0,8
Z^+	1000	10			
Z^- (Annahme)	0	0			

Ausgangspunkt für die Berechnungen ist die Formel (2-1). Die Autoren sprechen bei der optimalen Zielerreichung Z^+ von einem prophetischen Ergebnis, das bei 1000 liegen soll.[189] Der minimal erreichbare Zielwert Z^-, „Laissez-Faire-Wert", beträgt 200. Der Ergebniswert der flexiblen Planung beträgt 600 und der der starren Planung 440. Die Flexibilität, die durch die Technologie zur Verfügung steht, beträgt:

$$F = \frac{600-200}{1000-200} = 0{,}5\,. \qquad (2\text{-}6)$$

---

[186] Siehe Kühn, M., 1989, Schneeweiß, C./Kühn, M., 1990, Schneeweiß, C., 1992 und Schneeweiß, C./Schneider, H., 1999.

[187] Siehe Schneeweiß, C., 1992, S. 146.

[188] Im vorliegenden Beispiel wird von gleichwahrscheinlichen Umweltsituationen ausgegangen. Somit wird der Fall der Risikosituation mit *p=0,50* und der der Ungewissheit im Beispiel abgebildet.

[189] Die prophetische Lösung „... beschreibt das Beste, was eine Technologie bei vollständiger Information (im Mittel) ausrichten könnte." Schneeweiß, C./Kühn, M., 1990, S. 384.

Die Ausschöpfung der Technologieflexibilität wird mit dem Wirkungsgrad der Planung konkretisiert. Dazu muss zunächst die Flexibilität der Technologie bei starrer Planung F^s ermittelt werden:

$$F^s = \frac{440-200}{1000-200} = 0{,}3\,. \qquad (2\text{-}7)$$

Der Wirkungsgrad der Planungsstrategie errechnet sich aus dem Quotienten des Flexibilitätswertes der starren Planung F^s und der Flexibilität bei flexibler Planung F und ist im vorliegenden Beispiel 0,6. Vereinfacht kann die Berechnung des Wirkungsgrades durch die Zusammenfassung der Formeln (2-6) und (2-7) erfolgen, es ergibt sich:

$$\frac{F^s}{F} = \frac{440-200}{600-200} = 0{,}6\,. \qquad (2\text{-}8)$$

Der Vorteil der Zusammenfassung liegt darin, dass der minimal erreichbare Zielwert Z^- nicht zur Berechnung des Wirkungsgrades der Planung benötigt wird.

Der Ansatz von Zapf basiert ebenfalls auf dem Grundkonzept der Formel (2-1), das vom Autor jedoch modifiziert und weiterentwickelt wird.[190] Die Weiterentwicklungen bestehen in der relativen Normierung und der relativen Normierung mit Hilfe von Schwellenwerten. Die relative Normierung beruht auf der Überlegung, bei dem Vergleich mehrerer Flexibilitätspotenziale i in mehreren Umweltsituationen j den minimalen Zielwert Z^- global für alle Kombinationen von i und j festzulegen. Der optimal erreichbare Zielwert Z^+ hingegen wird für jede Umweltsituation j separat festgelegt. Der Vorteil dieses Ansatzes besteht darin, dass für die Flexibilitätswerte eines Flexibilitätspotenzials über alle Umweltsituationen ein gemeinsamer Nullpunkt existiert. Allerdings werden die Ergebnisse verzerrt wiedergegeben, da die Flexibilitätswerte der Umweltsituationen auf Grund der unterschiedlichen oberen Normierungsgrenzen – repräsentiert

---

190 Siehe Zapf, M., 2001b, S. 100-127. Der Autor stellt noch die Messung anhand der Differenzbildung und Quotientenbildung vor, auf Grund der geäußerten Kritik an diesen Messmethoden werden diese Methoden nicht vorgestellt und der Leser auf Zapf, M., 2001b, S. 109-111 verwiesen.

durch die optimal erreichbaren Zielwerte Z^+ je Umweltsituation j – nicht vergleichbar sind. Die Kritik, die am Ansatz von Hanssmann bei der Bildung des Flexibilitätserwartungswertes geäußert wurde, ist demzufolge auch hier existent.[191] Zapf versucht durch die Einführung der relativen Normierung mit Hilfe von Schwellenwerten dieses Problem zu umgehen, indem für die optimal erreichbaren Zielwerte Z^+ je Umweltsituation j ein Schwellenwert eingeführt wird. Formal wird dieser wie folgt berechnet:[192]

$$Z^+ = \max\left(\max_j\left(x_{ij}\right), s_j\right). \qquad (2\text{-}9)$$

Dieser kann jedoch auch nicht die Problematik der unterschiedlichen Skalierung der Flexibilitätswerte und somit der mangelnden Vergleichbarkeit der Werte ausräumen, sondern birgt vielmehr noch ein Problem bei der Festlegung der Schwellenwerte, die immer situationsbezogen erfolgen muss.

Ein wesentlicher Kritikpunkt des Ansatzes von Jacob, Hanssmann, Kühn/Schneeweiß und Zapf ist das Problem der Festlegung der minimalen und optimalen beziehungsweise prophetischen Zielwerte. Der Ansatz von Kühn/Schneeweiß muss zudem durch die Anwendung der flexiblen Planung aus praktischen Erwägungen heraus kritisiert werden. Das Urteil über die Anwendbarkeit der flexiblen Planung soll Adam überlassen werden: „Flexible Planung ist mehr ein Denkprinzip als ein für praktische Planungsprobleme zu empfehlendes Planungsverfahren.“[193]

Kritisch ist zudem die Bestimmung der Zielwerte zu sehen. Die Berechnung der Flexibilität auf der Grundlage der Formel (2-1) stellt formal eine Normierung eines Zielwertes da. Für die Festlegung des/der Zielwerte(s) wird von den Autoren kein Bezugsrahmen vorgestellt. Natürlich kann mit Hilfe eines Oberziels, zum Beispiel des Gewinns, eine Aussage über die Flexibilität eines Flexibilitätspotenzials getroffen werden, allerdings stellt die Festlegung des Gewinns in der Realität in Abhängigkeit

---

[191] Siehe Hanssmann, F., 1987, S. 229 und Tabelle 4.

[192] Siehe Zapf, M., 2001b, S. 114. Auf die Abbildung der gesamten Formel wurde aus Gründen der Anschaulichkeit verzichtet.

[193] Adam, D., 1996, S. 300.

eines Flexibilitätspotenzials eine nicht zu vernachlässigende Schwierigkeit dar. Durch die Bewertung von Flexibilitätspotenzialen in einer Zielgröße gehen dem Entscheidungsträger zudem wichtige Informationen verloren, die für die Entscheidungsfindung wünschenswert wären. Beispielhaft sei hier auf die Geschwindigkeit einer möglichen Anpassung verwiesen. Es scheint daher sinnvoll, die in Kapitel 2.4.2.2 vorgestellten Dimensionen als Beschreibungsraster heranzuziehen. Die Dimensionen ermöglichen es, die Charakteristika von Flexibilitätspotenzialen zu erfassen und somit dem Entscheidungsträger relevante Informationen über Flexibilitätspotenziale zu liefern.

Positiv ist an diesem Ansatz die durch die Normierung der Zielwerte erleichterte Vergleichbarkeit der gewonnen Flexibilitätswerte innerhalb einer Entscheidungssituation zu würdigen.

Das Vorgehen von Hanssmann zur Aggregation der Flexibilitäten in einzelnen Umweltsituationen – bezogen auf ein Flexibilitätspotenzial – stellt einen Versuch dar, Flexibilitätspotenziale in mehreren Umweltsituationen zu beurteilen. Anhand einer Beispielrechnung konnte dargestellt werden, dass das dort vorgeschlagene Verfahren kritisch zu sehen ist.[194]

2.4.3.3 Entwicklung eines Messansatzes

In der Analyse der Ansätze der Wirkungsmessung wurden deren methodische Mängel aufgedeckt. Gegenstand der nachfolgenden Abschnitte ist es, einen Messansatz zu entwickeln, der in der Lage ist, die aufgezeigten Mängel zu überwinden. Dazu werden zunächst die Anforderungen an den Messansatz erarbeitet. Aufbauend auf dieser Grundlage wird die Entscheidungsmatrix, die sich im Rahmen der Flexibilitätsmessung ergibt, vorgestellt, um danach ein Vorgehen zur Flexibilitätsmessung zu entwickeln.

[194] Siehe dazu insbesondere Tabelle 4.

2.4.3.3.1 Anforderungen an den Messansatz

Wie oben erwähnt, ist es sinnvoll, Flexibilität anhand der in Kapitel 2.4.2.2 analysierten Dimensionen zu messen. Des Weiteren ist es im Rahmen des Flexibilitätsmanagements notwendig, mehrere Flexibilitätspotenziale miteinander zu vergleichen, um deren Vorteilhaftigkeit in Bezug auf mehrere Umweltsituationen zu bestimmen. Da die Informationen über das Eintreten der Umweltsituationen nicht mit Sicherheit vorliegen, sind in dem Messansatz Entscheidungssituationen unter Risiko und/oder Unsicherheit abzubilden. Weiterhin konnte gezeigt werden, dass ein mehrperiodiges Flexibilitätsmanagement auf Grund des hohen Informationsbedarfes eine hohe Komplexität aufweist. Es wird daher im Weiteren von einem Ein-Perioden-Modell ausgegangen und somit auf eine Auf- beziehungsweise Abzinsung der Messgrößen verzichtet, um in einem ersten Schritt die Grundlagen der Flexibilitätsmessung näher zu analysieren und eine Ausgangsbasis für weitere Forschung zu schaffen.

Tabelle 5: Merkmale und Prämissen der Flexibilitätsmessung

<table>
<tr><th>Merkmal /Prämisse</th><th colspan="3">Ausprägungen</th></tr>
<tr><td>Anzahl der Messdimensionen („Range“, „Mobility“, „Uniformity“, „Cost of Providing“), die im Messansatz einbezogen werden</td><td colspan="2">Eine Dimension</td><td>Mehrere Dimensionen</td></tr>
<tr><td>Zahl der Messgrößen je Messdimension</td><td colspan="2">Eine Messgröße</td><td>Mehrere Messgrößen</td></tr>
<tr><td>Zahl der zu messenden/vergleichenden Flexibilitätspotenziale</td><td colspan="2">Ein Flexibilitätspotenzial</td><td>Mehrere Flexibilitätspotenziale</td></tr>
<tr><td>Umweltsituationen im Sinne von mehreren Flexibilitätsbedarfen</td><td colspan="2">Eine Umweltsituation</td><td>Mehrere Umweltsituationen</td></tr>
<tr><td>Informationsstand bei der Messung</td><td>Sicherheit</td><td>Risiko</td><td>Ungewissheit</td></tr>
<tr><td>Zeitbezug der Messung</td><td colspan="2">Eine Periode</td><td>Mehrere Perioden</td></tr>
</table>

Die dem Messansatz zu Grunde zu legenden Annahmen sind in dem morphologischen Kasten in Tabelle 5 zusammengefasst. Die grau hinterlegten Felder in Tabelle 5 sind Anforderungen, die der Messansatz erfüllen muss, um die Flexibilität eines Systems operationalisieren zu können.

Zu den dargestellten Anforderungen, die sich durch den Untersuchungsgegenstand begründen, hat der Messansatz zusätzliche qualitative Charakteristika aufzuweisen. In Anlehnung an Caplice/Sheffi können acht Kriterien formuliert werden, die zur Beurteilung des Messansatzes herangezogen werden können.[195] Nachfolgend werden diese Kriterien skizziert:[196]

- Validität
  Mit dem Kriterium der Validität wird sichergestellt, dass der Untersuchungsgegenstand korrekt erfasst sowie der Einfluss exogener Größen kontrolliert wird.
- Robustheit
  Die Robustheit einer Messung garantiert, dass diese intersubjektiv, intersystemisch vergleichbar ist und bei Messwiederholungen die Ergebnisse reproduzierbar sind.
- Zweckmäßigkeit
  Die Zweckmäßigkeit eines Messansatzes beschreibt, inwieweit die gewonnenen Ergebnisse zur Ableitung von Entscheidungen herangezogen werden können.
- Integration
  Die Integration als Kriterium erfasst, ob der Messansatz in der Lage ist, alle Aspekte des zu messenden Sachverhaltes abzubilden.
- Wirtschaftlichkeit
  Die Wirtschaftlichkeit eines Messansatzes vergleicht den Aufwand von Datenbeschaffung, Analyse und Auswertung mit dem Ertrag, der durch den Messansatz zu generieren ist.

---

[195] Siehe Caplice, C./Sheffi, Y., 1994, insbesondere S. 14-16.

[196] Siehe Caplice, C./Sheffi, Y., 1994, S. 14. Die Kriterien wurden übersetzt. Caplice/Sheffi sprechen von Validity, Robustness, Usefulness, Integration, Economy, Compatibility, Level of Detail und Behavioral Soundness. Zur Entwicklung von Messansätzen siehe Fries, S./Seghezzi, H. D., 1994.

- Kompatibilität
  Die Kompatibilität eines Messansatzes bewertet die Integration desselben in existierende Mess- und Analysesysteme.
- Detaillierungsgrad
  Der Detaillierungsgrad beschreibt die Eigenschaften des Messansatzes hinsichtlich der Wahl geeigneter Aggregationsstufen.
- Verhaltenslenkung
  Die Verhaltenslenkung beurteilt den Messansatz, ob dieser Anreize zu kontraproduktivem Verhalten der Akteure liefert, beziehungsweise ob das Verhalten der Akteure positiv beeinflusst wird.

2.4.3.3.2 Entscheidungsmatrix der Flexibilitätsmessung

Nach der Betrachtung der Anforderungen an die Flexibilitätsmessung wird im Folgenden zur Strukturierung des Messproblems exemplarisch eine Entscheidungsmatrix vorgestellt, um darauf aufbauend eine Vorgehensweise zur Entwicklung eines Messansatzes zu entwickeln.

	Umweltsituation U_1 mit Wahrscheinlichkeit p_1[197]					...	U_J mit p_J
	Messdimension D_1			...	D_K		
	mit $(l=1,2,\dots,m)$ Messgrößen und Zielgewichtungsfaktoren g						
	g_{11}	...	g_{1L}	...	g_{KL}		
Flexibilitätspotenzial FP_1	Messwert x_{ijkl}						
Flexibilitätspotenzial FP_2							
...							
Flexibilitätspotenzial FP_I							

Abbildung 6: Entscheidungsmatrix der Flexibilitätsmessung

---

[197] Eine Wahrscheinlichkeit kann nur in der Risikosituation angegeben werden.

Zielsetzung der Flexibilitätsmessung ist es, dem Entscheidungsträger die Möglichkeit zu geben, für die gegebene Entscheidungssituation und die gegebenen Flexibilitätsbedarfe das optimale Flexibilitätspotenzial auszuwählen. Auf der Basis der obigen Entscheidungsmatrix stellen sich für den Entscheidungsträger verschiedene Entscheidungsprobleme.

2.4.3.3.3 Entscheidungsprobleme der Flexibilitätsmessung

1. Schritt: Aggregation der Messgrößen je Messdimension

Zunächst sind die Messgrößen einer Messdimension zu aggregieren. Da die Messgrößen in unterschiedlichen Maßen – zum Beispiel in Monetär- und Zeitmaßen – vorliegen können,[198] ist es notwendig, eine geeignete Methode für die Aggregation der Messgrößen zu verwenden. Entscheidungstheoretisch sind Entscheidungsregeln für multikriterielle Entscheidungsprobleme anzuwenden.[199] Bei der Anwendung von Entscheidungsregeln kann in der vorliegenden Problemstellung nicht von einer vollständigen Präferenzunabhängigkeit der einzelnen Messgrößen ausgegangen werden.[200] Des Weiteren ist mit einer partiell konfligierenden Beziehung zwischen den einzelnen Messgrößen zu rechnen. Für die Aggregation der Messgrößen werden in der Literatur verschiedene Verknüpfungsregeln vorgestellt.

Eine häufig angewandte Verknüpfungsregel stellt die Zielgewichtung dar. Dazu werden für jede Messgröße Zielgewichtungsfaktoren g_{kl} mit $(l=1,2,\ldots,m)$ und $(k=1,2,\ldots,n)$ eingeführt. Diese dienen als Maßstabsfaktoren, die die Bedeutung der einzelnen Messwerte x_{ijkl}, bezogen auf eine Messdimension D_k mit $(k=1,2,\ldots,n)$ und eine Umweltsituation U_j widerspiegeln. Die Messdimensionen entsprechen den in Kapitel 2.4.2.2 erar-

[198] Kosten- und Zeitmaße liegen zum Beispiel bei der Messdimension „Mobility“ vor. Siehe dazu Kapitel 2.4.2.2.

[199] Zur Vertiefung sei auf Bamberg, G./Coenenberg, A. G., 2000, S. 48-68 verwiesen.

[200] Präferenzunabhängigkeit ist dann gegeben, wenn die Präferenz des Entscheidungsträgers bezüglich der Messgröße 1 unabhängig von den weiteren Messgrößen ist. Siehe Bamberg, G./Coenenberg, A. G., 2000, S. 50.

beiteten Dimensionen zur Beschreibung von Flexibilitätspotenzialen „Range", „Mobility", „Uniformity" und „Cost of Providing". Für den Entscheidungsträger ist dasjenige Flexibilitätspotenzial FP_{ijk} mit $(i = 1,2,\ldots,p)$ das präferierte beziehungsweise das optimale Potenzial, das nach der Aggregation der Produkte aus Messwert x_{ijkl} und Zielgewichtungsfaktor g_{kl} den höchsten Wert $\Phi(FP_{ijk})$ aufweist. In Gleichung (2-10) ist die Berechnung dargestellt.

$$\Phi(FP_{ijk}) = \sum_{l} g_{kl} x_{ijkl} \quad \forall i,j,k \vee k \neq Range \qquad (2\text{-}10)$$

Eine Besonderheit ergibt sich für die Messdimension „Range". Die „Range"-Dimension beschreibt die Fähigkeit eines Flexibilitätspotenzials, prinzipiell auf eine bestimmte Umweltsituation reagieren zu können. Diese Eigenschaft ist entweder dem Flexibilitätspotenzial inhärent oder das Flexibilitätspotenzial besitzt keine ausreichende Flexibilität. Für dieses Potenzial ist folglich keine Flexibilität definiert. Dies wird im Folgenden mit „n. d." für nicht definiert ausgedrückt. Formell wird die „Range" eines Messwertes x_{ijkl} für $k = Range$ einem Bewertungskriterium b_{Range} gegenübergestellt. Mit der Wahl des Bewertungskriteriums wird in Abhängigkeit von der konkreten Entscheidungssituation festgelegt, ob für ein Flexibilitätspotenzial die Flexibilität definiert beziehungsweise nicht definiert ist.[201] Formal ergibt sich für die Berechnung von $\Phi(FP_{ijk})$, wenn $k = Range$:

$$\Phi(FP_{ijk}) = \left\{ \begin{matrix} 1 & für\, x_{ijl} \leq b_{Range} \\ n.d. & für\, x_{ijl} > b_{Range} \end{matrix} \right\} \forall i,j \wedge k = Range \qquad (2\text{-}11)$$

Die Formeln (2-10) und (2-11) werden in Formel (2-12) zusammengefasst. Für die Berechnung des Flexibilitätswertes je Flexibilitätspotenzial i, Umweltsituation j und Messdimension k ergibt sich somit folgender Ausdruck:

[201] Auf die Anwendung des Range Bewertungskriteriums wird in Kapitel 4.2.1.1 im Rahmen der durchgeführten Simulationsstudie näher eingegangen.

$$\Phi\left(FP_{ijk}\right)=\left\{\begin{array}{lll}\sum_{l} g_{kl}x_{ijkl} & \text{für} & k \neq Range \\ 1 & \text{für} & k = Range \wedge x_{ijl} \leq b_{Range} \\ n.d. & \text{für} & k = Range \wedge x_{ijl} > b_{Range}\end{array}\right\}\forall i,j,k\,. \qquad (2\text{-}12)$$

Zur Verdeutlichung der Formel (2-12) ist in Abbildung 7 beispielhaft die Berechnung von $\Phi(FP_{ijk})$ für die Messdimensionen „Range" und „Mobility" dargestellt. Aus Gründen der Vereinfachung wurde nur eine Umweltsituation j und ein Flexibilitätspotenzial i betrachtet.

	Umweltsituation U_1 mit j = 1		
	Messdimension „Range" Berechnung anhand der Formel (2-11)	Messdimension „Mobility" Berechnung anhand der Formel (2-10)	
Range Bewertungskriterium b beziehungsweise Gewichtungsfaktor g	$b_{Range} = 0{,}01$	$g_{Mobility1} = 0{,}8$	$g_{Mobility2} = 0{,}2$
Flexibilitätspotenzial FP_1 i = 1	$x_{1,Umwelt1,Range,1} = 0{,}02$	$x_{1,Umwelt1,Mobility,1} = 10$	$x_{1,Umwelt1,Mobility,2} = 20$
	↓ Aggregation ↓	↓ Aggregation ↓	
$\Phi(FP_{ijk})$	$k = Range$ $\Phi(FP_{1,Umwelt1,Range}) = x_{1,Umwelt1,Range,1} > b_{Range} = 0{,}02 > 0{,}01 = n.d.$	$k = Mobility$ $\Phi(FP_{1,Umwelt1,Mobility}) = g_{Mobility1} * x_{1,Umwelt1,Mobility,1} + g_{Mobility2} * x_{1,Umwelt1,Mobility,2} = 0{,}8 * 10 + 0{,}2 * 20 = 12$	

Abbildung 7: Beispielberechnung von $\Phi(FP_{ijk})$ für die Messdimensionen „Range" und „Mobility", für eine Umweltsituation sowie für ein Flexibilitätspotenzial[202]

Bamberg/Coenenberg stellen als Spezialfall der Zielgewichtung die Zielunterdrückung dar. Bei diesem Vorgehen wählt der Entscheidungsträger eine Messgröße aus, die er als am bedeutendsten bewertet. Für diese

---

202 Die Messgrößen x_{ijkl}, das Rangekriterium b beziehungsweise die Zielgewichtungsfaktoren g_{kl} wurden willkürlich gewählt.

wird dann der Zielgewichtungsfaktor auf 1 gesetzt. Allen anderen Messgrößen wird der Zielgewichtungsfaktor 0 zugeordnet. Führt dieses Verfahren zu keiner eindeutigen Auswahlentscheidung, so wird das nächstwichtigste Ziel herangezogen, um eine Entscheidung herbeizuführen. Dieses Verfahren wird auch als lexikographische Ordnung bezeichnet.

Andere Verknüpfungsverfahren sind denkbar, wie zum Beispiel das von Körth[203] vorgestellte Verfahren der Maximierung des minimalen Zielerreichungsgrades und das Verfahren der Goal-Programmierung.[204] Die Plausibilität des Verfahrens zur Maximierung des minimalen Zielerreichungsgrades ist dann in Frage zu stellen, wenn das als optimal erkannte Flexibilitätspotenzial nur unerheblich besser ist als die anderen Flexibilitätspotenziale, jedoch im Vergleich zu anderen Messgrößen wesentlich schlechter abschneidet.[205] Auf Grund dieser Limitation wird auf die Vorstellung des Verfahrens verzichtet. Die Goal-Programmierung beruht auf der Verhaltensannahme, dass der Entscheidungsträger jenes Flexibilitätspotenzial als optimal ansieht, welches die geringsten Abweichungen von Zielvorgaben aufweist. Da im Rahmen dieser Arbeit keine zusätzlichen Annahmen über Zielvorgaben getroffen werden, wird auch auf dieses Verfahren nicht näher eingegangen. Der interessierte Leser sei auf die oben angegebene Literatur verwiesen.

2. Schritt: Aggregation der Messdimensionen je Umweltsituation

Nach der Aggregation der Messgrößen je Messdimension ist es dem Entscheidungsträger möglich, die Flexibilitätspotenziale anhand der Flexibilitätsdimensionen zu charakterisieren. Für die Ermittlung eines Flexibilitätswertes je Flexibilitätspotenzial und je Umweltsituation bedarf es einer Zusammenfassung der Flexibilitätswerte über alle Flexibilitätsdimensionen. Der dichotome Charakter der „Range"-Dimension erfordert eine Fallunterscheidung bei der Berechnung des Flexibilitätswertes $\Phi'(FP_{ij})$. Ist die „Range" gleich eins, so ergibt sich der Flexibilitätswert aus

---

[203] Siehe Körth, H., 1969 und Bamberg, G./Coenenberg, A. G., 2000, S. 58-60.

[204] Siehe Charnes, A./Cooper, W. W., 1961, S. 215-223 und Bamberg, G./Coenenberg, A. G., 2000, S. 60-62.

[205] Siehe Bamberg, G./Coenenberg, A. G., 2000, S. 59 f.

der Aggregation der $\Phi(FP_{ijk})$ der Messdimensionen. Ist die „Range“ für ein Flexibilitätspotenzial i und einer Umweltsituation j nicht definiert, so ist entsprechend $\Phi'(FP_{ij})$ nicht definiert.

Um eine, in Abhängigkeit von der konkreten Entscheidungssituation, unterschiedliche Bedeutung der Dimensionen berücksichtigen zu können, wird ein weiterer Zielgewichtungsfaktor g_k eingeführt.

Formal wird die Zielgewichtung wie folgt abgebildet:[206]

$$\Phi'(FP_{ij}) = \sum_k g_k \Phi(FP_{ijk}) \; \forall i, j \, . \qquad (2\text{-}13)$$

Dem Entscheidungsträger stehen nach der Durchführung der Berechnung die Flexibilitätswerte $\Phi'(FP_{ij})$ je Flexibilitätspotenzial i und Umweltsituation j zur Verfügung.

3. Schritt: Aggregation der Flexibilitätswerte über alle Umweltsituationen

Die Risiko- beziehungsweise Ungewissheitssituation bedingt, dass mehrere relevante Umweltsituationen vorhanden sind. Dadurch ergibt sich ein weiterer Schritt für die Auswahl eines für die vorliegende Entscheidungssituation optimalen Flexibilitätspotenzials. Wie aus der in Abbildung 6 vorgestellten Entscheidungsmatrix deutlich wird, müssen die erreichten Flexibilitätswerte der Umweltsituationen zu einem Flexibilitätswert je Flexibilitätspotenzial $\Phi''(FP_i)$ zusammengefasst werden. In Abhängigkeit von der vorliegenden Entscheidungssituation bieten sich unterschiedliche Verknüpfungsregeln an.

In der Ungewissheitssituation sind keine Wahrscheinlichkeiten über das Eintreten der relevanten Umweltzustände bekannt.[207] In der Literatur werden verschiedene Entscheidungsregeln mit unterschiedlichen Prämissen vorgestellt. Ist der Entscheidungsträger pessimistisch eingestellt,

206 Aus Vereinfachungsgründen wurde in dieser Formel davon ausgegangen, dass keine Messgrößen gleichen Maßstabs zusammengefasst wurden.

207 Siehe Laux, H., 1998, S. 23 und Bamberg, G./Coenenberg, A. G., 2000, S. 128.

so sollte die Maximin-Regel eingesetzt werden, bei optimistischer Einschätzung entsprechend die Maximax-Regel. Einen Kompromiss zwischen beiden Entscheidungsregeln bildet die Hurwicz-Regel. Während bei diesen drei Regeln nur die maximalen und/oder minimalen Flexibilitätswerte je Flexibilitätspotenzial betrachtet werden, werden bei der Anwendung der Laplace-Regel alle Umweltsituationen in die Betrachtung aufgenommen. Annahme der Laplace-Regel ist das „Prinzip des unzureichenden Grundes", nachdem für jede Umweltsituation die gleiche Wahrscheinlichkeit zu Grunde gelegt werden kann. Formal ergibt sich für die Berechnung des Flexibilitätswertes:

$$\Phi''(FP_i) = \sum_{j=1}^{n} FP_{ij} \,. \qquad (2\text{-}14)$$

In der Literatur werden noch andere Entscheidungsregeln vorgestellt, so zum Beispiel die Savage-Niehans-Regel, bei der auf der Basis einer Opportunitätskostenmatrix und der Minimax-Regel eine Entscheidung getroffen wird oder die Krelle-Regel, die auf Grundlage der Unsicherheitspräferenzfunktion ein Flexibilitätspotenzial auswählt.[208] Auf Grund der intuitiven Grundannahmen, der Berücksichtigung aller möglichen Umweltsituationen und dem Genügen des Substitutions- und Unabhängigkeitsprinzips wird in der vorliegenden Arbeit die Laplace-Regel im Rahmen einer Ungewissheitssituation favorisiert.[209]

Sind objektive beziehungsweise subjektive Wahrscheinlichkeiten für die Umweltsituationen bekannt, so liegt eine Entscheidungssituation unter Risiko vor. Die Vorteilhaftigkeit von Flexibilitätspotenzialen kann mit Hilfe des Bernoulli-Prinzips beziehungsweise mit dem (μ,σ)-Prinzip ermittelt werden. Mit beiden Prinzipien ist es möglich, die Risikopräferenzfunktion des Entscheidungsträgers bei der Bewertung der Flexibilitätspotenziale mit in die Analyse einzubeziehen. Der Flexibilitätserwartungswert eines Flexibilitätspotenziales über alle Umweltsituationen bildet den Ausgangspunkt der Analyse für beide Prinzipien. Bei dem Bernoulli-Prinzip

---

[208] Siehe Laux, H., 1998, S. 103-114 und Bamberg, G./Coenenberg, A. G., 2000, S. 135-138 sowie die dort zitierte Literatur.

[209] Siehe Laux, H., 1998, S. 112 und Adam, D., 1996, S. 236.

wird der Flexibilitätserwartungswert mit Hilfe einer Nutzenfunktion in einen Nutzenerwartungswert transformiert und auf Basis dieses Wertes eingeschätzt. Die Bewertungsfunktion für die Flexibilitätspotenziale ist

$$\Phi''(FP_i) = Eu(FP_i). \qquad (2\text{-}15)$$

Bei der Anwendung des (μ,σ)-Prinzips werden die Flexibilitätspotenziale anhand des Flexibilitätserwartungswertes μ und dessen Standardabweichung σ und einer Risikofunktion Φ beurteilt, es ergibt sich:

$$\Phi''(FP_i) = \Phi(\mu,\sigma). \qquad (2\text{-}16)$$

In der vorliegenden Arbeit wird von einem risikoneutralen Entscheidungsträger ausgegangen, so dass der Flexibilitätserwartungswert μ zur Bewertung herangezogen wird. Die Standardabweichung σ wird zusätzlich angegeben, um dem Entscheidungsträger zusätzliche Informationen über die Flexibilitätspotenziale zur Verfügung zu stellen. Von der Einbeziehung einer speziellen Risikofunktion Φ wird abgesehen. Der Einsatz des Bernoulli-Prinzips wäre auf Grund der theoretischen Fundierung zwar wünschenswert, allerdings ist die Ermittlung der Nutzenfunktion mit Schwierigkeiten behaftet.[210]

4. Schritt: Ermittlung eines normierten Flexibilitätswertes

Eine Vergleichbarkeit des ermittelten Flexibilitätswertes ist nur innerhalb der betrachteten Entscheidungsmatrix gegeben. In dem vorgestellten Anforderungskatalog von Caplice/Sheffi[211] wird die Robustheit eines Messansatzes gefordert. Dieses Kriterium fordert die Vergleichbarkeit der Messergebnisse zwischen Individuen, Orten, Systemen und Zeitpunkten. Um die Vergleichbarkeit herzustellen, wird die Normierung des Flexibilitätswertes vorgenommen. Durch die Normierung des Flexibilitätserwartungswertes werden die in Tabelle 4 aufgezeigten Probleme umgangen. Formal handelt es sich um die Formel (2-1), wobei die Notation angepasst wurde:

---

210 Siehe Bamberg, G./Coenenberg, A. G., 2000, S. 118 f.

211 Siehe Caplice, C./Sheffi, Y., 1994, S. 15 und Kapitel 2.4.3.3.

$$FP_{i\,Normiert} = \frac{FP_i - \min(FP)}{\max(FP) - \min(FP)}. \qquad (2\text{-}17)$$

Zusammenfassend sind die Vorgehensschritte zur Bewertung der Flexibilitätspotenziale in Abbildung 8 dargestellt.

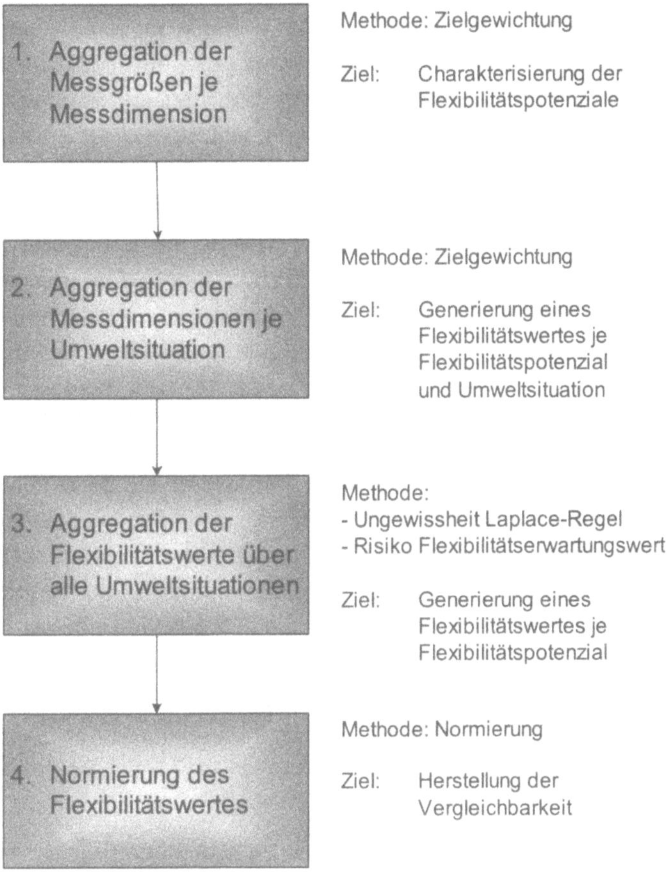

Abbildung 8: Vorgehen zur Flexibilitätsmessung

2.4.3.3.4 Kritische Würdigung des Vorgehens zur Flexibilitätsmessung

Das theoretisch erarbeitete Vorgehen wird nachfolgend reflektiert, um auf potenzielle Kritikpunkte der eingesetzten Methoden hinzuweisen und zu überprüfen, ob die aufgestellten Prämissen der Flexibilitätsmessung mit dem Ansatz abgedeckt werden.[212] Die Methode der Zielgewichtung, die in den Schritten 1 und 2 eingesetzt wird, setzt die Präferenzunabhängigkeit, die Substituierbarkeit der Zielgrößen und die Additivität der Nutzenfunktion voraus. Durch die Fallunterscheidung bei der Berücksichtigung der „Range"-Dimension ist es möglich, die „Range"-Dimension als K.O.-Kriterium[213] zu berücksichtigen und gleichzeitig die Anwendungsvoraussetzungen der Methode der Zielgewichtung nicht zu verletzen.[214] Die Anforderungen der Methode hinsichtlich der Aggregation der verbleibenden Größen sind nur in gewissen Grenzen erfüllt. Die gewonnenen Ergebnisse sind daher kritisch auf deren Aussagengehalt zu prüfen.

Liegt die Ungewissheitssituation vor, so ist zunächst zu konstatieren, dass diese Situation aus entscheidungstheoretischer Sicht nur sehr eingeschränkt behandelt werden kann.[215] Zum einen ist diese Situation durch die Problematik der Datenbeschaffung und der Aufstellung der Entscheidungsmatrix gekennzeichnet. Zum anderen ergeben sich bei der Begründung der gewonnenen Ergebnisse erhebliche Interpretationsprobleme. Die hier näher vorgestellte Laplace-Regel wird den von Bamberg/Coenenberg diskutierten Anforderungen an eine Entscheidungsregel am besten gerecht.[216] In der Risikosituation können hingegen Wahrscheinlichkeiten angegeben werden. Hier ist ebenso darauf hinzuweisen,

---

[212] Eine Anwendung des Messansatzes und eine kritische Würdigung der Anwendbarkeit erfolgt in Kapitel 4.2.

[213] Ein K.O.-Kriterium muss in der gewünschten Ausprägung vorhanden sein, damit die anderen Bewertungskriterien einen Nutzen für den Entscheidungsträger stiften können. K. O. kommt aus dem englischen und bedeutet „knock out".

[214] Zu möglichen Problemen bei der Anwendung der Methode der Zielgewichtung siehe Weber, M./Krahnen, J./Weber, A., 1995, insbesondere S. 1623.

[215] Siehe Bamberg, G./Coenenberg, A. G., 2000, S. 129.

[216] Der interessierte Leser sei auf Bamberg, G./Coenenberg, A. G., 2000, S. 139-141 und die dort diskutierte Literatur von Milnor, J. W., 1954 verwiesen.

dass die Datenbeschaffung, insbesondere die Ermittlung und Festlegung der Wahrscheinlichkeiten, nicht unkritisch gesehen werden kann.[217] Die Bewertung von Flexibilitätspotenzialen anhand des Flexibilitätserwartungswertes bezieht die Risikopräferenzen des Entscheidungsträgers nicht in die Betrachtung ein, so dass die gewonnenen Ergebnisse vor diesem Hintergrund differenziert zu betrachten sind. Die in Schritt vier vorgenommene Normierung der Flexibilitätswerte wurde durchgeführt, um die Vergleichbarkeit von Flexibilitätspotenzialen zu gewährleisten. Eine Vergleichbarkeit ist im engeren Sinn nur dann gegeben, wenn exakt dieselbe Entscheidungsmatrix vorliegt. Bei dem Vergleich von normierten Flexibilitätswerten ist diese Limitation bei der Interpretation der Ergebnisse entsprechend zu berücksichtigen.

Nach der vorgenommenen kritischen Würdigung der verwendeten Methoden wird im Folgenden überprüft, inwieweit die Prämissen in Tabelle 5 und die Kriterien zur Beurteilung des Messansatzes durch den Ansatz erfüllt werden. Die aufgestellten Prämissen werden von dem vorgestellten Messansatz weitgehend erfüllt. Es ist möglich, mehrere Dimensionen der Flexibilität von mehreren Flexibilitätspotenzialen in verschiedenen Umweltsituationen durch mehrere Messgrößen in der Risiko- und Ungewissheitssituation in den Ansatz aufzunehmen.

Hinsichtlich der von Caplice/Sheffi aufgestellten Kriterien kann resümiert werden: Durch die Berücksichtigung der in Kapitel 2.4.2.2 vorgestellten Dimensionen der Flexibilität und der Umweltsituationen ist es möglich, die Flexibilität valide und integrativ zu messen. Der fünfte Vorgehensschritt, die Normierung, erleichtert die Vergleichbarkeit der gewonnenen Ergebnisse, so dass der Ansatz auch als robust bezeichnet werden kann. Das Kriterium der Zweckmäßigkeit, das die Fähigkeit des Ansatzes zur Ableitung von Entscheidungen beschreibt, wird ebenfalls durch den Ansatz erfüllt, da zum einen die Flexibilitätspotenziale durch deren spezifische Eigenschaften mit Hilfe der Flexibilitätsdimensionen beschrieben werden. Zum anderen wird ein aggregierter Flexibilitätswert je

[217] Die Angabe von Wahrscheinlichkeiten für nicht beliebig wiederholbare Vorgänge ist nicht möglich. In vielen Problemstellungen kann daher gar nicht von Wahrscheinlichkeiten gesprochen werden. Siehe Bamberg, G./Coenenberg, A. G., 2000, S. 77.

Flexibilitätspotenzial errechnet, der die Auswahl des optimalen Flexibilitätspotenzials unterstützt. Bedingt durch die im Messansatz enthaltenen Aggregationsstufen können die für den Entscheidungsträger relevanten Informationen auf einem geeigneten Detaillierungsgrad dargestellt werden. Zu den Kriterien Kompatibilität und Verhaltenslenkung kann an dieser Stelle keine Aussage getroffen werden. Bezüglich der Wirtschaftlichkeit ist anzumerken, dass die mit dem Messansatz verbundene Komplexität einen entsprechend hohen Aufwand bei der Datenbeschaffung, Analyse und Auswertung in sich birgt. Dieser Aufwand sollte aber durch die umfassende Entscheidungsunterstützung aufgewogen werden können.

Es ist zu konstatieren, dass der vorgestellte Ansatz die aufgestellten Kriterien und Prämissen der Flexibilitätsmessung auf der Basis der hier vorgenommenen Überlegungen weitgehend erfüllt. Durch die Messung der Flexibilität ist es möglich, Flexibilitätsbedarfe und –potenziale durch ein Flexibilitätsmanagement aufeinander abzustimmen.

2.4.4 Strategien zur Abstimmung von Flexibilitätsbedarfen und Flexibilitätspotenzialen

Im Rahmen des Flexibilitätsmanagements ist es durch die Gegenüberstellung von Flexibilitätsbedarfen und Flexibilitätspotenzialen möglich, Flexibilitätsprobleme zu identifizieren und darauf aufbauend geeignete Strategien zur Lösung der Probleme abzuleiten. In Abbildung 9 werden die möglichen Flexibilitätsprobleme und die Strategien zur Bewältigung dieser Probleme dargestellt.

Flexibilitätsprobleme sind dann gegeben, wenn sich die Flexibilitätsbedarfe und die Flexibilitätspotenziale in einer bestimmten Problemsituation nicht entsprechen.[218] Übersteigen die Flexibilitätsbedarfe zur Verfügung

---

[218] Der Begriff Flexibilitätsproblem ist zum Beispiel bei Maier, K., 1982, S. 176 zu finden. Der Bezug zu einer konkreten Problemsituation muss explizit gegeben sein, da wie in der Erarbeitung der Flexibilitätsdefinition deutlich wurde, Flexibilität nur hinsichtlich eines konkreten Zielsystems und den daraus abgeleiteten relevanten Flexibilitätsbedarfen gestaltet werden kann. Ähnlich Maier, K., 1982, S. 176 und Bursee, M., 1999, S. 28.

stehende Flexibilitätspotenziale, liegt eine Situation der Unterdeckung an Flexibilitätspotenzialen vor. Stehen mehr Flexibilitätspotenziale zur Verfügung als Flexibilitätsbedarfe vorhanden sind, kann man von einer Überdeckung durch die Flexibilitätspotenziale sprechen. Entsprechen sich Flexibilitätsbedarfe und Flexibilitätspotenziale, dann liegt der Fall der Flexibilitätsbedarfsdeckung vor; ein Flexibilitätsproblem ist nicht existent.[219]

Aus den zwei Problem-Konstellationen lassen sich Strategien zur Behebung der Flexibilitätsprobleme ableiten. Diese Strategien werden auf konzeptioneller Ebene behandelt, eine ausführliche Diskussion der einzelnen Strategien wird nicht durchgeführt, da nur eine Betrachtung vor einer konkreten Problemsituation sinnvoll ist.

Zunächst wird die Situation der Flexibilitätsunterdeckung näher analysiert. Zur Lösung dieses Flexibilitätsproblems bieten sich zwei Strategien an: der Aufbau von Flexibilitätspotenzialen und der Abbau von Flexibilitätsbedarfen. Der Aufbau von Flexibilitätspotenzialen beinhaltet alle bereits in Kapitel 2.4.2.1 vorgestellten Mechanismen der Störungsabwehr und Störungsbewältigung, die in Abhängigkeit von dem spezifischen Flexibilitätsbedarf gewählt werden. Die andere Möglichkeit einem Flexibilitätsmangel zu begegnen, setzt an dem Stimulus, dem Abbau von Flexibilitätsbedarfen an.[220] In Kapitel 2.4.1 wurden die möglichen Charakteristika von Flexibilitätsbedarfen erläutert, die Anhaltspunkte für deren Abbau liefern können.

---

[219] Die hier vorgestellte Gegenüberstellung von Flexibilitätsbedarfen und Flexibilitätspotenzialen soll nicht den Eindruck erwecken, dass dieses Verhältnis quantifiziert werden kann, wie es zum Beispiel Seidenberg und Bursee vorschlagen. Siehe Seidenberg, U., 1989, S. 46-48. und Bursee, M., 1999, S. 30. Wie in Kapitel 2.4.3.3 zur Flexibilitätsmessung gezeigt wurde, lässt sich Flexibilität nicht mit Hilfe einer eindimensionalen Kennzahl erfassen. Die Bildung eines Quotienten aus Flexibilitätspotenzial und Flexibilitätsbedarf ist daher abzulehnen.

[220] Siehe Schlüchtermann, J., 1995, S. 107.

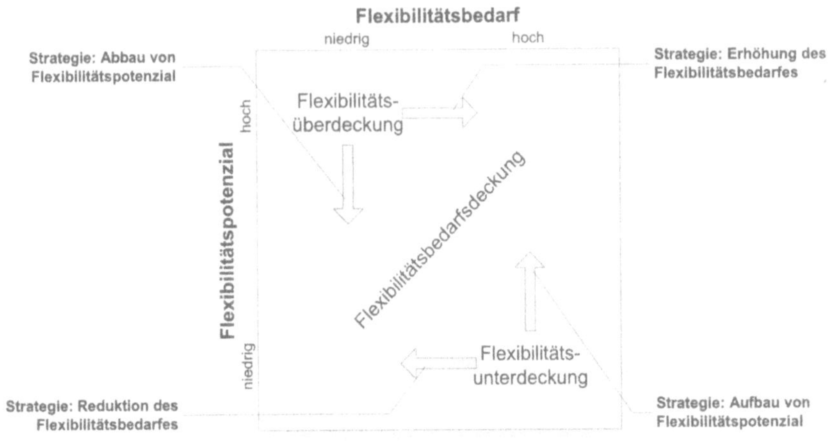

Abbildung 9: Strategien zur Behebung von Flexibilitätsproblemen[221]

Die Situation der Flexibilitätsüberdeckung bietet für den Entscheidungsträger wiederum zwei Möglichkeiten der Problemlösung. Der Abbau von Flexibilitätspotenzialen ist die zunächst intuitive Möglichkeit, diese Problemsituation zu lösen. Ansatzpunkt für den Abbau sind die Mechanismen der Störungsabwehr und Störungsbewältigung. Die Erhöhung der Flexibilitätsbedarfe scheint zunächst keine denkbare Strategie zu sein. Ausgehend von dem in Kapitel 2.3.2 dargelegten Verständnis von Veränderungen bietet sich diese Strategie an, um das Flexibilitätsproblem zielgerichtet zu bewältigen. Veränderungen können sowohl positive als auch negative Wirkungen auf das Zielsystem ausüben. Eine Erhöhung der Flexibilitätsbedarfe, um zusätzliche Chancen nutzen zu können, stellt demzufolge eine sinnvolle Strategie dar.

2.4.5 Mehrperiodige Planung von Flexibilität

Eng verbunden mit dem Flexibilitätsmanagement ist der Gedanke, ex ante die Flexibilität eines Systems über mehrere Perioden hinweg zu planen. Die mehrperiodige Messung und Planung der Flexibilität wurde explizit in dieser Arbeit ausgeklammert. Um den derzeitigen Stand der

221 Quelle: Anlehnung an Maier, K., 1982, S. 179 und Bursee, M., 1999, S. 29.

betriebswirtschaftlichen Forschung darzulegen, wird der Ansatz von Pibernik zur Flexibilitätsplanung in Wertschöpfungsnetzwerken kurz vorgestellt und kritisch betrachtet.[222] Dem Ansatz liegen folgende Annahmen zu Grunde: Der Entscheidungsträger hat die Ziele des Wertschöpfungsnetzwerkes formuliert und alle flexibilitätsrelevanten Veränderungen, deren Eintrittswahrscheinlichkeiten sowie zielgerichtete Gestaltungsoptionen als Reaktionen auf die Veränderungen im Vorfeld identifiziert.[223] Ziel des Ansatzes ist es nun, die optimale Gestaltungsoption zu ermitteln. Dazu legt Pibernik das Planungsproblem in zwei Ebenen: in eine strategische Flexibilitätsebene, in der ein Flexibilitätspotenzial zu einem Zeitpunkt festgelegt wird und in eine operative Ebene. Diese basiert auf einem gemischt-ganzzahligen Planungsmodell und dient der Nutzung der auf der strategischen Ebene implementierten Flexibilitätspotenziale.[224] Der resultierende dynamische Entscheidungsprozess wird mit dem Prinzip der flexiblen Planung gelöst. Der dynamische Entscheidungsprozess ist in Abbildung 10 visualisiert.

Die Annahmen dieses Modells und das Planungsprinzip lassen eine Anwendung in einer realen Entscheidungssituation – die geprägt ist von einer Vielzahl von alternativen Datensituationen und einer großen Anzahl von Teilperioden – mehr als fragwürdig erscheinen. Auf die Kritik an der Methode der flexiblen Planung, die bereits im Rahmen der Wirkungsmessung geäußert wurde, sei an dieser Stelle nur verwiesen.[225] Der enorme Aufwand der Datenbeschaffung beziehungsweise der Prognose zukünftiger Daten, die Berücksichtigung mehrperiodiger Fragestellungen und der damit verbundene Planungsaufwand sind bei dem von Pibernik vorgestellten Ansatz die Haupthinderungsgründe für dessen Anwendbarkeit.

---

[222] Siehe Pibernik, R., 2001b und Pibernik, R., 2001a.

[223] Siehe Pibernik, R., 2001b, S. 193.

[224] Siehe Pibernik, R., 2001b, S. 196.

[225] Siehe Kapitel 2.4.3.2 und die zitierte Literatur in Fußnote 193.

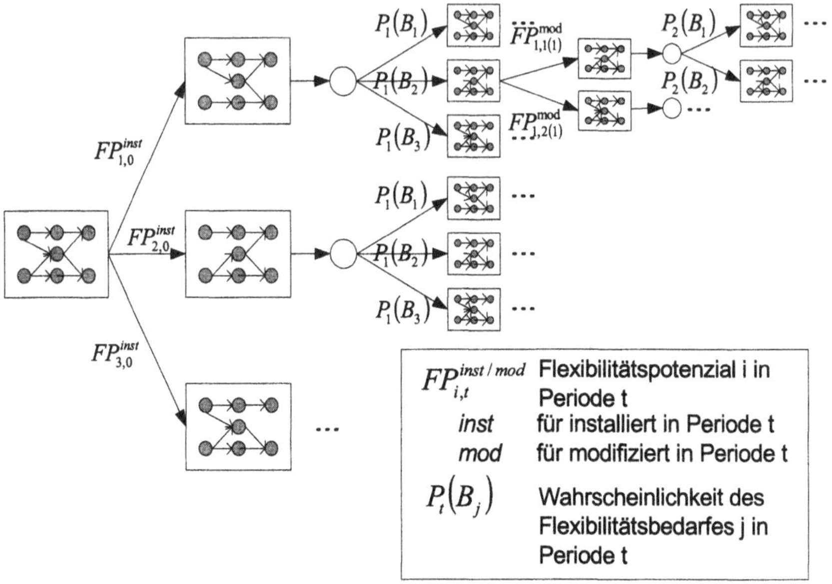

Abbildung 10: Dynamischer Entscheidungsprozess der Flexibilitätsplanung in Wertschöpfungsnetzwerken nach Pibernik[226]

2.5 Fazit der Analyse der Flexibilität

Die Analyse der Literatur – insbesondere der betriebswirtschaftlichen – hat ein heterogenes Verständnis des Begriffes Flexibilität gezeigt. Ein Hauptgrund für das divergierende Verständnis begründete sich durch den heterogenen Erkenntnisgegenstand. Aus diesem Grund wurde ein allgemeingültiger Definitionsrahmen zur Analyse der Flexibilität gewählt, der systemtheoretisch-kybernetische Ansatz. Auf Basis dieses Ansatzes wurde die Flexibilität definiert. Aufbauend auf der Flexibilitätsdefinition wurden die Charakteristika von Flexibilitätsbedarfen und Flexibilitätspotenzialen erarbeitet. Die Flexibilitätspotenziale wurden aus systemtheoretisch-kybernetischer Sicht näher untersucht und allgemein gültige systemtheoretisch-kybernetische Mechanismen identifiziert.

---

[226] Quelle: In Anlehnung an Pibernik, R., 2001b, S. 197 und Pibernik, R., 2001a, S. 909.

Gegenstand der nachfolgenden Betrachtung war die Operationalisierung der Flexibilität, die Flexibilitätsmessung. Diese ist die Voraussetzung für ein zielgerichtetes Flexibilitätsmanagement. Die Ansätze zur Flexibilitätsmessung wurden in Ansätze zur Indikatormessung und der Wirkungsmessung unterschieden. Bei der Analyse beider Messansätze zeigte sich, dass die Wirkungsmessung durch die explizite Betrachtung der Auswirkungen des Flexibilitätsbedarfes Vorteile gegenüber der Indikatormessung besitzt. Auf der Basis der Vorstellung und kritischen Würdigung der in der Literatur bekannten Messverfahren, wurde ein eigener mehrstufiger Messansatz entwickelt. Mit diesem konnten die Kritikpunkte der bestehenden Ansätze ausgeräumt werden.

Aufbauend auf den erarbeiteten Grundlagen zur Operationalisierung der Flexibilitätsbedarfe und der Flexibilitätspotenziale war es möglich, Strategien zur Abstimmung von Flexibilitätsbedarfen und Flexibilitätspotenzialen auf konzeptioneller Ebene abzuleiten.

Die vorgestellten Überlegungen bezogen sich auf ein einperiodiges Flexibilitätsmanagement, deshalb wurde abschließend ein Ansatz zur mehrperiodigen Flexibilitätsplanung vorgestellt. Dessen praktische Anwendbarkeit wurde auf Grund der restriktiven Annahmen und des großen Aufwandes für die Datenbeschaffung kritisch gesehen. Da die Herausforderung der Datenbeschaffung in jedem mehrperiodigen Ansatz existent ist, wurde die Betrachtung mehrerer Perioden in dieser Arbeit ausgeklammert. Abschließend ist festzustellen, dass eine mehrperiodige Flexibilitätsplanung eine hohe Relevanz für das Flexibilitätsmanagement besitzt. Auf Grund der verfahrensinhärenten Limitationen ist die mehrperiodige Flexibilitätsplanung eher theoretisch denn praktisch relevant.

Bei der Sichtung der Flexibilitätsliteratur konnte zudem ein weiteres Forschungsgebiet – die interorganisatorische Flexibilitätsanalyse – identifiziert werden, das bisher nur in sehr wenigen Arbeiten explizit betrachtet wurde. Ein theoretischer Bezugsrahmen zur Flexibilitätsanalyse wurde in der bekannten Literatur bislang noch nicht auf ein interorganisatorisches Szenario angewandt. Die Relevanz des Themas Flexibilität im Rahmen des Supply Chain Managements wurde von Vickery[227] empirisch herausgearbeitet, eine modelltheoretische, experimentelle Betrachtung der Relevanz steht in der bekannten Literatur aber noch aus.

Die modelltheoretische Analyse der interorganisatorischen Flexibilität ist Gegenstand der nachfolgenden Kapitel. Der auf der Basis der Systemtheorie erarbeitete Flexibilitätsbezugsrahmen, insbesondere die Mechanismen zur Bereitstellung von Flexibilitätspotenzialen sowie das Vorgehen zur Flexibilitätsmessung sollen bei dem interorganisatorischen Untersuchungsgegenstand Anwendung finden.

---

[227] Siehe Vickery, S./Calantone, R., 1999 und die Ausführungen in Kapitel 2.1.

3 Modelltheoretische Analyse der Flexibilität

In Abhängigkeit des Untersuchungsgegenstandes und der Untersuchungsmethode ist ein Vorgehensmodell zur modelltheoretischen Analyse auszuwählen. In Kapitel 3.1 wird deshalb eine Selektion des interorganisatorischen Untersuchungsgegenstandes vorgenommen und aufbauend darauf eine geeignete Analysemethode ausgewählt.

Auf der Basis der Vorüberlegungen wird dann in Kapitel 3.2 detailliert auf das Vorgehen zur Erstellung eines Simulationsmodells eingegangen.

3.1 Untersuchungsgegenstand und Analysemethode

3.1.1 Selektion des Untersuchungsgegenstandes

Der Ansatz, die interorganisatorische Flexibilität modelltheoretisch zu analysieren, setzt einen geeigneten Untersuchungsgegenstand voraus. Ziel dieses Abschnittes ist es, einen solchen Untersuchungsgegenstand auszuwählen. Eine Präzisierung wird hingegen erst in Kapitel 3.3.1 im Rahmen der Modellbildung durchgeführt.

Ein populäres Konzept interorganisatorischer Zusammenarbeit ist das Supply Chain Management.[228] Supply Chain Management wurde das erste Mal Anfang der 80er-Jahre von Unternehmensberatern erwähnt[229] und wird seitdem vielfältig und intensiv von Beratern und Wissenschaftlern in der Literatur diskutiert.[230] Die Gründe für die Popularität des Konzeptes sind vielfältig. So sind die zunehmende Komplexität der Unternehmensumwelt und der steigende Wettbewerbsdruck, dem Unterneh-

---

228 Siehe Cooper, M. C./Lambert, D. M./Pagh, J. D., 1997, S. 3.

229 Siehe Oliver, R. K./Webber, M. D., 1992.

230 Siehe Lambert, D. M./Cooper, M. C., 2000, S. 66 und die dort analysierte Literatur.

men ausgesetzt sind, zu nennen, die zu einer verstärkten Zusammenarbeit von Unternehmen führen.[231]

Das Logistikmanagement ist ein weiteres Konzept, in dem interorganisatorische Zusammenhänge seit den 50er-Jahren in der betriebswirtschaftlichen Literatur diskutiert werden.[232] Die Abgrenzung des Supply Chain Managements zu dem Konzept des Logistikmanagements war in der Vergangenheit nicht immer trennscharf.[233] Der Artikel von Cooper/Lambert/Pagh „Supply Chain Management: More Than a new Name for Logistics" leistete einen Beitrag zu einer fundierten Abgrenzung des Supply Chain Managements von der Logistik, indem die Bezugsrahmen beider Konzepte voneinander abgegrenzt wurden.[234]

Im Folgenden wird untersucht, welches der beiden Konzepte sich besser eignet, um die interorganisatorische Flexibilität modelltheoretisch zu analysieren. Als Auswahlkriterien werden die angestrebten Ergebnisse der Analyse herangezogen. Allgemein kann das Ziel der Untersuchung darin gesehen werden, modelltheoretisch die Relevanz der Flexibilitätsbetrachtung im interorganisatorischen Kontext aufzuzeigen. Dies impliziert die Analyse der Wirkungen von Flexibilitätsbedarfen auf Flexibilitätspotenziale und die Messung der Flexibilität anhand des in Kapitel 2.4.3 erarbeiteten Messkonzeptes. Aus forschungsökonomischer Sicht kann die Forderung nach einem geeigneten Komplexitätsgrad gestellt werden, um die modellhafte Abstraktion zu erleichtern und um das eigentliche Untersuchungsziel leichter offen zu legen und zu durchschauen.[235] Um eine fundierte Auswahl zu ermöglichen, werden nachfolgend beide Konzepte vorgestellt.

---

[231] Siehe Kaluza, B./Blecker, T., 2000a, S. 1 und Lambert, D. M./Cooper, M. C., 2000, S. 65.

[232] Der Begriff Logistik leitet sich aus dem französischen Wort „loger" ab und wurde zunächst nur im militärischen Bereich genutzt. Siehe Isermann, H., 1994, S. 21.

[233] Siehe Cooper, M. C./Lambert, D. M./Pagh, J. D., 1997, S. 4. Beispiele für die begriffliche Unschärfe sind bei Stock, J. R./Lambert, D. M., 2001, S. 2 zu finden.

[234] Siehe Cooper, M. C./Lambert, D. M./Pagh, J. D., 1997.

[235] Siehe dazu auch Adam, D., 1996, S. 60 f.

3.1.1.1 Supply Chain Management

Supply Chain Management wird in Anlehnung an das Global Supply Chain Forum wie folgt definiert: „Supply Chain Management is the integration of key business processes from end user through original suppliers that provides products, services, and information that add value for customers and other stakeholders.“[236]

Abbildung 11: Die Supply Chain Management Komponenten[237]

Um einen komprimierten Überblick über die Definitionsansätze des Supply Chain Managements zu erhalten, sei an dieser Stelle auf Bechtel/Jayaram verwiesen.[238] Supply Chain Management baut im Wesentlichen auf drei Komponenten auf, die in Abbildung 11 dargestellt sind.

Die Definition des Global Supply Chain Forums wurde durch die Identifikation von acht Schlüsselprozessen in der Arbeit von Croxton/García-

236 Siehe Lambert, D. M./Cooper, M. C./Pagh, J. D., 1998, S. 1 und Croxton, K. L./Garía-Dastugue, S./Lambert, D. M., 2001, S. 13. Erklärungsansätze für das Supply Chain Management werden beispielsweise bei Skjoett-Larsen, T., 1999 und Corsten, H./Gössinger, R., 2001, S. 2-10 diskutiert.

237 Quelle: In Anlehnung an Cooper, M. C./Lambert, D. M./Pagh, J. D., 1997, S. 6.

238 Siehe Bechtel, C./Jayaram, J., 1997.Weiterführend siehe auch Mentzer, J. T./DeWitt, W./Keebler, J. S./Min, S./Nix, N. W./Smith, C. D./Zacharia, Z. G., 2001.

Dastugue/Lambert präzisiert.[239] Abbildung 12 zeigt die Supply Chain überspannende Struktur der acht Prozesse und deren Zusammenspiel mit den Funktionsbereichen der Unternehmung.

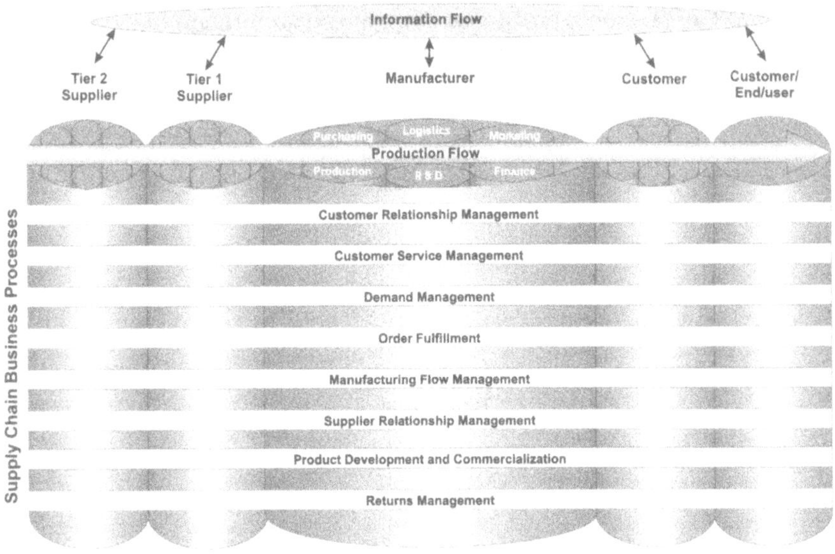

Abbildung 12: Die acht Kernprozesse des Supply Chain Management[240]

Neben den Supply Chain Prozessen ist für die Ausgestaltung einer Supply Chain die Bestimmung der Supply Chain Struktur notwendig. Die horizontale und vertikale Struktur ist durch die beteiligten Unternehmen, deren Lage und deren Verbindungen innerhalb der Supply Chain determiniert.[241] Die Erfassung aller an der Supply Chain Beteiligten vom Rohstofflieferanten bis zum Endkunden ist in der praktischen Umsetzung dieses Konzeptes nicht realisierbar. Zwei Haupthinderungsgründe sind

---

239 Siehe Croxton, K. L./Garía-Dastugue, S./Lambert, D. M., 2001. Zur detaillierten Vorstellung der acht Prozesse siehe S. 15-30.

240 Quelle: Croxton, K. L./Garía-Dastugue, S./Lambert, D. M., 2001, S. 14 und Lambert, D. M./Cooper, M. C./Pagh, J. D., 1998, S. 2.

241 Siehe Lambert, D. M./Cooper, M. C./Pagh, J. D., 1998, S. 5. Zur Ausgestaltung der partnerschaftlichen Beziehungen siehe Stölzle, W., 1999, S. 167-170. Zur Gestaltung der Struktur siehe auch Buscher, D. U., 1999, S. 454 f.

zu nennen: Die Vielzahl der an einer Supply Chain beteiligten Unternehmen und die Abgrenzungsproblematik.[242] Die Bedeutung der einzelnen Unternehmen innerhalb einer Supply Chain bestimmt die Art der Verbindungen zwischen den Unternehmen.[243]

Die Supply Chain Prozesse und die Supply Chain Struktur bilden zusammen mit dem dritten Element des Supply Chain Managements, der Management Komponente, das Supply Chain Framework. Die Management Komponente bestimmt wesentlich den Grad der Integration und die Ausgestaltung der Unternehmensverbindungen innerhalb der gesamten Supply Chain beziehungsweise der Supply Chain Prozesse.[244]

Das Supply Chain Management stellt sich somit als ein umfassendes Konzept dar, das sich definiert aus Supply Chain Prozessen, der Supply Chain Struktur und den integrierenden Managementkomponenten.

3.1.1.2 Logistikmanagement

Logistikmanagement wird hingegen wie folgt definiert: „Logistics management is that part of the supply chain process that plans, implements, and controls the efficient, effective flow and storage of goods, services, and related information form the point-of-origin to the point-of-consumption in order to meet customers´ requirements."[245] Diese Defini-

---

[242] Zum Beispiel stellt der Rohstofflieferant nicht notwendigerweise den Beginn einer Supply Chain dar, da dieser auch Produktionsfaktoren benötigt, um die Rohstoffe zu liefern.

[243] Siehe Lambert, D. M./Cooper, M. C./Pagh, J. D., 1998, S. 7-9. Die Autoren unterscheiden in Managed Process Links, Monitored Process Links, Not-managed Process Links und Non-member Process links. Siehe auch Corsten, H./Gössinger, R., 2001, S. 137 f.

[244] Siehe Lambert, D. M./Cooper, M. C./Pagh, J. D., 1998, S. 11 und Corsten, H./Gössinger, R., 2001, S. 136 f. Die Management Komponenten werden unterschieden in Physical & Technical Management Components und Managerial & Behavioral Management Components. Siehe Lambert, D. M./Cooper, M. C./Pagh, J. D., 1998, S. 11 f.

[245] CLM-Forum, 2003 und Stock, J. R./Lambert, D. M., 2001, S. 3. In der Literatur wird Logistik nicht einheitlich definiert. Weitere Definitionen sind beispielsweise bei Ballou, R. H., 1999, S. 6 und Bowersox, D. J./Closs, D. J., 1996, S. 5 zu finden.

tion umfasst den Transport von Gütern, Serviceleistungen und Informationen und geht damit über die traditionelle Sichtweise der 7 R´s: „Das richtige Produkt soll in der richtigen Menge, der richtigen Qualität, am richtigen Ort, zur richtigen Zeit, zu den richtigen Kosten und für den richtigen Kunden verfügbar sein“,[246] hinaus.

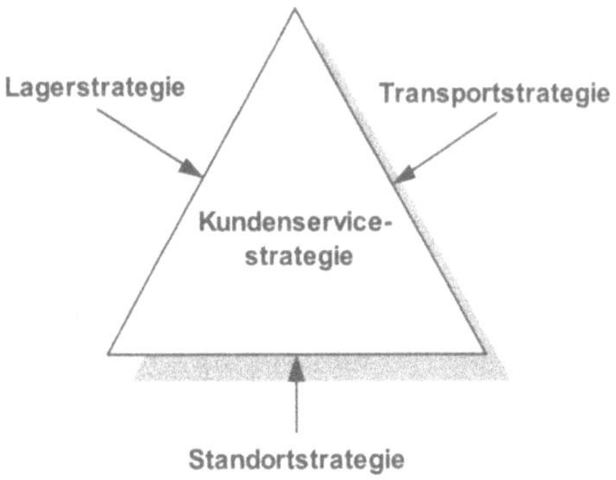

Abbildung 13: Triangel der logistischen Entscheidungsbereiche[247]

Das Logistikmanagement kann in vier Entscheidungsbereiche unterteilt werden: die Festlegung der Kundenservice-, der Lager-, Transport- und Standortstrategie.[248] Ballou bezeichnet es auch als das Dreieck der logistischen Entscheidungen, da die Kundenservicestrategie die Ausgestaltung der anderen drei Entscheidungsbereiche beeinflusst, wie es in Abbildung 13 dargestellt ist.

3.1.1.3 Supply Chain Management vs. Logistik

Der Vergleich der beiden Konzepte zeigt, dass das Supply Chain Management ein ganzheitlicher Managementansatz für die Supply Chain Prozesse, für alle an der Supply Chain beteiligten Unternehmen ist.[249] Demgegenüber ist der Fokus des Logistikmanagements begrenzt auf die

---

[246] Isermann, H., 1994, S. 22. Die Unterstreichungen wurden nachträglich eingefügt.

[247] Quelle: In Anlehnung an Ballou, R. H., 1999, S. 35.

[248] Siehe Ballou, R. H., 1999, S. 34.

[249] Siehe Cooper, M. C./Lambert, D. M./Pagh, J. D., 1997, S. 5.

Planung, Implementierung und Kontrolle von Güter- und Serviceflüssen innerhalb und zwischen Unternehmen sowie den damit verbundenen Informationen.

Das Supply Chain Management ist auf Grund der Komplexität des Konzeptes für eine erste modelltheoretische Analyse aus forschungsökonomischer Sicht weniger gut für die interorganisatorische Flexibilitätsanalyse geeignet als das Logistikmanagement, das als Teilmenge des Supply Chain Managements angesehen werden kann. Die Beschränkung auf die zwischenbetriebliche Logistik erlaubt es, die Komplexität des Untersuchungsgegenstandes zu reduzieren. Die Ausweitung des Untersuchungsgegenstandes auf das Konzept des Supply Chain Managements ist nach erfolgreicher Analyse der zwischenbetrieblichen Logistik eine mögliche Aufgabe zukünftiger Forschungsarbeiten.

3.1.2 Selektion der Analysemethode

Der Untersuchungsgegenstand Logistikmanagement und speziell die logistischen Entscheidungsfelder sind geprägt von stochastischen Einflüssen. So unterliegen beispielsweise die Lagerzu- und -abgänge beziehungsweise die Transportzeiten stochastischen Schwankungen. Somit wird eine Methode benötigt, die in der Lage ist, stochastische Einflüsse zu berücksichtigen.

Prinzipiell stehen mehrere Wege zur Verfügung, um ein System näher zu analysieren. In Abbildung 14 sind die Möglichkeiten der Analyse in Anlehnung an Law/Kelton aufgezeigt.[250]

[250] Siehe Law, A./Kelton, D. W., 2000, S. 3-5.

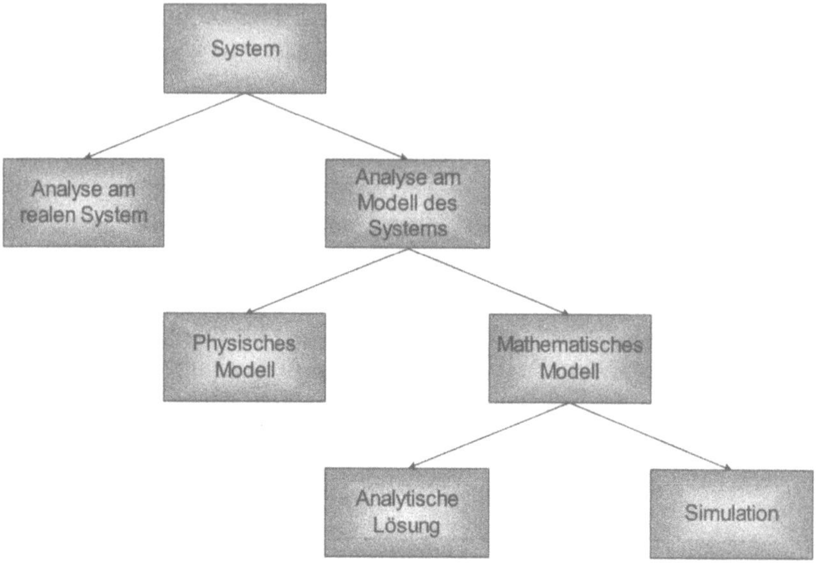

Abbildung 14: Möglichkeiten der Modellanalyse[251]

Eine modelltheoretische Untersuchung, wie diese in der Forschungsfrage formuliert wurde, ist mit Hilfe von mathematischen Modellen durchführbar. Diese sind zu unterteilen in Modelle mit einer analytischen Lösung[252] – zum Beispiel Methoden der Warteschlangentheorie – und in Simulationsmodelle. Mit mathematischen Modellen ist es möglich, stochastische Einflussgrößen zu berücksichtigen, deshalb werden im Folgenden die Warteschlangentheorie und die Simulation näher erläutert, um darauf aufbauend eine geeignete Analysemethode für den in dieser Arbeit vorliegenden Untersuchungsgegenstand auszuwählen.

3.1.2.1 Warteschlangentheorie

Warteschlangen sind aus dem Alltag bekannt, zum Beispiel das Warten an einer Kasse oder an einer Ampel. Warteschlangen sind auch in logis-

---

[251] Quelle: In Anlehnung an Law, A./Kelton, D. W., 2000, S. 4.

[252] Einen Überblick über den Einsatz analytischer Modelle im Bereich der Logistik gibt Powers, R. F., 1989.

tischen Systemen existent, so sind beispielsweise Pufferlager oder Güter, die auf den Transport „warten", Warteschlangen.

Eine Warteschlange ist Teil eines Warteschlangensystems, wie es in Abbildung 15 dargestellt ist. Ein Wartschlangensystem besteht aus einer Servicestelle, die jeweils eine oder mehrere Einheit(-en) bedienen kann.[253] Der zweite Bestandteil des Systems ist die eigentliche Warteschlange, die sich dann bildet, wenn die Servicestelle nicht leer ist. Kennzeichnend für ein Wartschlangensystem ist die stochastische Verteilung der Ankunft und/oder der Abfertigung von Einheiten.[254]

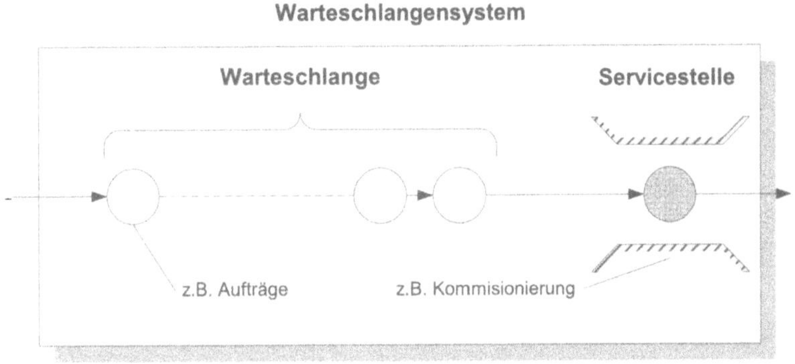

Abbildung 15: Prinzip des Warteschlangensystems[255]

Die Eigenschaften eines Wartesystems werden durch folgende Merkmale determiniert:[256]

- Zugangs-Charakteristik
  Die Zugangs-Charakteristik lässt sich durch die mittlere Ankunfts-

---

[253] Siehe Zimmermann, W., 1999, S. 362. In der Literatur zur Warteschlangentheorie werden als Synonyme für Servicestelle Kanal, Schalter und Bedienstation verwendet. Siehe Domschke, W./Drexl, A., 1995, S. 193.

[254] Siehe Zimmermann, W., 1999, S. 362.

[255] Quelle: In Anlehnung an Zimmermann, W., 1999, S. 362.

[256] Siehe Zimmermann, W., 1999, S. 362-306.

rate λ – die durchschnittliche Anzahl der Zugänge je Zeiteinheit – beschreiben.

- Abgangs-Charakteristik
  Die Abgangs-Charakteristik eines Warteschlangensystems bestimmt sich durch die mittlere Zahl der Einheiten, die pro Zeiteinheit – die Abfertigungsrate μ – durch die Servicestelle abgefertigt werden können.
- Zahl und Anordnung der Servicestellen
  Die Zahl und Anordnung der Servicestellen hat Einfluss auf die Warteschlangenlänge und die Wartezeit. Systeme mit mehreren Servicestellen sind zu unterscheiden in Systeme mit einer parallelen Anordnung oder einer sequenziellen Anordnung der Servicestellen.
- Warteraum-Charakteristik
  Mit Hilfe der Warteraum-Charakteristik wird ermittelt, ob die Einheiten in einer Warteschlange begrenzt – begrenzter Warteraum – oder unbegrenzt – unbegrenzter Warteraum – sind.
- Schlangendisziplin
  Die Schlangendisziplin beschreibt das Verhalten in der Warteschlange. Dieses bestimmt sich durch die eigentliche Möglichkeit zum Warten, einen möglichen Zwang zum Warten, die Reihenfolge der Bedienung und die Ordnung beziehungsweise Unordnung der wartenden Einheiten.

Zur Veranschaulichung der Warteschlangentheorie wird ein einfaches Warteschlangenmodell mit exponentiell-verteilten Ankunftsintervallen und Bedienzeiten für ein Lager mit unbegrenztem Warteraum vorgestellt. Formal handelt es sich um ein M/M/1-Wartesystem mit unendlichem Warteraum.[257] Durchschnittlich treffen 15 Kundenaufträge pro Stunde ein $\lambda = 15/h$. Für die Abfertigung eines Kundenauftrages benötigt die vorhandene Servicestelle durchschnittlich 3 Minuten, das heißt, es können durchschnittlich 20 Aufträge je Stunde abgearbeitet werden $\mu = 20/h$. Die mittlere Auslastung der Servicestelle berechnet sich wie folgt:

[257] Das Beispiel wird in Anlehnung an Zimmermann, W., 1999, S. 367-369 konstruiert.

$$p = \frac{\lambda}{\mu} < 1 \tag{3-1}$$

und beträgt im vorliegenden Fall 0,75. Für die Analyse des Lagers ist die Kenntnis von Wahrscheinlichkeiten für das Auftreten einer bestimmten Zahl von Aufträgen, die sich im Lager, Wartesystem, befinden können, wichtig. Die Wahrscheinlichkeit P_n, dass sich vor und in der Servicestelle zum Beispiel $n = 3$ Aufträge befinden, lässt sich formal durch die Formel (3-2) ermitteln:

$$P_n = p^n(1-p). \tag{3-2}$$

Es ergibt sich somit für $P_3 = 0{,}105$. Die mittlere Anzahl von Aufträgen N lässt sich mit Hilfe von Formel (3-3) ermitteln und beträgt für das Beispiel $N = 3$.

$$N = \frac{\lambda}{\mu - \lambda} \tag{3-3}$$

Die mittlere Verweilzeit eines Auftrages ist eine weitere Größe zur Beurteilung dieses Systems. Die mittlere Verweilzeit V ergibt sich aus dem Quotienten von N und λ und beträgt im vorliegenden Fall 0,2 Stunden, also 12 Minuten.

Die mathematische Beschreibung des Systemverhaltens durch Warteschlangen hat den Vorteil, dass, wenn sich das System analytisch abbilden lässt, einfach und schnell Kenngrößen über das Systemverhalten ermittelt werden können, in der Literatur wird das als ein entscheidender Vorteil der Wartschlangenmodelle angesehen.[258]

Kritisch hingegen ist die Fähigkeit beziehungsweise Mächtigkeit der Warteschlangenmodelle zur Modellierung komplexer Sachverhalte zu sehen. Die Abbildung realer Systeme zum Beispiel in dem Bereich der Logistik oder der Produktion setzt voraus, dass das System mathematisch dar-

---

[258] Siehe Zapf, M./Heinzl, A., 2001, S. 1667, Zapf, M., 2001b, S. 63 und van der Aalst, W./van Hee, K., 2002, S. 119.

stellbar und lösbar ist. Dies ist jedoch oft nur mit Einschränkungen möglich.[259]

Ein weiterer, besonders in dieser Arbeit schwer wiegender Nachteil ist im Rahmen der Analyse mehrerer ähnlicher Systeme erkennbar. Für jedes dieser Systeme ist es notwendig, ein neues analytisches Modell zu spezifizieren. Werden zum Beispiel statt einer Servicestelle zwei Servicestellen und für die Durchführung des Transportes zwei Transporter eingesetzt, so muss das analytische Modell komplett geändert werden. Formal ergibt sich ein M/M/2 System, für welches sich die Berechnung der obigen Größen komplexer gestaltet.[260]

Abschließend kann konstatiert werden, dass Warteschlangensysteme ein geeignetes Mittel sind, um stochastische Zusammenhänge zu analysieren, wenn diese mit vertretbarem Aufwand mathematisch formuliert und analytisch gelöst werden können.[261] Auf Grund der komplexen Problemstruktur logistischer Prozesse und der Einschränkung auf bestimmte, nicht realitätsnahe stochastische Verteilungen sind Warteschlangenmodelle für die vorliegende modelltheoretische Analyse nur mit Einschränkungen geeignet.

3.1.2.2 Simulation

Simulation kann im Allgemeinen als das zielgerichtete Experimentieren an Modellen verstanden werden.[262] Durch die planvolle Modifikation des Simulationsmodells und die Analyse der resultierenden Änderungen wird

---

[259] Siehe Zapf, M./Heinzl, A., 2001, S. 1668 f. und Law, A./Kelton, D. W., 2000, S. 5. Zur Komplexität der mathematischen Beschreibung komplexer Warteschlangenmodelle siehe Kleinrock, L., 1975. Beispiele zur Anwendung im Bereich der Produktion sind unter anderem bei Govil, M. K./Fu, M. C., 1999 zu finden.

[260] Siehe Zimmermann, W., 1999, S. 370 f. Die durchschnittliche Wartezeit kann nur mit Hilfe endlicher Summen angegeben werden und nicht als geschlossener Ausdruck. Zu der Theorie der Warteschlangen siehe auch Kleinrock, L., 1975. Bestehen zudem Kapazitätsbeschränkungen im Warteraum, so ergibt sich ein noch komplexeres Modell. Siehe Zimmermann, W., 1999, S. 375 f.

[261] Siehe Law, A./Kelton, D. W., 2000, S. 5.

[262] Siehe Müller-Merbach, H., 1973, S. 451, Heinzl, A./Brandt, A., 1999, S. 393, Zapf, M., 2001b, S. 65 und von Uthmann, C., 2001, S. 4.

auf das Verhalten des Originalsystems zurückgeschlossen.[263] In Abgrenzung zu analytischen Modellen wird das Simulationsmodell nicht mittels eines geschlossenen mathematischen Ausdrucks dargestellt, sondern anhand einer Reihe von Verarbeitungsschritten.[264]

Simulationsmodelle können hinsichtlich der Kriterien statisch/dynamisch, deterministisch/stochastisch und kontinuierlich/diskret unterschieden werden. Die in dieser Arbeit zu analysierende Problemstellung ist dynamisch, stochastisch und diskret, man spricht in diesem Fall auch von einer diskreten Ereignissimulation, auf die sich die nachfolgenden Ausführungen beziehen.[265]

Simulation wird auch als „method of last resort"[266] angesehen, das heißt Simulation kommt dann zum Einsatz, wenn andere Methoden, wie zum Beispiel die Warteschlangentheorie nicht in der Lage sind, komplexe reale Systeme mit stochastischen Elementen abzubilden und analytisch zu lösen.[267]

Mit Hilfe einer Simulation können Schätzungen über das Systemverhalten durchgeführt werden,[268] da es sich bei einer Simulation aus statistischer Sicht um die Durchführung von Stichprobenexperimenten handelt.[269] Exakte analytische Aussagen über das Systemverhalten sind nicht möglich. Vielmehr kann das Systemverhalten unterschiedlicher Simulationsmodelle mittels statistischer Verfahren miteinander verglichen werden, die Ermittlung eines optimalen Simulationsmodells beziehungsweise Systems ist somit nicht möglich.[270]

---

263 Siehe von Uthmann, C., 2001, S. 4.

264 Siehe Liebl, F., 1995, S. 8.

265 Zur Klassifikation der Simulationsmodelle siehe Law, A./Kelton, D. W., 2000, S. 5 f. sowie Liebl, F., 1995, S. 9 f.

266 Law, A./Kelton, D. W., 2000, S. 5.

267 Siehe Bowersox, D. J./Closs, D. J., 1989, S. 134 und Law, A./Kelton, D. W., 2000, S. 91.

268 Siehe Law, A./Kelton, D. W., 2000, S. 92.

269 Siehe Domschke, W./Drexl, A., 1995, S. 207.

270 Siehe Law, A./Kelton, D. W., 2000, S. 92.

Der Vorteil der Modellierungsmächtigkeit ist auf der anderen Seite mit einem hohen Modellierungsaufwand bei der Erstellung komplexer Simulationsmodelle und der Gefahr der Erstellung eines nicht validen Modells verbunden.[271]

Eng verknüpft mit dem Kriterium der Modellierungsmächtigkeit ist die relativ leichte Änderbarkeit der Simulationsmodelle, da kleine Modelländerungen in der Regel nicht zu neuen Modellen, wie zum Beispiel in der Warteschlangentheorie führen.[272]

Die hohe Modellierungsmächtigkeit bedingt einen entsprechend hohen Aufwand bei der Erstellung, Analyse und Auswertung komplexer Modelle.[273] Durch den Einsatz geeigneter Simulationstools kann dieser Aufwand reduziert werden.

3.1.2.3 Simulation vs. Warteschlangenmodelle

In Anlehnung an Zapf wird im Folgenden mit Hilfe von vier Kriterien die Eignung der Simulation beziehungsweise der Warteschlangentheorie zur modelltheoretischen Analyse der Flexibilität bewertet.[274]

Das erste Bewertungskriterium umfasst die Einsatzmöglichkeiten der Verfahren. Mit beiden Verfahren ist es möglich, die Leistungsfähigkeit eines Systems zu bestimmen und unterschiedliche Systemalternativen miteinander zu vergleichen. Unterschiede zwischen beiden Verfahren ergeben sich, wenn die Anforderung besteht, exakte Lösungen zu ermitteln. Dazu sind nur Warteschlangenmodelle in der Lage.

Die Modellierungsmächtigkeit als zweites Kriterium beschreibt die Fähigkeit der Verfahren, komplexe reale Systeme abzubilden. Das impliziert,

---

[271] Siehe Law, A./Kelton, D. W., 2000, S. 92.

[272] Siehe Buzacott, J./Shanthikumar, J. G., 1993, S. 15 f., König, W./Rommelfanger, H./Ohse, D./Hofmann, M./Schäfer, K./Kuhnle, H./Pfeifer, A., 1999, S. 113, Zapf, M., 2001b, S. 66-67. Der Änderungsaufwand ist abhängig von der gewählten Simulationssprache und dem verwendeten Softwaretool.

[273] Siehe Banks, J./Carson, J. S./Nelson, B. L./Nicol, D. M., 2001, S. 6 f.

[274] Siehe Zapf, M., 2001b, S. 67-69.

dass die Modellannahmen entsprechend der Realität zu modellieren sind, Wahrscheinlichkeitsverteilungen zur Abbildung stochastischer Größen sowie der zu analysierende Zeitraum frei zu wählen ist. Der Vergleich der Verfahren zeigt, dass die Simulation klare Vorteile hinsichtlich der Modellierungsmächtigkeit aufweist.[275] Die einzelnen Ausprägungen sind Tabelle 6 zu entnehmen.

Tabelle 6: Simulation vs. Warteschlangentheorie[276]

Kriterium	Simulation	Warteschlangentheorie
Einsatzmöglichkeiten		
Bestimmung der Leistungsfähigkeit eines Systems	Möglich	Möglich
Vergleich von Gestaltungsalternativen	Möglich	Möglich
Bestimmung exakter Lösungen	Nicht möglich	Möglich
Modellierungsmächtigkeit		
Abbildung komplexer realer Sachverhalte	Möglich	Nicht möglich
Modellannahmen	Frei wählbar	Rigide
Wahrscheinlichkeitsverteilungen	Frei wählbar	Beschränkt
Analysezeitraum	Beliebig	Meist Betrachtung langer Zeiträume
Aufwand		
Zeitbedarf der Modellierung	Hoch	Hoch
Zeitbedarf der Modellberechnung und Analyse	Hoch	Niedrig
Kompetenzen	Breite erforderlich	Enge erforderlich
Änderbarkeit		
Änderung der Modellstruktur	Einfach	Aufwändig
Änderung der Modellparameter	Einfach	Einfach

Anhand des Kriteriums des Aufwands für die Modellierung und Analyse weisen beide Verfahren sowohl Stärken als auch Schwächen auf. Zunächst ist zu konstatieren, dass der Zeitbedarf zur Modellerstellung bei

---

275 Siehe Bowersox, D. J./Closs, D. J., 1989, S. 134.

276 Quelle: In Anlehnung an Zapf, M., 2001b, S. 68.

beiden Verfahren als hoch angesehen werden kann. Der Zeitbedarf für die Durchführung der Simulation ist höher anzusetzen als der Zeitbedarf zur Berechnung der Ergebnisse im Rahmen der Warteschlangenmodelle.[277] Ein weiterer Aspekt sind die benötigten Qualifikationen und Kompetenzen, die zur Durchführung einer Analyse benötigt werden. Hier stellt Liebl fest, dass die Simulation einen breiteren Mix aus Kompetenzen benötigt, als das bei rein mathematischen Modellen der Fall ist.[278]

Dem vierten Kriterium – der Änderbarkeit – kommt besonderes Gewicht im Rahmen dieser Arbeit zu, da, wie bereits erwähnt, eine Reihe von Flexibilitätspotenzialen zu analysieren sind. Die unterschiedlichen Flexibilitätspotenziale bedingen neben der Reparametrisierung des Modells auch verschiedene Modellstrukturen. Modellstrukturen lassen sich mit geringem Aufwand in bestehenden Simulationsmodellen ändern, Warteschlangenmodelle müssen hingegen neu erstellt werden.

Auf der Basis der vier Vergleichskriterien wird deutlich, dass die Simulation auf Grund der mit geringem Aufwand veränderbaren Modellstruktur und der großen Modellierungsmächtigkeit für die vorliegende Problemstellung der Analyse der Flexibilität in logistischen Systemen die geeignetere Analysemethode darstellt.

3.2 Vorgehensmodell für eine Simulationsstudie

In der Literatur wurden eine Reihe von Vorgehensmodellen zur Durchführung von Simulationsexperimenten entwickelt, die den Prozess der Modellentwicklung in einzelne Phasen unterteilen.[279] Die Modelle unterscheiden sich im Wesentlichen durch den Detaillierungsgrad und somit in der Zahl der Vorgehensschritte. In Abbildung 16 werden die gängigen Arbeitsschritte in einer Simulationsstudie zusammengefasst. In diesem

---

[277] Buzacott et al. bemerken, dass der Zeitbedarf zur Erstellung eines Simulationsmodells besser ex ante zu determinieren ist als bei analytischen Modellen. Siehe Buzacott, J./Shanthikumar, J. G., 1993, S. 15.

[278] Siehe Liebl, F., 1995, S. 197.

[279] Siehe dazu Law, A./Kelton, D. W., 2000, S. 83-86, Sadoun, B., 2000, S. 178 und Heinzl, A./Brandt, A., 1999, S. 399.

Zusammenhang ist darauf hinzuweisen, dass es sich bei der Durchführung einer Simulationsstudie nicht um einen sequenziellen Prozess handelt, sondern vielmehr um ein iteratives Vorgehen.[280]

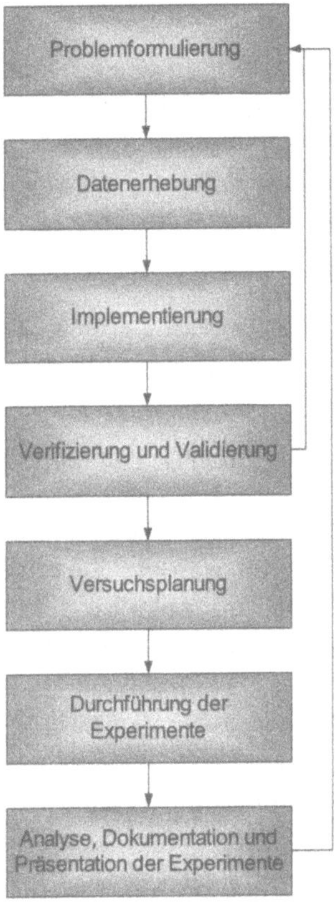

Abbildung 16: Vorgehensmodell zur Durchführung einer Simulationsstudie[281]

Ausgangspunkt ist die Identifikation und die Formulierung des zu untersuchenden Problems mit der damit verbundenen Planung der Simulati-

---

[280] Vgl. dazu beispielhaft Law, A./Kelton, D. W., 2000, S. 83 und Liebl, F., 1995, S. 220.

[281] In Anlehnung an Küll, R./Stähly, P., 1999, S. 5, Heinzl, A./Brandt, A., 1999, S. 399 und Law, A./Kelton, D. W., 2000, S. 84.

onsstudie. Im Rahmen dieses Modellbildungsschrittes wird der Untersuchungsgegenstand abgegrenzt und näher definiert.

In Schritt zwei werden alle notwendigen Daten zur Abbildung des Untersuchungsgegenstandes näher spezifiziert. In der vorliegenden Arbeit werden auf Grund der gewählten Untersuchungsmethodik die für die Durchführung der Simulationsstudie notwendigen Faktorspezifikationen auf der Basis der vorhandenen Literatur gewählt. Zur Prüfung der getroffenen Spezifikationen wurden Praktikergespräche durchgeführt, damit die Übereinstimmung von Modell und Realität gewährleistet werden kann.

Die Implementierung des in Schritt eins und zwei spezifizierten, bislang noch theoretischen Modells erfolgt in Schritt drei. Dazu wird die Problemstruktur mit Hilfe eines Simulationstools abgebildet, welches die Modellstruktur automatisch in die Simulationssprache umsetzt.[282]

Das im Implementierungsschritt entwickelte Simulationsmodell muss in einem weiteren Schritt überprüft werden. Zu prüfen ist, ob das Modell zum einen korrekt – im Sinne von fehlerfrei – im Simulationsprogramm abgebildet wurde. Dieser Schritt wird Verifizierung des Modells genannt.[283] Zum anderen ist das implementierte Modell auf seine konzeptionelle Adäquanz hin zu untersuchen, Validierung des Modells genannt. Durch die Validierung des Simulationsmodells wird gewährleistet, dass das Modell ein geeignetes Abbild der realen Problemstellung darstellt, hier des logistischen Prozesses.[284] Liebl betont in diesem Zusammenhang, dass die Validierung nicht als ein abgegrenzter Vorgangsschritt

---

282 Siehe dazu Kelton, D. W./Sadowski, R. P./Sadowski, D. A., 1998.

283 Siehe dazu Kelton, D. W./Sadowski, R. P./Sadowski, D. A., 1998, S. 444 und Liebl, F., 1995, S. 201.
In der Literatur werden verschiedene Methoden und Ansätze zur Verifizierung vorgestellt. Siehe dazu Law, A./Kelton, D. W., 2000, S. 269-273 und Liebl, F., 1995, S. 201-203.

284 Vgl. dazu Kelton, D. W./Sadowski, R. P./Sadowski, D. A., 1998, S. 444 und Liebl, F., 1995, S. 201.
Für die Validierung werden in der Literatur ebenfalls eine Reihe von Methoden und Ansätzen diskutiert. Ein guter Überblick wird bei Liebl, F., 1995, S. 203-213 gegeben.

anzusehen ist, da während der gesamten Modellerstellung auf die Validität des Modells geachtet werden muss.[285] Auf eine Darstellung der Methoden und Ansätze zur Verifikation und Validierung soll an dieser Stelle verzichtet werden. Eine detaillierte Darstellung findet der Leser in Kapitel 3.6.

Nach erfolgreicher Verifizierung und Validierung des Modells kann dieses dazu eingesetzt werden, um die Abhängigkeiten zwischen den logistischen Gestaltungsfaktoren, den Flexibilitätsbedarfen und der Flexibilität zu quantifizieren. Dafür müssen die zu simulierenden Szenarien bestimmt werden. Ziel der Versuchsplanung ist es, die für die Auswertung wichtigen Szenarien und die Simulationseckdaten festzulegen. Diese Aufgabe umfasst die Bestimmung der Startwerte einer jeden Simulation, die Länge der Anlauf-Periode, die Art der Begrenzung des zu simulierenden Zeitraums und die Zahl der Simulationswiederholungen.[286] Insbesondere bei großen Simulationsstudien ist der Punkt der Versuchsplanung von Bedeutung, da nicht alle Szenarien aus Zeit- und Kostengründen sinnvoll simuliert werden können.[287]

Im sechsten Schritt werden die in der Versuchsplanung spezifizierten Simulationsszenarien simuliert, um die gewünschten Simulationsergebnisse zu erhalten.

Letztendlich werden die gewonnenen Simulationsergebnisse einer Analyse unterzogen, um statistisch fundierte Aussagen über die Abhängigkeiten zwischen logistischen Gestaltungsfaktoren, den Nachfrageveränderungen und der Flexibilität ermitteln zu können. Auf die Auswertung der Simulationsdaten wird in Kapitel 4 detailliert eingegangen.

Nach der kursorischen Vorstellung des Vorgehensmodells für Simulationsstudien soll im Folgenden detailliert auf jeden einzelnen Planungsschritt eingegangen werden, um das Simulationsmodell zur Flexibilitätsanalyse zu spezifizieren.

---

[285] Siehe Liebl, F., 1995, S. 205.

[286] Siehe Law, A./Kelton, D. W., 2000, S. 86.

[287] Siehe Law, A./Kelton, D. W., 2000, S. 496 f.

3.3 Problemformulierung

Im Rahmen der Problemformulierung ist es notwendig, auf Basis der Zielsetzung der Untersuchung den Untersuchungsgegenstand korrekt abzugrenzen und diesen näher zu beschreiben.

Die Untersuchungszielsetzung ergibt sich aus dem Fazit der Flexibilitätsbetrachtung in Kapitel 2.5. Zielsetzung ist es, anhand des Simulationsmodells die Relevanz der interorganisatorischen Flexibilitätsbetrachtung unter Berücksichtigung

- der systemtheoretisch-kybernetisch erarbeiteten Mechanismen zur Bereitstellung der Flexibilitätspotenziale und
- des erarbeiteten Vorgehens zur Flexibilitätsmessung aufzuzeigen.

Die Abgrenzung und Beschreibung des Untersuchungsgegenstandes wird zum einen vor dem Hintergrund der Logistik vorgenommen, um die logistischen Gestaltungselemente näher zu erläutern. Zum anderen werden aufbauend darauf die logistischen Gestaltungselemente auf den systemtheoretisch-kybernetischen Analyserahmen übertragen.

Gegenstand der Systemabgrenzung ist es, die Elemente festzulegen, die das Modell enthalten soll.[288] Es werden nur die Elemente in das Simulationsmodell aufgenommen, die relevant für die obige Zielsetzung sind. Daraus ergeben sich auch Implikationen für die Abgrenzung des abzubildenden Problemausschnittes innerhalb eines logistischen Prozesses. Prinzipiell besteht die Möglichkeit, mehrere Stufen innerhalb einer logistischen Versorgungskette oder nur einen zweistufigen Prozess[289] abzubilden. Durch die Abbildung der gesamten Versorgungskette ist es möglich, Interaktionseffekte zwischen den einzelnen Stufen der logistischen Kette zu untersuchen. In der Literatur werden zur Darstellung der Ablaufmechanismen innerhalb einer logistischen Kette häufig zweistufige

---

[288] Vgl. Liebl, F., 1995, S. 118.

[289] Ein zweistufiger Prozess dient zur Abbildung eines Ursprungs und eines Ziels innerhalb eines logistischen Prozesses, wie zum Beispiel die Verbindung zwischen Hersteller, Transport und Lager.

Modelle eingesetzt.[290] Die Zweistufigkeit wird durch die Argumentation im Rahmen des Supply Chain Managements von Lambert/Cooper gestützt. Die Autoren sehen die Supply Chain weniger als Pipeline, sondern eher als einen entwurzelten Baum, wobei die Äste und Wurzeln unterschiedlich starke Beziehungen innerhalb einer Supply Chain darstellen, für die jeweils unterschiedliche Steuerungsmechanismen erforderlich sind.[291] Das impliziert auch die Notwendigkeit einer getrennten Modellierung der einzelnen Beziehungen und somit auch der logistischen Prozesse. Für die Abbildung der systemtheoretisch-kybernetisch erarbeiteten Mechanismen durch logistische Gestaltungsfaktoren ist es ausreichend, wenn sich die Untersuchung auf einen zweistufigen Prozess beschränkt. Die Analyse eines Prozessausschnittes macht es möglich, Störeinflüsse und Verzerrungen, die durch eine Überdimensionierung des Modells auftreten können, zu vermeiden.[292]

3.3.1 Modellannahmen und Notation

Der zweistufige logistische Prozess umfasst folgende Elemente:

- Lagerhaus,
- Transport sowie
- das Warenausgangslager des Produzenten und die
- Nachfrage der Abnehmer am Lagerhaus.

Kursorisch kann der Warenfluss wie folgt beschrieben werden: In Abhängigkeit von der Nachfrage wird ein Transport von Gütern ausgehend vom Warenausgangslager des Produzenten zum Lagerhaus veranlasst. Mit den dort gelagerten Gütern wird die Nachfrage der Abnehmer befriedigt.

---

[290] Siehe dazu Lee, H. L./So, K. C./Tang, C. S., 2000, Aviv, Y., 2001 und Gavirneni, S., 2002, S. 644 f.

[291] Vgl. dazu Lambert, D. M./Cooper, M. C., 2000, S. 69 f.

[292] Siehe dazu Liebl, F., 1995, S. 212 f.

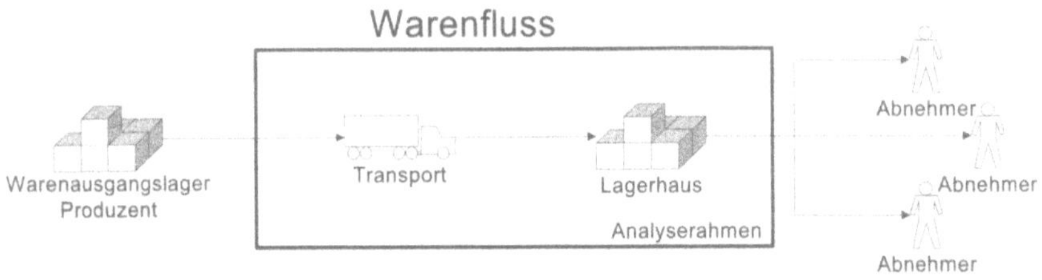

Abbildung 17: Zweistufiger logistischer Prozess

Der Prozess wird im Folgenden näher aus logistischer Sicht analysiert, dabei werden die für den Problemausschnitt relevanten Elemente betrachtet.[293] Anschließend werden die aus der systemtheoretisch-kybernetischen Betrachtung gewonnenen Erkenntnisse auf den logistischen Modellprozess übertragen. Dabei wird insbesondere auf die Flexibilitätsbedarfe, die Flexibilitätspotenziale und die Flexibilitätsmessung eingegangen.

3.3.2 Lager

Im vorliegenden Prozess ist ein Lager abzubilden. Das Lager kann als System mit einer bestimmten Struktur und einem bestimmten Verhalten beschrieben werden. Mit anderen Worten, für die Modellierung des Lagers müssen zum einen die Dispositionsregel und zum anderen die Dispositionsfaktoren definiert werden.[294]

3.3.2.1 Dispositionsregel

In der Literatur wird eine Vielzahl von Dispositionsregeln für die Lagerhaltung vorgestellt. Sind alle Dispositionsfaktoren bekannt, so bedient man sich deterministischer Lagerhaltungsmodelle. Stochastische Lager-

---

[293] Ziel der Betrachtung ist es nicht, alle Entscheidungsfelder der Logistik im Detail zu erläutern. Der interessierte Leser sei beispielhaft auf Ballou, R. H., 1999, Bowersox, D. J./Closs, D. J., 1996 und Stock, J. R./Lambert, D. M., 2001 verwiesen.

[294] Siehe dazu Inderfurth, K., 1999, S. 351.

haltungsmodelle werden dann angewendet, wenn bestimmte Faktoren nur mit Hilfe von Wahrscheinlichkeitsverteilungen beschrieben werden können.[295] Im vorliegenden Modell werden stochastische Transportzeiten und eine stochastische Nachfrage abgebildet, somit kommen stochastische Lagerhaltungsmodelle zum Einsatz.

Des Weiteren sind die Dispositionsregeln in Push- und Pull-Ansätze zu untergliedern. Im Push-Ansatz werden Bedarfsprognosen genutzt, um die Lager zu beliefern. Im Gegensatz dazu werden im Pull-Ansatz die Lagerbestände durch den Bestand und den Bedarf gesteuert.[296] Da es das Ziel dieser Arbeit ist, auf nicht- beziehungsweise schlecht-prognostizierbare Veränderungen zu reagieren, ist es nicht sinnvoll, den prognosebasierten Push-Ansatz in das Modell aufzunehmen.

Die Pull-Ansätze können bei stochastisch schwankender Nachfrage in Bestellpunkt-Modelle und/oder Bestellrhythmus-Modelle und zudem in Ansätze mit direkter Informationsverfügbarkeit unterteilt werden. Bestellpunkt- und Bestellrhythmus-Modelle können getrennt oder kombiniert zum Einsatz gelangen. Wenn in Bestellpunkt-Modellen[297] der Lagerbestand unter einen bestimmten Wert, den Bestellpunkt, fällt, so wird eine Bestellung mit jeweils gleichem Volumen ausgelöst. Im Gegensatz dazu werden in Bestellrhythmus-Modellen[298] Bestellungen nach einer bestimmten Zeitspanne ausgelöst, das Bestellvolumen kann dabei variieren.[299] In der Kombination beider Verfahren ist sowohl der Bestellzeitpunkt als auch die Bestellmenge variabel.[300]

---

[295] Siehe dazu beispielhaft Silver, E./Peterson, R., 1985, S. 251.

[296] Siehe dazu z.B. Ballou, R. H., 1999, S. 313-314. Eine Diskussion von Push-Pull-Konzepten im Produktionsbereich ist in Bonney, M. C./Zhang, Z./Head, M. A./Tien, C./Barson, R. J., 1999 zu finden.

[297] In Englisch: „Reorder Point“.

[298] In Englisch: „Periodic Review“.

[299] Eine Vorstellung der Modelle ist beispielhaft in Stock, J. R./Lambert, D. M., 2001, S. 243-244 zu finden.

[300] Siehe dazu beispielhaft Ballou, R. H., 1999, S. 328-340 oder Inderfurth, K., 1999.

3.3.2.1.1 Bestellpunkt-Modelle

In Abbildung 18 ist die Lagerbestandsdisposition von Bestellpunkt-Modellen schematisch dargestellt. In Bestellpunkt-Modellen müssen die Bestellmenge und der Bestellpunkt berechnet werden. Die Berechnung beider Größen ist auf Grund der Berücksichtigung stochastischer Größen komplex.

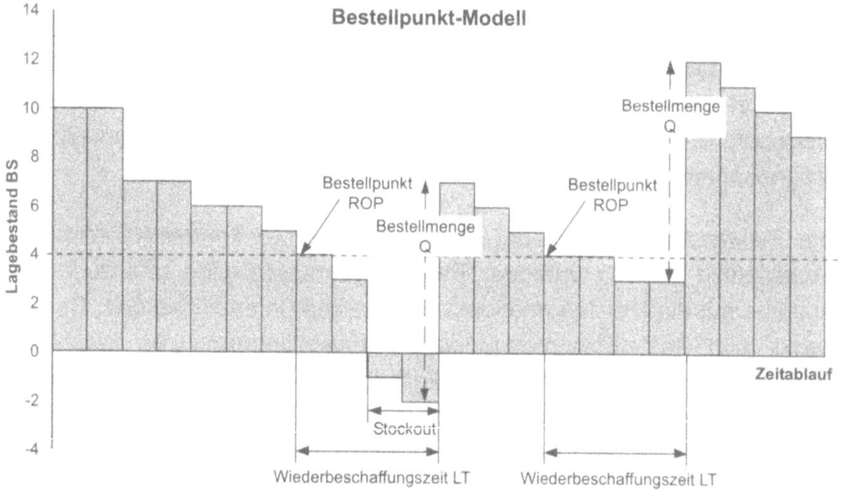

Abbildung 18: Bestellpunkt-Modell[301]

Ballou sieht jedoch eine gute Lösungsqualität gegeben, wenn die Bestellmenge auf der Basis der deterministischen Bestellmengenformel approximiert wird.[302]

Folgende Notation soll zum Einsatz kommen:[303]

---

[301] In Anlehnung an Ballou, R. H., 1999, S. 328. In der vorliegenden Abbildung wurde eine konstante Wiederbeschaffungszeit angenommen. Des Weiteren wird davon ausgegangen, dass die Nachfrage bei einem Stockout nicht verloren geht.

[302] Siehe Ballou, R. H., 1999, S. 329.

[303] Die Notation und die Formeln lehnen sich an Ballou, R. H., 1999, S. 329-336 an.

Tabelle 7: Variablendefinition zur Berechnung der Bestellmenge und des Bestellpunktes

Variable	Beschreibung
D	Nachfrage der Konsumenten bezogen auf eine Periode
d	Nachfrage je Zeiteinheit
Q	Bestellmenge
S	Bestellkosten (Beschaffungskosten)
I	Lagerhaltungskosten
C	Wert der gelagerten Güter je Gut
TC	Gesamtkosten
ROP	Bestellpunkt (Reorder point)
LT	Wiederbeschaffungszeit
P	Wahrscheinlichkeit der Lagerverfügbarkeit während der Wiederbeschaffungszeit
q	Verfügbare Lagermenge zu einem definierten Zeitpunkt
s	Standardabweichung
BS	Lagerbestand
T	Zeit zwischen Bestellungen
x	Faktor zur Berechnung des Sicherheitsbestandes
*	Die mit „*" versehenen Variablen verdeutlichen, dass es sich dabei in einem konkreten Modell um die optimalen Ausprägungen dieser Variablen handelt.

Die Bestellmenge wird vereinfacht mit Hilfe der klassischen Bestellmengenformel errechnet, es ergibt sich formal:

$$Q^* = \sqrt{\frac{2DS}{IC}}. \qquad (3\text{-}4)$$

Bei der Berechnung des Bestellpunktes wird wie unter deterministischen Bedingungen die Nachfrage während der Wiederbeschaffungszeit *(d*LT)* berechnet. Zur Berücksichtigung der stochastischen Nachfrageverteilung und Wiederbeschaffungszeit wird die Standardabweichung *z* als Term eingefügt. In Formel (3-5) ist der Ausdruck zur Berechnung des Bestellpunktes abgebildet.

$$ROP = d * LT + z(s'_d) \qquad (3\text{-}5)$$

Da neben der Nachfrage auch die Wiederbeschaffungszeit stochastisch ist, wird in (s'_d) die Unsicherheit der Nachfrage als auch der Wiederbeschaffungszeit berücksichtigt, so dass sich die Berechnung von (s_d') wie folgt darstellt:

$$(s_d') = \sqrt{LTs_d^2 + d^2 s_{LT}^2}\,, \qquad (3\text{-}6)$$

wobei s_{LT} die Standardabweichung in der Wiederbeschaffungszeit widerspiegelt. Im vorliegenden Simulationsmodell wird von einer vereinfachten Berechnung der Standardabweichung ausgegangen, wie sie in der Literatur zur Anwendung kommt. Zinn verwendet beispielsweise zur Abbildung der stochastischen Größen die zweifachen Standardabweichungen der Nachfrage. Allgemein ergibt sich aus Formel (3-5):

$$ROP = d * LT + x(s_d)\,, \qquad (3\text{-}7)$$

wobei *x* ein zu definierender Faktor für die zu berücksichtigende Standardabweichung ist.

3.3.2.1.2 Bestellrhythmus-Modelle

Bei Bestellrhythmus-Modellen hingegen wird eine Bestellung an diskreten Bestellzeitpunkten ausgelöst, wie es in Abbildung 19 dargestellt ist. Dieses Verfahren besitzt im Vergleich zu dem Bestellpunkt-Modell einen inhärenten Nachteil. Dieser besteht darin, dass bei langen zeitlichen Abständen zwischen den diskreten Bestellzeitpunkten auf eine mögliche Fehlmenge, einen „Stockout“ nicht reagiert werden kann.[304]

[304] Siehe Ballou, R. H., 1999, S. 336.

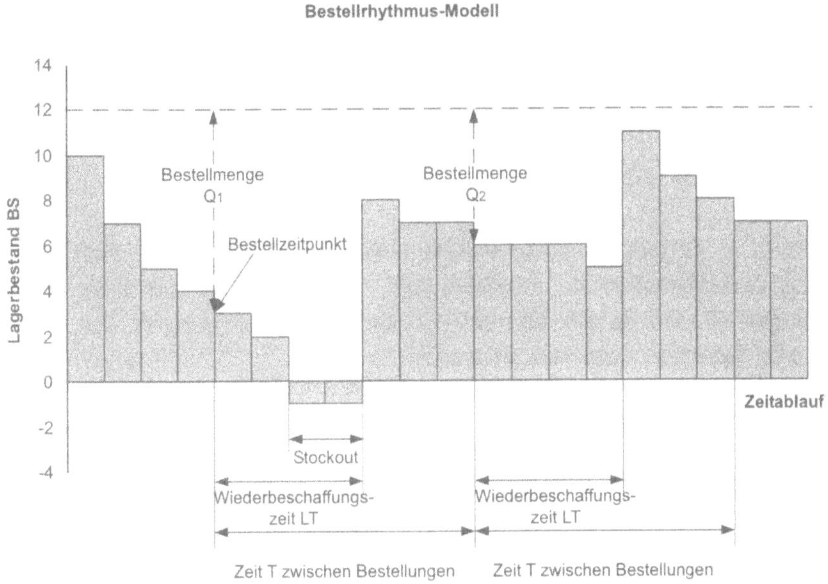

Abbildung 19: Bestellrhythmus-Modell[305]

Ausgangspunkt für die Berechnung der diskreten Bestellzeitpunkte bildet auch hier die eingeführte optimale Bestellmengenformel (3-4). Auf der Basis der optimalen Bestellmenge und der Nachfrage für eine Periode[306] kann die Zeitspanne zwischen den einzelnen Bestellungen mit folgendem Ausdruck berechnet werden:

$$T^* = \frac{Q^*}{D}. \qquad (3\text{-}8)$$

Die Menge, die zu den Bestellzeitpunkten bestellt wird, ergibt sich aus der Differenz zwischen dem maximalen Lagerbestand, der sich formal aus:

---

[305] In Anlehnung an Ballou, R. H., 1999, S. 338. In der vorliegenden Abbildung wurde eine konstante Wiederbeschaffungszeit angenommen.

[306] Als Periode kann zum Beispiel ein Jahr oder ein Quartal angenommen werden.

$$M^* = d(T^* + LT) + z(s'_d) \qquad (3\text{-}9)$$

errechnet, und der noch verfügbaren Lagermenge *q* zum Bestellzeitpunkt. Für die Kalkulation der Standardabweichung gilt:

$$s'_d = \sqrt{s_d^2(T^* + LT) + d^2 s_{LT}^2}\,. \qquad (3\text{-}10)$$

Um eine Vergleichbarkeit zwischen dem Bestellpunkt und den Bestellrhythmus-Modellen zu gewährleisten, wird auch hier von einer vereinfachten Abbildung der Standardabweichung ausgegangen. Die Formel (3-9) stellt sich somit wie folgt dar:

$$M^* = d(T^* + LT) + x(s_d)\,. \qquad (3\text{-}11)$$

In der Realität wird häufig das Bestellrhythmus-Modell mit einer konstant vorgegebenen Bestellperiode, zum Beispiel einem wöchentlichen Bestellrhythmus, eingesetzt.

3.3.2.1.3 Ansatz mit sofortiger Informationsverfügbarkeit

Bei dem Ansatz mit sofortiger Informationsverfügbarkeit wird zur Disposition nur der tatsächliche Auftragseingang verwendet. Das heißt, in Abhängigkeit von der Kundennachfrage wird ein Transport vom Warenausgangslager des Produzenten ausgelöst. Das Lagerhaus hat dabei nur noch die Funktion eines Puffers, um die Bedarfe, die während der Wiederbeschaffungszeit auftreten, abzudecken. Der Lagerbestand *BS*, der im Lagerhaus vorhanden sein muss, ist die Summe aus der Nachfrage während der Wiederbeschaffungszeit und der x-fachen Standardabweichung der Nachfrage. Die Wiederbeschaffungszeit *LT* setzt sich zusammen aus Transportzeit und der Zeit zwischen den Bestellungen. In Anlehnung an die Bestellrhythmus-Modelle wird letztere Zeit auch als Bestellperiode bezeichnet. Formal ergibt sich:

$$BS = d(LT) + x(s_d)\,. \qquad (3\text{-}12)$$

Die Standardabweichung der Nachfrage dient wie in den Bestellpunkt- und den Bestellrhythmus-Modellen zur Vermeidung von Stockouts auf Grund des stochastischen Nachfrageverlaufs.

3.3.2.2 Dispositionsfaktoren

Die Festlegung der Lager-Dispositionsfaktoren ergibt sich aus den Funktionen Lagerung und Materialumschlag. Die Funktion der Lagerung lässt sich unterteilen in das gesicherte und geordnete Lagern von Gütern, die Konsolidierung von Gütern, die Aufteilung von Gütern und die Zusammenstellung von Gütern.[307] Der Materialumschlag umfasst das Laden und Beladen, den Vorgang des Ein- und Auslagerns und die Zuordnung von Aufträgen zu einem konkreten Lagerbestand.[308]

Das Ziel der vorliegenden Arbeit ist es, die Flexibilität eines zweistufigen logistischen Prozesses zu untersuchen, nicht die Flexibilität in der Lagerhaltung. Aus diesem Grund wird das Lager als Subsystem in dem Simulationsmodell abgebildet.

Nach Schneeweiß lässt sich ein Lager modellmäßig durch den Lagerbestand, die Lagerkapazität und die Lagerhaltungskosten beschreiben.[309]

Der Lagerbestand ergibt sich aus der in Kapitel 3.3.2.1 vorgestellten Dispositionsregel und wird determiniert durch den Sicherheitsbestand. Der Sicherheitsbestand stellt somit einen Dispositionsfaktor dar. Die Lagerkapazität soll in dem Modell als nicht eingeschränkt betrachtet werden. Diese Annahme ist realitätsnah, da Lagerkapazitäten von Drittanbietern zugekauft werden können. Lagerhaltungskosten sind Kosten, die mit den gelagerten Güter in einem nahezu proportionalen Verhältnis stehen.[310] Die Lagerhaltungskosten je Stück ergeben sich aus dem Lagerkostensatz und dem Wert des gelagerten Gutes. Lagerhaltungskosten setzen sich, wie in Abbildung 20 dargestellt, aus vier Kostenblöcken zusammen, deren Zusammensetzung nachfolgend erläutert wird.[311]

---

[307] Siehe dazu Ballou, R. H., 1999, S. 248-252.

[308] Siehe dazu Ballou, R. H., 1999, S. 252-254.

[309] Siehe dazu Schneeweiß, C., 1981, S. 7.

[310] Vgl. dazu beispielhaft Stock, J. R./Lambert, D. M., 2001, S. 193.

[311] Die nachfolgenden Ausführungen beziehen sich auf Stock, J. R./Lambert, D. M., 2001, S. 193-203. Siehe auch Ballou, R. H., 1999, S. 318-319.

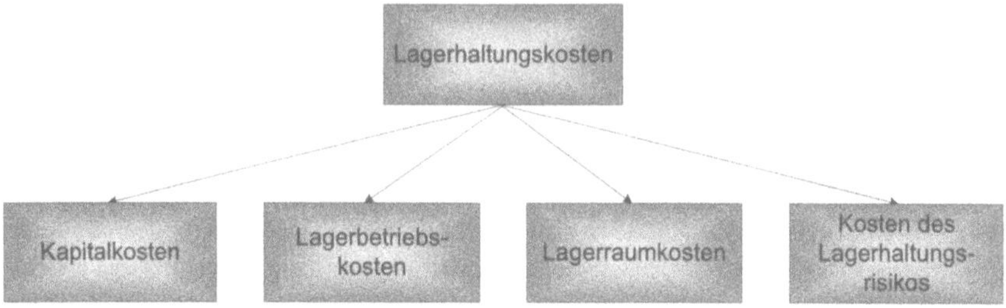

Abbildung 20: Lagerhaltungskosten

3.3.2.2.1 Kapitalkosten

Kapitalkosten umfassen all die Kosten, die mit der Kapitalbindung durch die Lagerung von Gütern in Verbindung stehen. Das in Form von gelagerten Gütern gebundene Kapital steht somit keiner alternativen Verwendung zur Verfügung. Die entstehenden Opportunitätskosten – Gewinne der alternativen Verwendung – müssen in die Betrachtung der Kapitalkosten einbezogen werden. Die Kapitalkosten sind demzufolge nicht mit dem marktüblichen Zinssatz gleichzusetzen, sondern mit der internen Verzinsung der Unternehmung nach Steuern.

Für die Ermittlung der Kapitalkosten ist die Bezugsbasis, der Wert der eingelagerten Güter, notwendig. Der Wert der Güter wird mit Hilfe der Kostenrechnung ermittelt. In Abhängigkeit vom verwendeten Kostenrechnungsverfahren ergeben sich unterschiedliche Wertansätze. So werden beim Direct Costing nur die variablen Kosten als Bezugsgröße für die Berechnung der Kapitalkosten herangezogen. Im Vergleich dazu werden bei der Vollkostenrechnung neben den variablen Kosten auch die Gemeinkosten zur Wertermittlung herangezogen. Stock/Lambert weisen darauf hin, dass zudem zwischen der Kalkulation nach den aktuellen Kosten und der Kalkulation nach den Plankosten unterschieden werden kann.[312]

[312] Vgl. dazu Stock, J. R./Lambert, D. M., 2001, S. 197.

3.3.2.2.2 Lagerbetriebskosten

Lagerbetriebskosten umfassen Steuer- und Versicherungskosten, die mit der Lagerung von Gütern in Verbindung stehen. In den Vereinigten Staaten ist zum Beispiel in Abhängigkeit vom Bundesstaat eine Steuer von bis zu zwanzig Prozent auf den Lagerhaltungswert zu entrichten. Zum anderen sind die Versicherungskosten für die zu lagernden Güter mit in die Berechnung der Lagerhaltungskosten einzubeziehen.[313]

3.3.2.2.3 Lagerraumkosten

Die Lagerraumkosten umfassen die Kosten der Güterbewegung und die Kosten des physischen Lagerraumes. In Abhängigkeit von der Art des genutzten Lagerraumes ergeben sich unterschiedliche Kalkulationen für die Berechnung der Lagerraumkosten, so kann man zwischen

- einem der Produktion angeschlossenen Lager,
- einem öffentlichen,
- einem gemieteten beziehungsweise geleasten sowie
- einem der Unternehmung gehörenden Lagerhaus unterscheiden.

Charakteristisch für ein der Produktion angeschlossenes Lager und einem der Unternehmung angeschlossenen Lagerhaus ist, dass es sich bei den Lagerraumkosten um Fixkosten handelt. In einem öffentlichen Lagerhaus fallen Kosten an, die mit der Warenbewegung und durch die Inanspruchnahme von Lagerraum in Verbindung stehen. Vergleichbar mit einem der Produktion angeschlossenen Lager ist ein gemietetes beziehungsweise geleastes Lagerhaus. Allerdings sind hier die Fixkosten für das Lagerhaus auf Grund der Gestaltung der Miet- beziehungsweise Leasingverträge zeitlich leichter abbaubar.

---

[313] Siehe dazu Stock, J. R./Lambert, D. M., 2001, S. 199.

3.3.2.2.4 Kosten des Lagerhaltungsrisikos

Die Kosten des Lagerhaltungsrisikos umfassen

- Obsoleszenz,
- Schaden,
- Schwund und
- Reallokation.

Können Güter nach einer bestimmten Lagerdauer nicht mehr verwendet oder nur mit einem Preisabschlag verkauft werden, so fallen Obsoleszenzkosten an. Diese können durch die Differenz zwischen den Produktionskosten und den Kosten der verkauften Güter bewertet werden.

Zum anderen können Schäden durch die Ein- und Auslagerung oder durch nicht korrekte Lagerung von Gütern auftreten. Diese Kosten sind allerdings nur bei der Kalkulation der Lagerhaltungskosten zu berücksichtigen, wenn sie sich variabel zur Menge der gelagerten Güter verhalten.

Kosten für Schwund können vielfältige Ursachen haben. Ein offensichtlicher Grund sind Diebstähle im Lagerbereich. Schwund kann allerdings auch durch falsche Lagerbestandsführung oder falsche Lagerentnahmen auftreten. Diese Kosten sind den Kosten der Lagerhaltung zuzurechnen.

Reallokationskosten sind Kosten, die durch die Umlagerung von Gütern von einem zu einem anderen Lagerhaus entstehen, um Obsoleszenzkosten zu vermeiden. Diese sind den Lagerhaltungskosten zuzuordnen, da diese Kosten Resultat eines zu hohen Lagerbestandes sind.

3.3.2.2.5 Zusammensetzung der Lagerhaltungskosten

Abschließend wird auf die wertmäßige Zusammensetzung der Lagerhaltungskosten eingegangen, um zu zeigen, dass dem betrieblichen Entscheidungsträger unterschiedlich große Kostenblöcke zur Kostenbeeinflussung zur Verfügung stehen. In Anlehnung an Landeros/Lyth ergibt sich die in Tabelle 8 dargestellte Verteilung.[314] Die Tabelle zeigt, dass die Kapitalkosten und die Kosten des Lagerrisikos 96 Prozent der Kosten der Lagerhaltung bestimmen und somit die wesentlichen Kostenblöcke darstellen. Die Tabelle soll allerdings nur die Tendenz der Kostenverteilung widerspiegeln, da andere Autoren zu einer anderen Verteilung gelangen.[315]

Tabelle 8: **Wertmäßige Zusammensetzung der Lagerhaltungskosten**

Kostenblock	Anteil an den Lagerhaltungskosten
Kapitalkosten	82 %
Lagerbetriebskosten	0,75 %
Lagerraumkosten	3,25 %
Kosten des Lagerhaltungsrisikos	14 %

3.3.3 Transport

Der Transport dient zur Überwindung der räumlichen Distanz zwischen dem Entstehungsort und dem Verbrauchsort.[316] In dem zu erstellenden Simulationsmodell wird durch den Transport die Verbindung zwischen den zwei betrachteten Lagern hergestellt.

Für den Transport stehen mehrere Transportarten, die allein oder in Verbindung genutzt werden, zur Verfügung. Beispielhaft seien hier Schiff, Eisenbahn, Lastkraftwagen, Flugzeug oder Pipeline genannt.[317] Für die vorliegende Arbeit ist die Unterscheidung der Charakteristika des Transports hinsichtlich des Preises, der durchschnittlichen Transportzeit, der

---

314 In Anlehnung an Landeros, R./Lyth, D. M., 1989, S. 149 und Ballou, R. H., 1999, S. 318.

315 Siehe beispielsweise Bowersox, D. J./Closs, D. J., 1996, S. 255 oder Johnson, J. C./Wood, D. F., 1996, S. 320.

316 Siehe dazu beispielhaft Stock, J. R./Lambert, D. M., 2001, S. 313.

317 Siehe dazu Stock, J. R./Lambert, D. M., 2001, S. 320-332.

Variabilität der Transportzeit und ein möglicher Verlust beziehungsweise Schaden an den zu transportierenden Gütern relevant.[318]

Der Transportpreis entspricht den variablen und zurechenbaren fixen Kosten des Transportes, wenn der Transport von einem Unternehmen selbst erbracht wird. Wird ein logistischer Dienstleister mit dem Transport beauftragt, so kann der Preis auf der Basis der Cost-of-Service oder auf der Basis des Value-of-Service erfolgen.[319] Der Cost-of-Service-Preis sollte die variablen beziehungsweise fixen Kosten und eine Gewinnmarge umfassen. Die Kostenzurechnung ist allerdings in der Praxis mit Problemen verbunden, da zum einen eine detaillierte Kostenerfassung in der Regel nicht erfolgt und zum anderen die Verrechnung der Fixkosten nie zufriedenstellend gelöst werden kann.[320] Der Value-of-Service-Sicht liegt die Preisbereitschaft der Nachfrager nach Transportleistungen zu Grunde. Diese ergibt sich aus der Nachfrage nach Transportleistungen und dem Wettbewerb in dem betrachteten Transportmarkt.[321]

Unter der Transportzeit wird in der Regel die durchschnittliche Zeitdauer verstanden, die benötigt wird, um ein Gut vom point-of-origin zum point-of-consumption zu transportieren. Es ist in diesem Zusammenhang unerheblich, welche Transportart oder welche Kombination von Transportarten zum Einsatz kommt, da die gesamte Transportdauer von Bedeutung bei der Bewertung von unterschiedlichen Transportangeboten ist.[322] Die Transportzeit wird zudem davon bestimmt, ob Transporte konsoli-

---

[318] Zu dieser Art der Charakterisierung siehe Ballou, R. H., 1999, S. 137 f. Die Betrachtung von Verlust beziehungsweise Schaden ist eine nicht zu vernachlässigende Größe, wenn man zum Beispiel Transportentscheidungen in der Dritten Welt treffen muss. Das schlechte Straßennetz führt dazu, dass zerbrechliche Güter eher nicht mit dem Lastkraftwagen transportiert werden sollten und deshalb zum Beispiel auf den Lufttransport ausgewichen wird. Zur Vertiefung der Problematik Logistik in Schwellenländern siehe Zinn, W., 1996.

[319] Zur Preisbestimmung bei Dienstleistungen siehe Woratschek, H., 1998, insbesondere Kapitel 3 S. 53-79. Im logistischen Kontext siehe Stock, J. R./Lambert, D. M., 2001, S. 315-316.

[320] Siehe Stock, J. R./Lambert, D. M., 2001, S. 315-316.

[321] Siehe zu Preisbereitschaft Woratschek, H., 1998 und vgl. Stock, J. R./Lambert, D. M., 2001, S. 316.

[322] Siehe Ballou, R. H., 1999, S. 138.

diert werden, das heißt ob Transportaufträge eines oder mehrerer Tage zu einem einzigen Transport zusammengefasst werden. Diese Form der Konsolidierung wird als temporäre Konsolidierung umschrieben.[323]

Für die Bewertung von Transportleistungen unter Flexibilitätsgesichtspunkten ist zudem die Variabilität in der Transportzeit von Bedeutung. In empirischen Studien wird belegt, dass in der Realität nicht von deterministischen Transportzeiten ausgegangen werden kann.[324]

Verluste beziehungsweise Schäden am Transportgut sind ein weiterer wichtiger Faktor für die Beschreibung der Transportleistung. Die Ursachen können vielfältig sein und inner- oder außerhalb des Einflussbereichs des Transporteurs liegen. Die Aufnahme dieses Faktors in das Simulationsmodell erscheint nicht sinnvoll, da dieser zum einen willkürlich bestimmt werden müsste und zum anderen die Bedeutung des Faktors in Gesprächen mit Praktikern als gering eingeschätzt wird.

3.3.4 Warenausgangslager Produzent

Als Güterquelle im logistischen Prozess wird ein Warenausgangslager eines Produzenten angenommen. Die Simulationsstudie verfolgt das Ziel, die Abbildung systemtheoretisch-kybernetischer Mechanismen und deren Einfluss auf die Flexibilität zu untersuchen. Dazu ist es nicht erforderlich, den Produzenten und dessen Lager detailliert abzubilden. Folgende Annahmen werden zur Modellierung getroffen. Zwischen dem Produzenten und dem Abnehmer besteht ein Rahmenvertrag,[325] der den Produktpreis und die Abnahmemengen regelt. Der Produzent ist bei der Herstellung dieses Produktes mengenflexibel. Auf Bestellungen kann der

---

323 Zur Frachtkonsolidierung siehe Cooper, M. C., 1982. Des Weiteren wird in der Literatur die Inventory Consolidation, die Vehicle Consolidation und die Warehouse Consolidation betrachtet. Für die hier untersuchte Problemstellung ist deren Betrachtung jedoch nicht relevant.

324 Eine sehr umfassende Studie wurde von Piercy, J., 1977 durchgeführt. Siehe dazu auch Ballou, R. H., 1999, S. 139-141.

325 Zu Rahmenverträgen im Supply Chain Management siehe Tsay, A. A./Nahmias, S./Agrawal, N., 1999 und Schneidereit, G./Voß, S., 2002. Zur Festlegung von Liefermengen siehe insbesondere Schneidereit, G./Voß, S., 2002, S. 198-199.

Produzent sofort reagieren. Der Produktpreis des Produzenten wird als konstant angesehen.

3.3.5 Nachfrage

Die Nachfrage, die das Lager zu bedienen hat, kann mit Hilfe eines Bedarfsverlaufes näher beschrieben werden. Auf die Modellierung des Bedarfsverlaufes wird nach einer überblicksartigen Klassifikation der Bedarfsverläufe eingegangen. In Abbildung 21 ist eine Klassifizierung der Bedarfsverläufe abgebildet.

Nach Tempelmeier ist in einem ersten Schritt zwischen einem stationären und einem nicht stationären Bedarfsverlauf zu unterscheiden.[326] Ein nicht stationärer Bedarfsverlauf liegt bei Produkten mit einem ausgeprägten Lebenszyklus vor, wie es zum Beispiel bei Endprodukten im Bereich Computer-Hardware häufig der Fall ist. Auf Grund der stark schwankenden Nachfrage, die aus dem Lebenszyklus resultiert, ist eine Klassifikation des Bedarfsverlaufs nicht möglich.[327] Im Gegensatz dazu lassen sich durch die Anwendbarkeit von Tests stationäre Bedarfsverläufe in regelmäßige und unregelmäßige unterteilen. Sporadische, also unregelmäßige Bedarfsverläufe liegen dann vor, wenn der Quotient aus der mittleren absoluten Abweichung des Bedarfs und dem Mittelwert des Bedarfs größer als 0,3 bis 0,4 ist. Der Quotient wird in der Literatur als Störpegel definiert.[328] Von einem sporadischen Bedarf kann ausgegangen werden, wenn es Perioden ohne Nachfrage gibt. Regelmäßige Bedarfsverläufe

---

[326] Die folgenden Ausführungen lehnen sich an Tempelmeier, H., 1999, S. 27-34 an.

[327] Tests zur Klassifikation des Bedarfsverlaufs sind nur anwendbar, wenn empirische Daten von mindestens ein bis zwei Jahren vorliegen. Siehe Tempelmeier, H., 1999, S. 29.

[328] Siehe Tempelmeier, H., 1999, S. 30.

können weiterhin in trendförmige oder konstante, jeweils mit oder ohne saisonalen Verlauf unterschieden werden.[329]

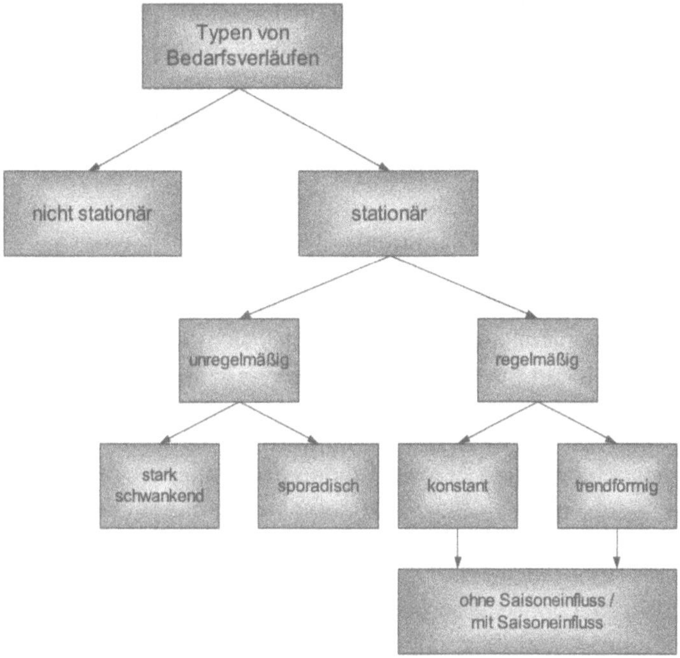

Abbildung 21: Typen von Bedarfsverläufen[330]

Der Bedarfsverlauf der Nachfrage dient im Simulationsmodell zur Abbildung des Flexibilitätsbedarfes der Nachfrage. Um den Einfluss von Veränderungen zu verdeutlichen, ist es sinnvoll, einen regelmäßigen, konstanten Bedarf zu Grunde zu legen. Auf der Basis dieses Bedarfes werden Nachfrageveränderungen im Nachfrageverlauf in einem zweiten Schritt modelliert.

---

329 Ein saisonaler Verlauf kann beispielsweise mit Hilfe des Autokorrelationskoeffizienten identifiziert werden. Siehe dazu Hartung, J./Elpelt, B./Klösner, K.-H., 1999, S. 675-678. Ein existierender Trend kann mit Hilfe von Regressionsanalysen ermittelt werden, siehe beispielhaft Hartung, J./Elpelt, B./Klösner, K.-H., 1999, S. 569-608.

330 Quelle: In Anlehnung an Tempelmeier, H., 1999, S. 29.

3.3.6 Systemtheoretisch-kybernetische Betrachtung des logistischen Prozesses

Gegenstand des nachfolgenden Abschnittes ist es, den oben dargestellten logistischen Prozess aus dem Blickwinkel des systemtheoretisch-kybernetischen Flexibilitätsbezugsrahmens zu betrachten. Die Untersuchung gliedert sich in die Analyse der Flexibilitätsbedarfe und die der Flexibilitätspotenziale.

3.3.6.1 Analyse der Flexibilitätsbedarfe

Flexibilitätsbedarfe wurden allgemein als Veränderungen definiert, die in qualitativer, quantitativer oder zeitlicher Hinsicht das erwartete oder gewünschte Verhalten be- beziehungsweise verhindern.[331] Im vorliegenden logistischen Prozess werden drei Flexibilitätsbedarfe betrachtet:

- die stochastischen Schwankungen der Transportzeit,
- die stochastischen Schwankungen im Nachfrageverlauf und
- die Veränderungen in der absoluten Höhe der Nachfrage.

Anhand der in Tabelle 2 vorgestellten Dimensionen lassen sich die Flexibilitätsbedarfe wie folgt charakterisieren. Die Schwankungen in der Transportzeit fallen systemintern in dem Systemelement Transport permanent an, somit ist ein Eintrittszeitpunkt nicht zu identifizieren. Die Schwankungen haben einen relevanten Einfluss auf das Zielsystem, da diese bei der Bestimmung der Dispositionsregeln explizit in Form des Sicherheitsbestandes betrachtet werden. Der Informationsstand über das Eintreten der Schwankung ist der Risiko- beziehungsweise der Ungewissheitssituation zuzurechnen.

Die stochastischen Schwankungen im Nachfrageverlauf als auch die Veränderungen der absoluten Höhe der Nachfrage sind systemexternen Ursprungs. Beide Flexibilitätsbedarfe unterscheiden sich hinsichtlich der zeitlichen Dimension und des Informationsstandes. Bei den Schwankungen im Nachfrageverlauf handelt es sich, vergleichbar mit den Schwan-

[331] Siehe Kapitel 2.3.2.

kungen in der Transportzeit, um permanente Schwankungen bei gleichem Informationsstand. Im Gegensatz dazu tritt die Veränderung der absoluten Höhe der Nachfrage zu einem bestimmten Zeitpunkt auf. Im vorliegenden Modell wird davon ausgegangen, dass die Nachfrage ab diesem Zeitpunkt permanent in der Höhe verändert ist. Dadurch ist es möglich, die Auswirkungen einer Nachfrageveränderung anhand der vier Flexibilitätsdimensionen aus Kapitel 2.4.2.2 isoliert zu beschreiben. Würden mehrere Nachfrageveränderungen im Zeitablauf abgebildet, wären zudem Interaktionseffekte zwischen den verschiedenen Nachfragehöhen zu berücksichtigen, was die Komplexität der Auswertung unnötig erhöhen würde. In dieser Arbeit wird das Auftreten der Nachfrageveränderungen anhand der Risikosituation analysiert.

3.3.6.2 Analyse der Flexibilitätspotenziale

Flexibilitätspotenziale dienen zur Deckung des durch Nachfrageveränderungen, durch Nachfrageschwankungen und Schwankungen in der Transportzeit hervorgerufenen Flexibilitätsbedarfs. Aus systemtheoretisch-kybernetischer Sicht konnten die Mechanismen zum Aufbau von Flexibilitätspotenzialen in Störungsabwehr und Störungsbewältigung unterteilt werden.

Unter der Störungsabwehr wurden zwei Mechanismen subsumiert, die Abschirmung und die selektive Inputaufnahme. Im vorliegenden logistischen Prozess dienen die Sicherheitsbestände der Abschirmung von Flexibilitätsbedarfen. Die Sicherheitsbestände bilden einen Puffer, der dazu dient, die systemexterne Kundennachfrage zu befriedigen. Im Systemmodell befinden sich diese demzufolge an der Systemgrenze. Die selektive Inputaufnahme ist nicht explizit im Simulationsmodell abgebildet, da dazu Entscheidungsregeln für die Behandlung von Veränderungen im Modell hinterlegt werden müssten. Prinzipiell wäre dieses Vorgehen denkbar, allerdings sind Entscheidungsregeln in Abhängigkeit von der konkreten Entscheidungssituation festzulegen. Die Ableitung generalisierbarer Aussagen wäre daher nur begrenzt gegeben.

Die Mechanismen zur Störungsbewältigung wurden in Steuerung, Regelung sowie Prozess- beziehungsweise Strukturanpassungen unterschieden. Der Steuerung ist der Ansatz mit sofortiger Informationsverfügbarkeit[332] zuzuordnen, da die Lagerdisposition ohne eine Rückkopplung vorgenommen wird. Der Mechanismus der Regelung wird hingegen durch die Bestellpunkt- und Bestellrhythmus-Modelle abgebildet, da bei diesen Modellen die Disposition auf Basis der noch vorhandenen Lagerbestände erfolgt. Im vorliegenden logistischen Prozess werden zwei Prozessanpassungen analysiert. Zum einen wird die Prozessanpassung durch den Wechsel von einem langsamen auf einen schnellen Transport abgebildet und zum anderen durch eine einmalige Zusatzlieferung realisiert. Die Prozessanpassungen werden jeweils zum Zeitpunkt der Nachfrageveränderung vorgenommen.

In Abbildung 22 sind zum einen auf systemtheoretisch-kybernetischer Ebene erarbeitete Mechanismen und zum anderen die im Simulationsmodell implementierten Mechanismen gegenübergestellt.

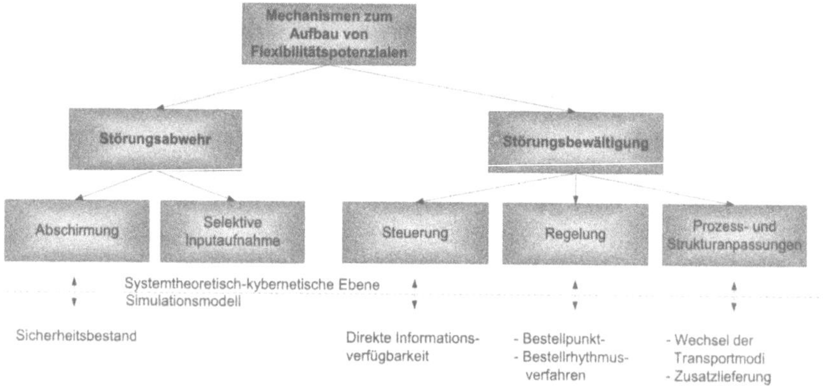

Abbildung 22: Systemtheoretische Mechanismen zum Aufbau von Flexibilitätspotenzialen im Simulationsmodell

3.4 Datenerhebung

In Kapitel 3.3 wurde der für das Simulationsmodell relevante Problemausschnitt dargestellt. Auf der Grundlage der in der Problemformulierung

---

[332] Zu diesem Ansatz siehe Kapitel 3.3.2.1.3.

beschriebenen Zusammenhänge werden im Folgenden die für das Simulationsmodell relevanten Daten festgelegt. Grundlage für die Datenerhebung sind in der Literatur getroffene Annahmen, auf die im Folgenden detailliert eingegangen wird. Durch dieses Vorgehen ist es möglich, einen möglichst realitätsnahen logistischen Prozess zu modellieren.

3.4.1 Lager

Die Höhe der Lagerhaltungskosten bezogen auf den Wert der zu lagerenden Güter ist abhängig vom konkreten Untersuchungsgegenstand und kann zwischen 9 und 50 Prozent schwanken.[333] Ein Lagerkostensatz von 50 Prozent wird zum Beispiel von Ganeshan in der Lebensmittelindustrie als realistisch angesehen.[334] In der Literatur kommt häufig ein Lagerkostensatz von 25 Prozent auf den zu lagernden Produktwert zur Anwendung, von dem auch im weiteren Verlauf der Arbeit ausgegangen wird.[335]

3.4.2 Transport

Für die Abbildung des Transportes sind im Simulationsmodell der

- Transportpreis und die
- Transportzeit mit der entsprechenden Variabilität

festzulegen. In Tabelle 9 werden die Ausprägungen des Transportpreises und der Transportzeit sowie deren Variabilität dargestellt. Diese Daten beruhen auf realen Transportpreisen[336] und -zeiten der Strecke

---

[333] Siehe dazu beispielhaft Bowersox, D. J./Closs, D. J., 1996, S. 255. Der Autor gibt Bandbreiten für die Lagerhaltungskosten an. Ein Überblick ist auch bei Stock, J. R./Lambert, D. M., 2001, S. 195 zu finden.

[334] Siehe Ganeshan, R., 1997, S. 56 und Johnson, J. C./Wood, D. F., 1996, S. 319. Johnson/Wood erläutern an dem Beispiel von Fischprodukten, dass Obsoleszenzkosten von bis zu 50 Prozent täglich anfallen können.

[335] Siehe dazu Stock, J. R./Lambert, D. M., 2001, S. 194-195. Die Autoren stellen 7 Literaturquellen vor, in denen ein Lagerhaltungskostensatz von 25 Prozent zur Anwendung kommt. Beispielhaft sei zudem die Arbeit von Zinn, W./Bowersox, D. J., 1988 genannt.

[336] Transportpreis entspricht den cost of service. Siehe Kapitel 3.3.3.

Hamburg – New York für ein Gewicht von 200 Kilogramm.[337] Im vorliegenden Modell wird weiterhin davon ausgegangen, dass alle Güter, die in einer bestimmten Zeitperiode zu transportieren sind, mit einer Verpackungseinheit transportiert werden.[338]

Aus der Tabelle 9 ist ersichtlich, dass nicht von deterministischen Transportzeiten auszugehen ist. Das wurde auch in Kapitel 3.3.3 konstatiert. Zur Abbildung der Variabilität der Transportzeit wird im vorliegenden Modell eine Verteilungsannahme getroffen. Verteilungen dienen zur Beschreibung von Wahrscheinlichkeit für mehrere Zufallsvariablen.[339] Folgende Anforderungen an die Verteilung können definiert werden: Die zu modellierenden Transportzeiten schwanken um einen Mittelwert. Der Definitionsbereich der Verteilung sollte im positiven Wertebereich[340] liegen und beschränkt sein, um die in der Tabelle 9 gegebenen Daten abbilden zu können.[341]

---

[337] Diese vereinfachende Annahme kann getroffen werden, da in der Praxis mit der Volumengewicht-Formel die Transportkosten kalkuliert werden. Dabei wird von einer Abhängigkeit zwischen dem Volumen und dem Gewicht einer Fracht ausgegangen.

[338] Diese Annahme kann zum Beispiel für elektronische Bauteile getroffen werden, die in speziellen Transportbehältnissen befördert werden müssen.

[339] Siehe Hartung, J./Elpelt, B./Klösner, K.-H., 1999, S. 104.

[340] Der Anforderung des positiven Definitionsbereiches wird zum Beispiel die Normalverteilung nicht gerecht. Siehe dazu unter anderem Hartung, J./Elpelt, B./Klösner, K.-H., 1999, S. 143-147.

[341] Diese Forderung wird von der Poisson-, der Lognormal-, der Exponential-, der Gamma- und der Normalverteilung nicht erfüllt. Siehe dazu beispielhaft Kelton, D. W./Sadowski, R. P./Sadowski, D. A., 1998, S. 501-514 beziehungsweise Hartung, J./Elpelt, B./Klösner, K.-H., 1999, Kapitel IV.

Tabelle 9: Transportzeiten und Transportkosten differenziert nach Luft- und Seefracht

Transportart	Transportkosten*	Transportzeit**		
		Minimum	Modalwert	Maximum
Luftfracht	325	48	72	72
Seefracht	165	216	240	264

* Die Transportkosten sind hier für die Strecke von Hamburg nach New York für eine Verpackungseinheit (200kg) in Euro angegeben.
** Die Transportzeit wird in Stunden angegeben.

Auf der Basis dieser Anforderungen eignen sich die Beta- und die Triangular-Verteilung zur Beschreibung der Transportzeit.

Formal lässt sich die Beta-Verteilung wie folgt beschreiben:[342]

$$f(x) = \begin{cases} \dfrac{x^{\beta-1}(1-x)^{\alpha-1}}{B(\beta-\alpha)} & \forall 0 < x < 1 \\ 0 & \forall \text{anderen } x \end{cases}, \qquad (3\text{-}13)$$

für *B* gilt dabei:

$$B(\beta,\alpha) = \int_0^1 t^{\beta-1}(1-t)^{\alpha-1}dt. \qquad (3\text{-}14)$$

Die Faktoren α und β dienen zur Beschreibung der Verteilungsfunktion. Definiert ist die Beta-Verteilung im Intervall $[0,1]$, welches aber auf jeden beliebigen Bereich transformiert werden kann. Der Mittelwert lässt sich aus dem Quotienten von:

$\dfrac{\beta}{\alpha-\beta}$ berechnen, (3-15)

die Varianz mit folgender Formel:

---

342 In Anlehnung an Kelton, D. W./Sadowski, R. P./Sadowski, D. A., 1998, S. 501.

$$\frac{\beta\alpha}{(\beta+\alpha)^2(\beta+\alpha+1)}. \qquad (3\text{-}16)$$

Grafisch sind für mehrere Wertepaare von alpha und beta die Dichtefunktion der Beta-Verteilung in Abbildung 23 dargestellt.

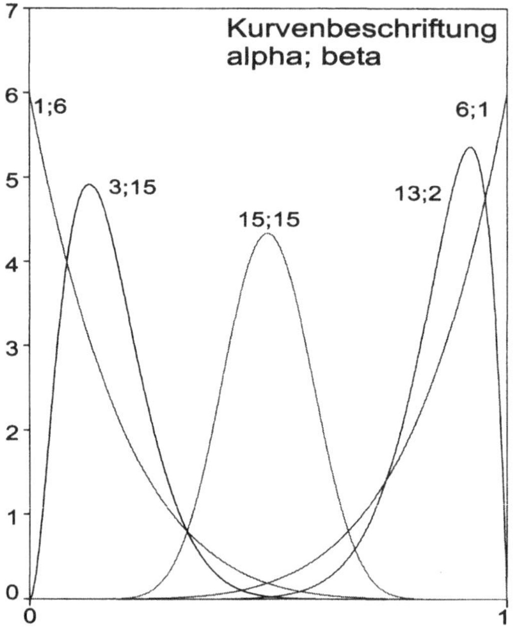

Abbildung 23: Funktionsverläufe der Betaverteilung im Intervall [0; 1]

Die Triangular- beziehungsweise Dreiecksverteilung wird, wie der Name schon sagt, mit einer dreieckigen Dichtefunktion beschrieben. Der formale Ausdruck der Triangular-Verteilung ist in Formel (3-17) gegeben.[343]

[343] In Anlehnung an Kelton, D. W./Sadowski, R. P./Sadowski, D. A., 1998, S. 512.

$$f(x)=\begin{cases}\frac{2(x-a)}{(m-a)(b-a)} & \forall a\leq x\leq m\\ \frac{2(b-x)}{(b-m)(b-a)} & \forall m\leq x\leq b\\ 0 & sonst\end{cases} \qquad (3\text{-}17)$$

Die Variable *a* determiniert das Minimum, *b* das Maximum und *m* den Modalwert. Der Mittelwert der Verteilung ist der Quotient aus der Summe von *a*, *b* und *m*, dividiert durch den Faktor drei. Die Varianz der Verteilung lässt sich folgendermaßen berechen:

$$(a^2+m^2+b^2-ma-ab-mb)/18\,. \qquad (3\text{-}18)$$

Sowohl die Beta- als auch die Triangular-Verteilung werden genutzt, wenn unzureichendes Wissen über den zu modellierenden Zusammenhang vorhanden ist. Der Vorteil der Beta-Verteilung liegt darin, dass vielfältige Dichtefunktionen, wie in Abbildung 23 gezeigt wird, modellierbar sind. Dieser Vorteil impliziert einen inhärenten Nachteil, der darin besteht, dass zusätzliche Annahmen über den Verlauf der Funktion getroffen werden müssen.[344] Die Triangular-Verteilung eignet sich daher besser zur Abbildung der Schwankungen in der Transportzeit, da der Funktionsverlauf der Dichtefunktion intuitiv durch drei Variablen – wie diese in Tabelle 9 gegeben sind – beschrieben werden kann.[345]

3.4.3 Nachfrage

Die Modellierung des Nachfrageverlaufs erfolgt ebenso wie die Modellierung der Transportzeit mit Hilfe einer Verteilungsannahme. In Kapitel 3.3.5 wurde die Abbildung der Nachfrage mit einem regelmäßigen und konstanten Bedarfsverlauf dargelegt.

---

[344] Siehe dazu Kelton, D. W./Sadowski, R. P./Sadowski, D. A., 1998, S. 501 und 512.

[345] Im Rahmen einer Prozessanalyse eines Communication Centers wurde von Zapf ebenfalls eine Triangular-Verteilung eingesetzt. Siehe Zapf, M., 2001a, S. 999.

Folgende Anforderungen können daher auf Grund der skizzierten Modellierungsaufgabe an die zu wählende Verteilung definiert werden. Die Verteilung besitzt einen positiven begrenzbaren Definitionsbereich, da keine negative Nachfrage existiert und um zu vermeiden, dass Werte aus dem unendlich positiven Randbereich (wenn auch nur mit einer geringen Wahrscheinlichkeit) das Simulationsergebnis verzerren. Zudem ist davon auszugehen, dass die Nachfrage um einen bestimmten Mittelwert schwankt. Da die Nachfrage aggregiert abgebildet wird, kann auf die Forderung einer diskreten Verteilung verzichtet werden. Die Anforderungen sind vergleichbar mit der Modellierung der Transportzeit, so dass auch hier die Triangular-Verteilung zum Einsatz kommt.

Im Rahmen der Klassifizierung des Nachfrageverlaufs in Kapitel 3.3.5 wurde der Störpegel zur Unterscheidung in regelmäßige und unregelmäßige Verläufe verwendet. In der vorliegenden Arbeit wird an Stelle des Störpegels der Variationskoeffizient auf Grund der leichteren analytischen Berechnung verwendet.[346] Bei diesem werden nicht die mittleren absoluten Abweichungen zu Grunde gelegt, sondern die Standardabweichung dividiert durch den Mittelwert.[347]

Als Konvention wird für den Nachfrageverlauf ein Variationskoeffizient von 0,2 gewählt. Das zu analysierende Nachfragszenario ist in Tabelle 10 spezifiziert.

---

[346] Der Variationskoeffizient lässt sich leicht auf der Basis der Varianzberechnung der Formel (3-18) berechnen. Die Quadratwurzel aus der Varianz ist die Standardabweichung, diese geteilt durch den Mittelwert der Verteilung ergibt den Variationskoeffizienten. Um die approximative Äquivalenz beider Größen zu zeigen, wurden mehrere Zufallsexperimente durchgeführt. Beispielhaft stellen sich die Ergebnisse eines Experimentes wie folgt dar: Mit einer Triangulären Funktion mit dem Minimum 5, dem Modalwert 20 und dem Maximum 35 wurden 1000 Zufallsexperimente mit Zurücklegen durchgeführt. Dabei wurde ein Störpegel von 0,26735 und ein Variationskoeffizient von 0,32571 ermittelt.

[347] Siehe dazu Hartung, J./Elpelt, B./Klösner, K.-H., 1999, S. 47.

Tabelle 10: Nachfrageverteilung

Minimum	Modalwert	Maximum	Mittelwert	Standard-abweichung	Variations-koeffizient
15	30	45	30	6,12	0,20

Der Flexibilitätsbedarf wird durch Veränderungen in der Nachfrage modelliert. Dazu werden fünf Szenarien angenommen, deren Schwankungen oberhalb des bereits in den Bedarfsverläufen inhärenten Störpegels liegen:

- eine Verringerung der Nachfrage um 50 beziehungsweise 25 Prozent,
- keine Veränderung der Nachfrage und
- eine Erhöhung der Nachfrage um 50 beziehungsweise 25 Prozent.

3.5 Implementierung

Die Problemformulierung als auch die Datenerhebung bilden die Grundlage für den nächsten Modellbildungsschritt – die Implementierung der zu analysierenden Modelle. Eine Reihe von Simulationswerkzeugen stehen zur Übertragung der bislang noch verbalen Modellbeschreibung in ein Simulationsmodell zur Verfügung.[348]

In der vorliegenden Arbeit wurde das Simulationswerkzeug von Rockwell Software Inc. Arena® Version 7.0 verwendet, da es sich durch eine hohe Performance auszeichnet und das Programm über eine Visual Basic- sowie eine Datenbank-Schnittstelle verfügt.[349] Die Visual Basic-Schnittstelle gestattet eine Integration des Simulationswerkzeuges mit einer Simulationssteuerung, mit deren Hilfe eine automatisierte Auswertung vielfältiger Simulationsszenarien möglich ist. Die Datenbankschnittstelle ermöglicht eine effiziente Erfassung der gewonnenen Simulations-

---

348 Eine Übersicht über Simulationssoftware ist bei Banks, J., 1998 beziehungsweise umfassender über Google, 2003 zu finden.

349 Siehe dazu Zapf, M., 2001b, S. 127. Ein Überblick über Simulationssoftware ist bei Banks, J., 1998 zu finden. Arena® wird insbesondere auf den S. 825 f. vorgestellt.

ergebnisse in einer Datenbank. In Kapitel 3.8 wird die verwendete Simulationssteuerung detailliert vorgestellt.

3.6 Verifizierung und Validierung

Die Verifizierung und Validierung des Simulationsmodells ist notwendig, um sicherzustellen, dass das Simulationsmodell den Untersuchungsgegenstand korrekt abbildet. Dieser Modellbildungsschritt ermöglicht, Fehler, Irrtümer und Verzerrungen, die während der Transformation vom Untersuchungsgegenstand in das Simulationsmodell aufgetreten sein können, zu eliminieren.[350] Im Folgenden werden Methoden und Techniken zur Verifizierung und Validierung dargestellt, die im Rahmen der Modellbildung zur Anwendung gekommen sind.

3.6.1 Verifizierung

Durch die Verifizierung des Simulationsmodells wird geprüft, ob das in der Problemformulierung spezifizierte logische Modell korrekt im Programmcode wiedergegeben wird. Balci umschreibt dies mit „... building the model *right.*“[351]

Im Rahmen der Verifizierung von Simulationsprogrammen werden in der Literatur einige Techniken vorgestellt, die sich zur Fehlersuche und Fehlerbeseitigung eignen.[352]

- Der „Trace“ der Simulation ist eine der mächtigsten Techniken der Verifizierung, allerdings ist diese auch mit einem hohen Aufwand und einer großen Datenmenge verbunden. Grundgedanke des „Trace“ ist es, den Zustand des Simulationsmodells nach jeder Zu-

---

[350] Siehe dazu Liebl, F., 1995, S. 200.

[351] Balci, O., 1998, S. 336.

[352] Siehe dazu Law, A./Kelton, D. W., 2000, S. 269-273, Liebl, F., 1995, S. 201 f. sowie Balci, O., 1998.

standsänderung[353] zu dokumentieren. Zur Unterstützung des „Trace“ bietet Arena® die Möglichkeit, jeden einzelnen Simulationsschritt manuell auszuführen. Des Weiteren ist es möglich, die Simulation zu jeder beliebigen Simulationszeit anzuhalten. Letztere Möglichkeit wird als „interactive debugger“ bezeichnet und wurde im Rahmen des vorliegenden Modells zur Verifizierung verwendet.

- Um die im „Trace“ ermittelten Werte nachvollziehen zu können, wurden die Größen, die stochastischen Einflüssen unterliegen, konstant gesetzt. Die im „Trace“ ermittelten Werte konnten somit „per Hand“ nachgerechnet und damit überprüft werden.
- Ähnlich dem „Trace“ dient die Animation des Simulationsmodells zur Überwachung des Systemzustandes während der Simulation. Durch die Animation können Abnormitäten während der Simulation erkannt werden. Im Rahmen der vorliegenden Studie wurden zusätzlich Diagramme und Histogramme eingeführt, um das Verhalten von bestimmten Systemparametern besser beobachten zu können.
- Im Rahmen der Modellerstellung wurden zudem vereinfachende Konfigurationsannahmen getroffen, um eingesetzte Subroutinen getrennt zu untersuchen. Diese Maßnahme der Verifizierung wurde während der Modellimplementierung angewandt.
- Das Simulationswerkzeug Arena® bietet außerdem die Möglichkeit, das Modell auf Modellierungsfehler zu überprüfen. Dabei wird das erstellte Simulationsmodell hinsichtlich der syntaktischen Korrektheit untersucht. Diese Routine des Programms war im Rahmen der Modellerstellung und Verifizierung hilfreich, um fehlende oder falsch deklarierte Faktoren beziehungsweise Expressions[354] und Verbindungen zwischen den Simulationsmodulen zu erkennen.

Durch die erfolgreiche Verifizierung der Simulationsmodelle kann sichergestellt werden, dass deren Syntax und Routinen korrekt im Modell implementiert wurden. Die Überprüfung der konzeptionellen Adäquanz wird

[353] Die Zustandsänderung wird bei der diskreten Ereignissimulation, die hier untersucht wird, durch ein Ereignis (englisch: event) ausgelöst.

[354] Expressions sind Konstrukte, die in Arena® definiert werden können, um einen Wert zu errechnen oder eine Bedingung zu prüfen.

im Rahmen der Validierung durchgeführt, die nachfolgend näher erläutert wird.

3.6.2 Validierung

Mit der Validierung des Simulationsmodells trifft man Aussagen über die Nützlichkeit des Modells hinsichtlich des Untersuchungsziels.[355] Balci umschreibt diesen Modellbildungsschritt mit „... building the *right* model“[356]. Nach Liebl sind drei Arten der Validierung denkbar, die in Abbildung 24 dargestellt sind.[357]

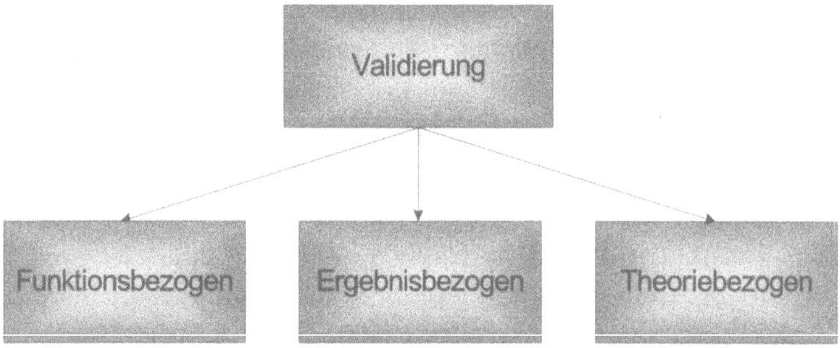

Abbildung 24: Arten der Modellvalidierung

Der Ansatz der funktionsbezogenen Validierung besteht darin, die Reaktionsweise des Modells zu testen und damit die Plausibilität zu überprüfen.[358] Dazu wird die Transformation von Input- zu Output-Daten bewertet.[359] Im vorliegenden Simulationsmodell wurden die Dispositionsalgorithmen des logistischen Systems einer funktionsbezogenen Validierung unterzogen. Bei Tests konnte gezeigt werden, dass die Modelle kein unplausibles Verhalten aufweisen und somit valide sind.

---

355 Siehe dazu Liebl, F., 1995, S. 203. Zur Diskussion über die Validität von Simulationsmodellen siehe Kleindorfer, G. B./O'Neill, L./Ganeshan, R., 1998.

356 Balci, O., 1998, S. 336.

357 Siehe dazu Liebl, F., 1995, S. 206.

358 Siehe dazu Hanssmann, F., 1987, S. 92 f. und Liebl, F., 1995, S. 206.

359 Siehe dazu Balci, O., 1998, S. 367 f.

Die ergebnisbezogene Validierung kann in der vorliegenden Arbeit nicht eingesetzt werden, da dieser Ansatz auf einem Ergebnisvergleich zwischen den Ergebnissen des Simulationsmodells und den Kennziffern des Realsystems beruht.

Der Theorieansatz basiert auf dem Vergleich zwischen theoretisch zu erwartenden Daten und den Simulationsergebnissen. Dieser Ansatz liefert allerdings nur eine grobe Abschätzung, da die Vergleichsdaten analytisch gewonnen werden müssen.[360] Von der Anwendung der theoriebezogenen Validierung des Simulationsmodells wurde daher abgesehen.

Nachdem gewährleistet ist, dass das vorliegende Simulationsmodell geeignet ist, den Untersuchungsgegenstand abzubilden, wird im nächsten Modellbildungsschritt die Versuchsplanung genauer beschrieben.

3.7 Versuchsplanung

Der Vorgehensschritt der Versuchsplanung unterteilt sich in strategische und taktische Fragestellungen. Aus strategischer Sicht ist festzulegen, welche Faktorkombinationen in den Simulationsläufen berücksichtigt werden.[361] Im Rahmen der taktischen Versuchsplanung wird der Zeitablauf der Simulationen und die gewünschte Ergebnisgenauigkeit festgelegt.[362]

3.7.1 Strategische Versuchsplanung

Die strategische Planung des Simulationsexperimentes wird entscheidend von dem in der Problemformulierung beschriebenen logistischen Prozess und den Untersuchungszielen determiniert. Die Untersuchungsziele unterteilen sich in die Analyse der systemtheoretisch-kybernetischen Mechanismen zur Bereitstellung der Flexibilitätspotenziale und in die Anwendung der Flexibilitätsmessung.

---

[360] Siehe dazu Liebl, F., 1995, S. 206, 209 sowie 213.

[361] Siehe dazu Küll, R./Stähly, P., 1999, S. 6.

[362] Siehe dazu Küll, R./Stähly, P., 1999, S. 6.

Zur Untersuchung der systemtheoretisch-kybernetischen Mechanismen werden eigenständige Untersuchungsdesigns aufgestellt. Grundlage der Designs bilden die theoretischen Vorüberlegungen aus den Kapiteln 3.3 und 3.4. Die einzelnen Designs werden detailliert im Rahmen der Ergebnisanalyse in Kapitel 4.1 vorgestellt. Dadurch ist es möglich, den Zusammenhang zwischen Untersuchungsdesign, Ergebnissen und der Ergebnisinterpretation besser zu verdeutlichen.

3.7.2 Taktische Versuchsplanung

Die taktische Versuchsplanung ist determiniert von der Art des Simulationssystems dieses kann wie folgt charakterisiert werden: Bei dem hier analysierten logistischen Prozess handelt es sich prinzipiell um ein System mit unbegrenztem Zeithorizont, das heißt, es gibt keinen natürlichen Anfang beziehungsweise kein natürliches Ende. Liebl weist darauf hin, dass diese Unterteilung nicht absolut zu sehen ist.[363] Bezogen auf das vorliegende Beispiel bedeutet dies, dass die betrachtete zweistufige logistische Beziehung von endlicher Dauer ist. Im Rahmen des Simulationsexperimentes kann jedoch davon ausgegangen werden, dass es sich um ein System mit unbegrenztem Zeithorizont handelt. Prinzipiell kann es daher ein stationäres oder nichtstationäres Simulationsexperiment sein. Da es nicht Ziel der Untersuchung ist, den Gleichgewichtszustand[364] des logistischen Prozesses zu untersuchen, sondern vielmehr eine Analyse der Reaktion auf Nachfrageveränderungen vorgenommen wird, handelt es sich um ein nichtstationäres Simulationsexperiment mit künstlich begrenztem, zeitlichem Horizont.[365]

Auf der Basis der vorgenommenen Kategorisierung des Untersuchungsgegenstandes ergeben sich Anforderungen an den zeitlichen Ablauf des Simulationsexperimentes. Zum einen muss festgelegt werden, zu welchem Zeitpunkt die Simulation terminiert wird und zum anderen, welcher Zeithorizont für die Initialisierungsphase gewählt werden soll. Ziel der Ini-

---

[363] Siehe dazu Liebl, F., 1995, S. 146 f.

[364] Der Gleichgewichtszustand wird auch „steady state“ genannt.

[365] Zur näheren Betrachtung der Stationarität und des zeitlichen Horizontes siehe Liebl, F., 1995, S. 145-149.

tialisierungsphase ist es, den Einfluss der Anfangskonstellation zu eliminieren, man spricht auch von einer Anlauf-Periode beziehungsweise Einschwingperiode.[366]

Anhand von Testsimulationen konnte festgestellt werden, dass sich die Simulation nach maximal 1200 Simulationsstunden eingeschwungen hat und der Einfluss der Startkonfiguration eliminiert ist. Dieses Modellverhalten kann auch aus gedanklichen Überlegungen begründet werden. Die Transportzeit beträgt maximal 264 Stunden und die Zeit zwischen zwei Bestellungen im Bestellrhythmus-Modell maximal 168 Stunden. In der Anlauf-Periode können somit maximal sieben Bestellungen und maximal vier Transporte durchgeführt werden. Der Einfluss der Anfangskonfiguration kann damit als eliminiert betrachtet werden.

Im Zeitraum T2, der den Bereich von 1200 bis 2400 Stunden umfasst, wird die Performance[367] des logistischen Prozesses vor der Nachfrageveränderung beobachtet, um eine Referenz hinsichtlich der Leistungsfähigkeit des untersuchten Prozesses vor der Nachfrageveränderung zu besitzen. Insofern kann T2 als Referenzperiode bezeichnet werden. Zum Zeitpunkt 2400 wird die permanente Veränderung in der Höhe der Nachfrage modelliert. Im Zeitraum T3, der ebenfalls 1200 Zeiteinheiten umfasst und sich bis zum Zeitpunkt 3600 erstreckt, wird die Performance beziehungsweise die „Mobility“ des logistischen Prozesses hinsichtlich des Anpassungsvorganges an den Flexibilitätsbedarf erfasst. Im Anschluss an die Anpassungsperiode T3 wird nochmals im Zeitraum T4 – der Kontrollperiode – die Performance und somit die „Uniformity“ des logistischen Prozesses beurteilt.[368] Die Simulation terminiert bei 4800 Zeiteinheiten. Insgesamt wird damit in einem Simulationslauf das Verhalten des logistischen Prozesses an 200 Tagen simuliert. In der Abbildung 25 ist der zeitliche Ablauf zusammenfassend dargestellt.

---

366 Siehe dazu Küll, R./Stähly, P., 1999, S. 14.

367 Unter Performance wird die Leistungsfähigkeit des untersuchten Prozesses hinsichtlich der auftretenden Stockouts und der Stückkosten verstanden.

368 Die Zuordnung der „Mobility“- beziehungsweise der „Uniformity“-Messung zu den einzelnen Perioden ergibt sich aus den in Kapitel 2.4.2.2 dargestellten Grundlagen.

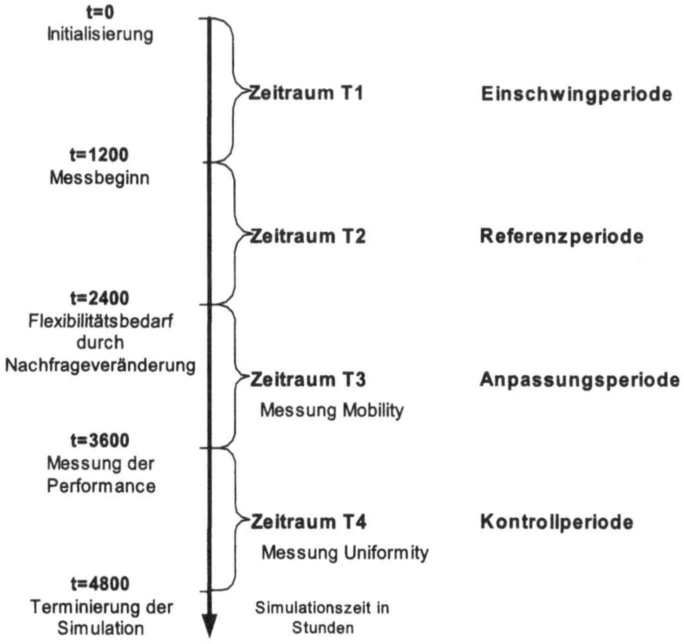

Abbildung 25: Zeitlicher Ablauf der Simulation

Eine zweite Fragestellung im Rahmen der taktischen Versuchsplanung ist die Festlegung der gewünschten Ergebnisgenauigkeit, die für die nachfolgende Analyse der Simulationsexperimente erreicht werden soll. Detailliert wird auf die Analyse in Kapitel 4 eingegangen, allerdings soll die Voraussetzung, die für eine statistisch valide Auswertung notwendig ist, von mindestens 20 unabhängigen Untersuchungen pro Simulationsszenario hier vorweg genannt werden.[369] Im nicht-stationären Simulationsmodell ist eine Unterteilung eines Simulationslaufes nicht möglich, um die Zahl der gewonnenen Ergebnisse zu erhöhen. Diese Beschränkung ist in der Variation der Inputgrößen, genauer des Nachfrageverlaufes, begründet. Durch die Variation der Inputgrößen wird kein Gleichgewichtszustand während eines Simulationslaufes erreicht. Folglich kann

---

369 Siehe dazu Hair, J. F./Anderson, R. E./Tatham, R. L./Black, W. C., 1998, S. 342.

ein Untersuchungslauf nicht in unabhängige Beobachtungen unterteilt werden. Die Ergebnisgenauigkeit kann daher nur durch unabhängige Wiederholungen der Simulationsläufe, Untersuchungen, gesteigert werden. Liebl konstatiert, dass 30 unabhängige Untersuchungen ausreichend sind, um eine zufrieden stellende Ergebnisgenauigkeit zu garantieren.[370] Schmeiser hält hingegen in bestimmten Situationen 10 Wiederholungen der Simulationsläufe für ausreichend, wobei der Autor 30 als sinnvolle Obergrenze ansieht.[371] Nelson sieht die Ergebnisse von Schmeiser kritisch, er plädiert für mindestens 30 bis maximal 60 Simulationen.[372] In der vorliegenden Untersuchung werden daher 30 unabhängige Simulationsläufe – auch Replikationen genannt – je Simulationsmodell durchgeführt.

Aufbauend auf den im Rahmen der Versuchsplanung festgelegten Rahmenbedingungen für die Simulationsexperimente, wird der nächste Vorgehensschritt im Simulationsexperiment, die Durchführung der Experimente auf einer konzeptionellen Ebene erläutert.

3.8 Durchführung der Experimente

Abgeleitet aus der Problemformulierung und der Versuchsplanung ergibt sich eine Vielzahl durchzuführender Simulationsläufe für jedes Untersuchungsdesign. Eine manuelle Simulation jedes einzelnen Simulationsszenarios scheidet aus, da diese zu zeitaufwändig und durch potenzielle Fehleingaben zu fehlerträchtig ist. Der Process Analyzer® von Rockwell Software® ermöglicht eine Teilautomatisierung der Simulationsexperimente, allerdings verfügt der Process Analyzer® nicht über eine Datenbankschnittstelle, so dass die zu simulierenden Szenarien manuell eingegeben werden müssen. Deshalb wurde ein Werkzeug zur Simulationssteuerung entwickelt, welches eine automatisierte Simulation auf der Basis der Arena® Software gestattet.

---

370 Siehe dazu Liebl, F., 1995, S. 175 und die dort analysierte Literatur.

371 Siehe Schmeiser, B., 1982, insbesondere S. 566.

372 Siehe Nelson, B. L., 1989, insbesondere S. 193.

Die mit dem Einsatz eines solchen Werkzeuges verbundenen Vorteile sind vielfältig:[373]

- Die durchzuführenden Simulationsläufe können übersichtlich verwaltet, geplant und automatisiert werden.
- Fehler durch manuelle Dateneingaben und Übertragungen können minimiert werden.
- Die Ergebnisse können übersichtlich und redundanzfrei in einer Datenbank verwaltet werden.

Das Werkzeug zur Simulationssteuerung wurde in Visual Basic for Applications® (VBA) implementiert und baut auf einer Microsoft-Access-Datenbank® auf. Die Simulationssteuerung ermöglicht es, nach der Auswahl des Simulationsmodells[374] dieses in einem übersichtlichen Formular zu parametrisieren. Die Parametereinstellungen werden in einem Simulationsrepository zwischengespeichert. Die Kombination der Parameterausprägungen – zum Beispiel von fünf Nachfrageveränderungen mit sechs betrachteten Sicherheitsbeständen – wird durch einen Rekombinationsalgorithmus vorgenommen. Die einzelnen Simulationsszenarien werden an Arena® mittels der VBA-Schnittstelle übergeben. Dazu werden zunächst die im Simulationsmodell spezifizierten Variablen ausgelesen, um diese anschließend mit den gewünschten Werten zu parametrisieren.[375] Nach erfolgreichem Abschluss einer Replikation werden die Ergebnisse des Simulationslaufes durch Arena® in eine temporäre Datenbank geschrieben.[376] Nach dem Abschluss der 30 Replikationen werden die Simulationsergebnisse aller 30 Replikationen in eine Auswertungsdatenbank kopiert. Nach diesem Vorgang wird das Simulationsmo-

---

[373] Siehe Zapf, M., 2001b, S. 128.

[374] Für jede Lagerdispositionsregel (siehe 3.3.2.1) wurde ein eigenständiges Simulationsmodell entwickelt, welches jeweils getrennt simuliert wurde.

[375] Das Auslesen der Variablen ist notwendig, da die Variablen nicht direkt über deren Bezeichnung im Simulationsmodell parametrisiert werden können.

[376] Die Datenbankanbindung von Arena® führt bei der Durchführung der Experimente zu Fehlern in der Datenausgabe, die sich darin zeigten, dass in die Datenbank nur „Nullen“ geschrieben wurden. Dieser Fehler konnte umgangen werden, indem die Datenbankanbindung mit einem manuell gestarteten Simulationslauf initialisiert wurde.

dell neu parametrisiert und ein neuer Simulationslauf gestartet, bis alle generierten Simulationsszenarien simuliert wurden. In Abbildung 26 ist der Ablauf der Simulationssteuerung graphisch dargestellt.

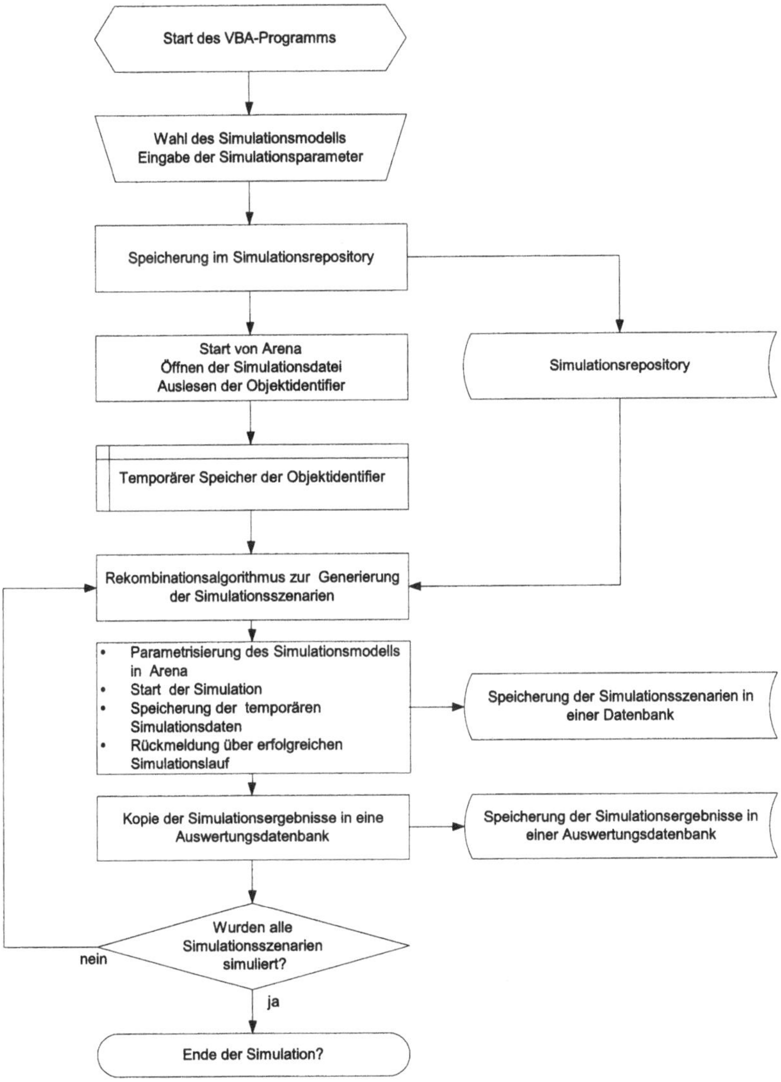

Abbildung 26: Ablauf der Simulationssteuerung

3.9 Ergebnisanalyse

Gegenstand der Ergebnisanalyse ist es, anhand der gewonnenen Simulationsdatensätze die Relevanz der interorganisatorischen Flexibilitätsbetrachtung aufzuzeigen. Die Ergebnisanalyse teilt sich dazu in zwei Bereiche:

- Zum einen sind die systemtheoretisch-kybernetisch erarbeiteten Mechanismen sowie deren Eigenschaften zur Bereitstellung der Flexibilitätspotenziale anhand der Simulationsergebnisse zu analysieren.
- Zum anderen besteht die Zielsetzung der Ergebnisanalyse darin, das erarbeitete Vorgehen zur Flexibilitätsmessung auf die Simulationsdaten anzuwenden und Aussagen über die Flexibilität der einzelnen Simulationsszenarien abzuleiten.

Im weiteren Verlauf der Arbeit werden diese Bereiche getrennt betrachtet. Auf Grund der Bedeutung der Ergebnisanalyse wird dieser ein eigenständiges Kapitel gewidmet. Zunächst wird in Kapitel 4.1 auf die Analyse der systemtheoretisch-kybernetischen Mechanismen unter Flexibilitätsgesichtspunkten in getrennten Untersuchungsdesigns eingegangen. Darauf aufbauend wird in Kapitel 4.2 das Vorgehen zur Messung der Flexibilität aufgezeigt.

4 Durchführung der Ergebnisanalyse

4.1 Analyse der systemtheoretisch-kybernetischen Mechanismen

Grundlage für die Analyse der systemtheoretisch-kybernetischen Mechanismen bilden die in Abschnitt 2.4.2.1 auf Basis der Systemtheorie erarbeiteten Eigenschaften der Mechanismen der Störungsabwehr und der Störungsbewältigung sowie die in Kapitel 3.3.6 vorgestellten logistischen Gestaltungsparameter, die die systemtheoretisch erarbeiteten Mechanismen in dieser Simulationsstudie repräsentieren.

Bevor die einzelnen Mechanismen näher analysiert werden, wird zunächst eine geeignete multivariate Analysemethode zur Datenanalyse ausgewählt. Deren Einsatz ist zur Ableitung von fundierten Aussagen notwendig, da es sich bei Simulationsexperimenten im engen Sinn um statistische Zufallsexperimente handelt.[377]

Die Analyse der einzelnen Mechanismen untergliedert sich in vier Bereiche. Zunächst wird das Untersuchungsdesign vorgestellt. Ziel dieses Abschnittes ist es, alle Einflussgrößen des Simulationsmodells abzubilden.[378] Im zweiten Teil werden die gewonnenen Simulationsdaten mit einem Allgemeinen Linearen Modell analysiert, um zu prüfen, ob es signifikante Mittelwertunterschiede in Abhängigkeit von den Eingangsvariablen gibt. Es wird also geprüft, ob die systemtheoretisch-kybernetischen Mechanismen Einfluss auf die Flexibilitätsmessgrößen besitzen. Bei dem Vorliegen von signifikanten Unterschieden werden im dritten Teil die gewonnenen Simulationsergebnisse hinsichtlich der Messgröße Stockouts und im vierten Teil der Analyse in Bezug auf die Messgröße der Stückkosten interpretiert und bewertet. Zur Bewertung der Auswirkungen der

---

[377] Siehe Domschke, W./Drexl, A., 1995, S. 207 und Law, A./Kelton, D. W., 2000, S. 496.

[378] Auf die Beschreibung der Durchführung der Simulationsexperimente wird verzichtet, da diese schon in Kapitel 3.8 erfolgte und dieser Schritt für alle Simulationsexperimente redundant ist.

Nachfrageveränderungen werden die in Kapitel 2.4.2.2 erarbeiteten Dimensionen zur Beschreibung von Flexibilitätspotenzialen herangezogen. Die Dimensionen „Range", „Mobility" und „Uniformity" werden hier im Hinblick auf die Stockouts und die Stückkosten näher untersucht. Die Dimension „Cost of Providing" wurde in den vorliegenden Simulationsstudien auf Grund konstanter Setupkosten der Untersuchungsdesigns aus der Betrachtung ausgeschlossen.

4.1.1 Design der multivariaten Analyse der Simulationsergebnisse

4.1.1.1 Auswahl einer multivariaten Analysemethode

In der Literatur wird eine Vielzahl multivariater Analysemethoden vorgestellt.[379] Deren Eignung ist abhängig von den zu untersuchenden Daten beziehungsweise deren Skalenniveaus.[380] Die vorliegenden Simulationsmodelle können wie folgt charakterisiert werden: Mehrere unabhängige Variablen – die logistischen Gestaltungsparameter und die Nachfrageveränderungen – haben einen Einfluss auf mehrere abhängige Variablen, die zur Beschreibung der Flexibilitätspotenziale dienen. Die abhängigen Variablen und einige unabhängige Variablen weisen ein metrisches Skalenniveau auf. Einige der unabhängigen beziehungsweise erklärenden Variablen besitzen ein nicht-metrisches Skalenniveau. Beispiele hierfür sind die unterschiedlichen Modelltypen – Bestellpunkt- und Bestellrhythmus-Modell.

---

[379] Siehe Fahrmeir, L./Hamerle, A./Tutz, G., 1996, Hair, J. F./Anderson, R. E./Tatham, R. L./Black, W. C., 1998, Backhaus, K./Erichson, B./Plinke, W./Weiber, R., 2000.

[380] Zur Erläuterung der Skalenniveaus siehe Backhaus, K./Erichson, B./Plinke, W./Weiber, R., 2000, S. XVIII-XX.

Für diese Untersuchungsstruktur eignen sich prinzipiell zwei Verfahren:

- die Varianzanalyse und
- die Regressionsanalyse.[381]

Beide Verfahren setzen ein metrisches Skalenniveau der abhängigen Variablen voraus. Die Anwendung der Regressionsanalyse erfordert zudem bei den unabhängigen Variablen ein metrisches Datenniveau, die Varianzanalyse setzt hingegen nur nominal skalierte Daten voraus. Die Verbindung beider Verfahren in einem Allgemeinen Linearen Modell (ALM)[382] ermöglicht die gemeinsame Analyse von metrisch und nominal skalierten unabhängigen Variablen. Die Varianz- als auch die Regressionsanalyse sind somit als Sonderfälle des Allgemeinen Linearen Modells anzusehen.[383]

Formal lässt sich ein Allgemeines Lineares Modell wie folgt beschreiben:

$$\mathbf{Y} = \mathbf{X}\boldsymbol{\beta} + \boldsymbol{\varepsilon}, \qquad (4\text{-}1)$$

wobei $\mathbf{Y}$ die Outputmatrix der einzelnen Simulationsszenarien ist, $\mathbf{X}$ die Matrix der unabhängigen Variablen, welche die einzelnen Simulationsszenarien beschreibt, $\boldsymbol{\beta}$ steht für die Matrix der unbekannten Faktoren, die den Zusammenhang zwischen den unabhängigen und den abhängigen Variablen beschreiben, und $\boldsymbol{\varepsilon}$ ist der Vektor des zufallsverteilten Fehlers.[384]

Zu den Vorteilen eines Allgemeinen Linearen Modells zählen:[385]

- Mehrere unabhängige Variablen
  Es können mehrere unabhängige Variablen zur Erklärung der abhängigen Variablen, des Outputs herangezogen werden.

---

[381] Siehe Backhaus, K./Erichson, B./Plinke, W./Weiber, R., 2000, S. XXII f. Zur Regressionsanalyse siehe S. 1-69, zur Varianzanalyse siehe S. 70-103.

[382] Dieses Modell wird auch General Linear Model (GLM) genannt.

[383] Siehe Brosius, F., 2002, S. 590.

[384] Siehe dazu Goldsman, D./Nelson, B. L., 1998, S. 298.

[385] Siehe Brosius, F., 2002, S. 589-599.

- Skalenniveau der unabhängigen Variablen
  Es ist möglich, sowohl nominal als auch metrisch skalierte Daten in das Modell aufzunehmen. Die metrischen Variablen werden als Kovariate bezeichnet, die nominal skalierten Variablen als Faktoren.
- Mehrere abhängige Variablen
  Der Einfluss der unabhängigen Variablen auf mehrere abhängige Variablen kann gleichzeitig überprüft werden. Diese Analyse ist allerdings nur dann durchzuführen, wenn die abhängigen Variablen nicht unabhängig voneinander sind.[386]
- Untersuchung von Interaktionsbeziehungen
  Werden mehrere unabhängige Variablen in die Analyse einbezogen, kann der Einfluss der einzelnen Variablen wie auch der Einfluss von Interaktionsbeziehungen zwischen den unabhängigen Variablen auf die abhängigen Variablen untersucht beziehungsweise berücksichtigt werden.
- Schätzung der Parameter
  Ein Allgemeines Lineares Modell erlaubt es, nicht nur den Zusammenhang zwischen den unabhängigen und den abhängigen Variablen zu testen, sondern diesen Zusammenhang auch zu quantifizieren. Durch die Quantifizierung ist es möglich, ein Prognosemodell zu erstellen.

Auf der Basis der Eigenschaften und Vorteile des Allgemeinen Linearen Modells eignet sich dieses für die Analyse der vorliegenden Problemstruktur. Bevor jedoch das Allgemeine Lineare Modell eingesetzt wird, wird auf die Anwendungsvoraussetzungen im nachfolgenden Kapitel eingegangen.

4.1.1.2 Anwendungsvoraussetzungen des Allgemeinen Linearen Modells

Aus der oben skizzierten Problemstellung, die durch die in das Modell eingehenden Variablen bestimmt wird, und der Anwendung des Allge-

---

[386] Siehe Hair, J. F./Anderson, R. E./Tatham, R. L./Black, W. C., 1998, S. 339 und Bühl, A./Zöfel, P., 2002, S. 414.

meinen Linearen Modells ergeben sich spezielle Anforderungen an das Untersuchungsdesign.

Für die Schätzung des Allgemeinen Linearen Modells ist es notwendig, dass für jedes Simulationsszenario mindestens 20 Replikationen durchgeführt werden, da anderenfalls eine statistisch valide Modell-Schätzung nicht möglich ist.[387] Diese Forderung wurde bereits aus Sicht der taktischen Simulationsplanung in Kapitel 3.7 erörtert. Dort wurde auf der Basis der analysierten Simulationsliteratur die Festlegung von 30 Replikationen je Simulationsszenario getroffen. Die für die statistische Auswertung des Allgemeinen Linearen Modells genannte Mindestanforderung ist somit erfüllt.

4.1.1.3 Modellschätzung und Signifikanztest

Mit Hilfe von Signifikanztests ist es möglich zu überprüfen, ob durch die unabhängigen Faktorengruppen Unterschiede in den abhängigen Variablen erklärt werden können. Üblicherweise werden vier multivariate Tests durchgeführt: Pillai-Spur, Wilks-Lambda, Hotelling-Spur und Größte charakteristische Wurzel nach Roy.[388]

Die Größte charakteristische Wurzel nach Roy misst nur Unterschiede anhand der Linearkombination aus der unabhängigen Faktorgruppe und den abhängigen Variablen, die den maximalen F-Wert aufweisen. Das Ergebnis des Signifikanztests ist somit als optimistisch einzuschätzen. Der Nachteil besteht allerdings darin, dass nicht alle Linearkombinationen in die Betrachtung aufgenommen werden. Zudem ist der Test anfällig auf die Verletzung der Anwendungsvoraussetzungen.[389]

Die verbleibenden drei Tests betrachten alle Mittelwertunterschiede einer Faktorengruppe. Bei dem Wilks-Lambda Test wird nicht nur die Größte charakteristische Wurzel getestet, sondern es werden maximal *p* bezie-

---

[387] Siehe dazu Hair, J. F./Anderson, R. E./Tatham, R. L./Black, W. C., 1998, S. 342.

[388] Siehe Lehmann, E. L., 1986, S. 462 f. und Hair, J. F./Anderson, R. E./Tatham, R. L./Black, W. C., 1998, S. 351.

[389] Siehe dazu Hair, J. F./Anderson, R. E./Tatham, R. L./Black, W. C., 1998, S. 351 und Lehmann, E. L., 1986, S. 463.

hungsweise *k-1* charakteristische Wurzeln hinsichtlich der Signifikanz bewertet. *p* steht stellvertretend für die Anzahl der abhängigen Variablen und *k* für die Zahl der unabhängigen Faktoren. Je geringer der Wert des Wilks-Lambda Tests ausfällt, desto größer ist die Signifikanz. Ein ähnliches Verfahren wird bei der Berechnung der Pillai-Spur und der Hotelling-Spur zu Grunde gelegt.[390]

Hair et al. schlagen als Test die Anwendung des Wilks-Lambda oder der Pillai-Spur vor, wobei im direkten Vergleich der Wilks-Lambda Test als weniger robust gegen Verstöße in den Anwendungsvoraussetzungen des Allgemeinen Linearen Modells eingeschätzt wird.[391]

Konnten für die unabhängigen Variablen Signifikanzen festgestellt werden, so ist davon auszugehen, dass die Mittelwertunterschiede in den abhängigen Variablen durch die einzelnen Faktorgruppen bedingt sind. Die aus dieser Erkenntnis abzuleitende Aussage ist auch bei dem Vorliegen einer geringen Irrtumswahrscheinlichkeit schwach, da keine Aussagen über den Erklärungsbeitrag jeder einzelnen Variablen abgeleitet werden können.[392] Deshalb werden bei dem Vorliegen signifikanter multivariater Tests in dieser Arbeit die Tests der Zwischensubjekteffekte angegeben. Die Tests der Zwischensubjekteffekte untersuchen den Zusammenhang zwischen den unabhängigen Variablen und einer abhängigen Variable. Neben Angaben über den Einfluss einer unabhängigen Variablen auf die abhängige Variable lassen sich Aussagen über die Erklärungsgüte des Modells ableiten. Dazu wird ein Bestimmtheitsmaß R^2 zur Erklärungsgüte einer abhängigen Variablen angegeben.

---

390 Siehe dazu Hair, J. F./Anderson, R. E./Tatham, R. L./Black, W. C., 1998, S. 351. Ein Beweis für die Verfahrensähnlichkeit von Wilks-Lambda, Pillai-Spur und Hotelling-Spur ist bei Lehmann, E. L., 1986, S. 463-465 zu finden.

391 Siehe Hair, J. F./Anderson, R. E./Tatham, R. L./Black, W. C., 1998, S. 351 und Bühl, A./Zöfel, P., 2002, S. 409. Siehe dazu vertiefend auch die Ergebnisse von Olson, C. L., 1974, der die Robustheit der Tests simulativ untersuchte.

392 Siehe Brosius, F., 2002, S. 592.

Durch die Einbeziehung von Kovariaten in das Allgemeine Lineare Modell ist die Durchführung von Post Hoc Tests nicht möglich.[393] Üblicherweise wird bei der Auswertung eines Allgemeinen Linearen Modells, welches Kovariate beinhaltet, der durch die Kovariaten induzierte Varianzanteil in den abhängigen Variablen herausgerechnet. Das führt zu einer Verminderung der Reststreuung in den abhängigen Variablen und zu einer besseren Interpretation der Faktoren.[394] Weisen die Kovariaten nur einen schwachen beziehungsweise keinen Einfluss auf, so können diese aus dem Allgemeinen Linearen Modell eliminiert werden. Eine Elimination der Kovariaten führt zu einer Erhöhung der Freiheitsgrade bei der Schätzung der vorgestellten Signifikanztests.[395]

Nach der Auswahl einer geeigneten Multivariaten Analysemethode und der Vorstellung des Allgemeinen Linearen Modells steht ein Analysewerkzeug zur Verfügung, das in den nächsten Abschnitten zur Analyse der systemtheoretisch-kybernetischen Mechanismen verwendet werden kann.

4.1.2 Analyse der Mechanismen der Störungsbewältigung

Gegenstand des folgenden Abschnittes ist es, die Mechanismen der Störungsbewältigung – die unterteilt wurden in: Steuerung, Regelung und Prozess- beziehungsweise Strukturanpassungen – hinsichtlich der jeweiligen spezifischen Eigenschaften zu analysieren. Die Mechanismen der Steuerung und der Regelung werden im Weiteren getrennt von den Prozess- und Strukturanpassungen untersucht.

---

[393] Siehe Brosius, F., 2002, S. 606. Mit Post Hoc Tests kann analysiert werden, inwieweit Mittelwertunterschiede der abhängigen Variablen durch Ausprägungen innerhalb der Faktorgruppen induziert werden. Ein umfassender Überblick über Post Hoc Tests wird bei Kirk, R. E., 1995, S. 113-163 gegeben. Siehe auch Dean, A./Voss, D., 1999, S. 78-92.

[394] Siehe Backhaus, K./Erichson, B./Plinke, W./Weiber, R., 2000, S. 90 f.

[395] Siehe Hair, J. F./Anderson, R. E./Tatham, R. L./Black, W. C., 1998, S. 355.

4.1.2.1 Analyse der Regelungs- und Steuerungsmechanismen

4.1.2.1.1 Untersuchungsdesign

Die Herausforderung bei der Analyse der einzelnen logistischen Gestaltungsparameter besteht darin, den Einfluss der zu betrachtenden Parameter zu isolieren. Dazu wurde ausgehend von den theoretischen Vorüberlegungen in den Kapiteln 3.3 und 3.4 ein Untersuchungsdesign aufgestellt, das es ermöglicht, die Mechanismen der Steuerung und Regelung näher zu untersuchen.

Zur Analyse der Wirkungen des Flexibilitätsbedarfs in Abhängigkeit von den untersuchten logistischen Gestaltungsparametern werden Messgrößen herangezogen, die in der Lage sind, zum einen den Anpassungsvorgang an den Flexibilitätsbedarf – die „Mobility" – und zum anderen die im Vergleich zum Ursprungszustand veränderte Performance – die „Uniformity" und „Range" – zu messen. Der Anpassungsvorgang, erfasst durch die „Mobility"-Dimension, wird durch die Veränderung der Stockouts und die Veränderung der Stückkosten zwischen Periode T2 und Periode T3 beschrieben. Konkret bedeutet dies, dass die Stockouts und Stückkosten der Perioden T2 und T3 durch die Bildung einer Differenz miteinander verglichen werden. Ähnlich wird auch die langfristige Performanceveränderung erfasst. Es werden lediglich die Stockouts und die Stückkosten der Perioden T2 und T4 gegenübergestellt.[396]

Das Untersuchungsdesign und die Messgrößen sind in Tabelle 11 zusammengefasst.

[396] Die Stückkosten sind unabhängig von den „Cost of Providing", die in der vorliegenden Simulationsstudie als konstant angesehen werden. Siehe Kapitel 4.1. Die „Cost of Providing" erfassen die Setupkosten beziehungsweise die Investitionskosten der Untersuchungsdesigns.

Tabelle 11: Untersuchungsdesign Steuerung und Regelung

Faktor	Ausprägung			
Unabhängige Faktoren				
Flexibilitätsbedarf Nachfrageveränderung	50%, 75%, 100%, 125%, 150% des Setup-Nachfrageverlaufs			
Lagerdispositionsregeln	Modell 1: Bestellpunkt-Modell Modell 2: Bestellrhythmus-Modell Modell 3: Direkte Informationsverfügbarkeit			
Sicherheitsbestand	0, 10, 20, 30, 40, 50			
Konstante Faktoren				
Transportzeiten und –kosten für Seefracht	Minimum	Modalwert	Maximum	Kosten
	216	240	264	165
Setup-Nachfrageverlauf	Minimum	Modalwert	Maximum	Standard-abweichung
	15	30	45	6,12
Lagerhaltungskosten	25 Prozent			
Kosten je Gut ab Warenausgangslager	165			
Bestellperiode	Nur für das Bestellrhythmus-Modell und für das Modell mit direkter Informationsverfügbarkeit 240 Stunden (entspricht der optimalen Losgröße in T2)			
Abhängige Variablen				
Stockout	Stockout-Differenz zwischen - den Perioden T2 und T3 zur Erfassung der „Mobility" - den Perioden T2 und T4 zur Erfassung der „Uniformity" sowie der „Range"			
Kosten	Stückkosten-Differenz zwischen - den Perioden T2 und T3 zur Erfassung der „Mobility" - den Perioden T2 und T4 zur Erfassung der „Uniformity" sowie der „Range"			

4.1.2.1.2 Analyse der Simulationsdaten mit einem Allgemeinen Linearen Modell

Die Simulationsdaten wurden nach dem in Kapitel 3.8 geschilderten Vorgehen gewonnen. Ziel des nächsten Analyseschrittes ist es, zu überprüfen, ob relevante Mittelwertunterschiede in den abhängigen Variablen durch die Mechanismen der Störungsbewältigung induziert wurden. Dazu werden für die Stockout-Differenzen und die Stückkosten-Differenz getrennte Allgemeine Lineare Modelle aufgestellt und bewertet.[397]

Tabelle 12: Tests der Zwischensubjekteffekte für die Stockout-Differenzen[398]

Tests der Zwischensubjekteffekte

Quelle	Abhängige Variable	Quadratsumme vom Typ III	df	Mittel der Quadrate	F	Signifikanz
Korrigiertes Modell	Stockout-Differenz T2 T3	77897224,509[a]	4	19474306	611,817	,000
	Stockout-Differenz T2 T4	152512903,5[b]	4	38128226	532,443	,000
Intercept	Stockout-Differenz T2 T3	13531489,306	1	13531489	425,114	,000
	Stockout-Differenz T2 T4	21139415,054	1	21139415	295,202	,000
NACHFRAGE	Stockout-Differenz T2 T3	43722001,852	1	43722002	1373,598	**,000**
	Stockout-Differenz T2 T4	65636014,507	1	65636015	916,577	**,000**
SICHERHEITSBE-STAND	Stockout-Differenz T2 T3	548442,789	1	548442,79	17,230	**,000**
	Stockout-Differenz T2 T4	415282,917	1	415282,92	5,799	**,016**
MODELL	Stockout-Differenz T2 T3	33626779,869	2	16813390	528,220	**,000**
	Stockout-Differenz T2 T4	86461606,047	2	43230803	603,698	**,000**
Fehler	Stockout-Differenz T2 T3	85782571,237	2695	31830,268		
	Stockout-Differenz T2 T4	192988811,6	2695	71609,949		
Gesamt	Stockout-Differenz T2 T3	192184598,0	2700			
	Stockout-Differenz T2 T4	389375232,0	2700			
Korrigierte Gesamtvariation	Stockout-Differenz T2 T3	163679795,7	2699			
	Stockout-Differenz T2 T4	345501715,1	2699			

a. R-Quadrat = ,476 (korrigiertes R-Quadrat = ,475)

b. R-Quadrat = ,441 (korrigiertes R-Quadrat = ,441)

Die Ergebnisse der Tests der Zwischensubjekteffekte für die Stockout-Differenzen sind in Tabelle 12 und die für die Stückkosten-Differenzen in Tabelle 13 dargestellt. Signifikante Mittelwertunterschiede können in beiden Modellen nachgewiesen werden. In den Tabellen sind die Signifikanzen der unabhängigen Variablen – Nachfrage, Sicherheitsbestand und Modell – hervorgehoben. Im Folgenden werden daher die Simulationsdaten einer Interpretation unterzogen, um Erklärungsansätze für die vorhandenen Mittelwertunterschiede zu geben.

---

[397] Die getrennte Analyse von Stockout-Differenzen und Stückkosten-Differenzen ist sinnvoll, da kein theoretisch begründbarer Zusammenhang zwischen beiden Messgrößen aufgestellt werden kann. Siehe dazu auch Kapitel 4.1.1.1.

[398] Im Anhang sind im Gliederungspunkt ALM-Ergebnisse 1 die zugehörigen Multivariaten Tests zu finden. Der konstante Term wird im Folgenden immer mit „Intercept“ bezeichnet.

Tabelle 13: Tests der Zwischensubjekteffekte für die Stückkosten-Differenzen[399]

Tests der Zwischensubjekteffekte

Quelle	Abhängige Variable	Quadratsumme vom Typ III	df	Mittel der Quadrate	F	Signifikanz
Korrigiertes Modell	Stückkosten-Differenz T2 T3	164,514[a]	4	41,128	1904,219	,000
	Stückkosten-Differenz T2 T4	388,677[b]	4	97,169	3611,231	,000
Intercept	Stückkosten-Differenz T2 T3	118,870	1	118,870	5503,597	,000
	Stückkosten-Differenz T2 T4	307,977	1	307,977	11445,789	,000
NACHFRAGE	Stückkosten-Differenz T2 T3	148,444	1	148,444	6872,835	**,000**
	Stückkosten-Differenz T2 T4	373,177	1	373,177	13868,879	**,000**
SICHERHEITSBE-STAND	Stückkosten-Differenz T2 T3	,101	1	,101	4,692	**,030**
	Stückkosten-Differenz T2 T4	,385	1	,385	14,319	**,000**
MODELL	Stückkosten-Differenz T2 T3	15,969	2	7,984	369,675	**,000**
	Stückkosten-Differenz T2 T4	15,115	2	7,557	280,863	**,000**
Fehler	Stückkosten-Differenz T2 T3	58,208	2695	2,160E-02		
	Stückkosten-Differenz T2 T4	72,516	2695	2,691E-02		
Gesamt	Stückkosten-Differenz T2 T3	228,480	2700			
	Stückkosten-Differenz T2 T4	484,723	2700			
Korrigierte Gesamtvariation	Stückkosten-Differenz T2 T3	222,722	2699			
	Stückkosten-Differenz T2 T4	461,192	2699			

a. R-Quadrat = ,739 (korrigiertes R-Quadrat = ,738)

b. R-Quadrat = ,843 (korrigiertes R-Quadrat = ,843)

4.1.2.1.3 Interpretation der Stockout-Differenzen

Der Regelung wurde das Bestellpunkt- sowie das Bestellrhythmus-Verfahren (Modell eins und Modell zwei), der Steuerung das Modell mit direkter Informationsverfügbarkeit (Modell drei) zugerechnet. Auf die spezifischen Eigenschaften der Verfahren wurde bereits in Kapitel 3.3.2.1 eingegangen.

Der Einfluss der Regelungs- und Steuerungsmechanismen wird zunächst in Abbildung 27 grafisch verdeutlicht. Bei der Interpretation der Simulationsergebnisse können drei Fälle unterschieden werden.

---

[399] Im Anhang sind im Gliederungspunkt ALM-Ergebnisse 2 die zugehörigen Multivariaten Tests zu finden.

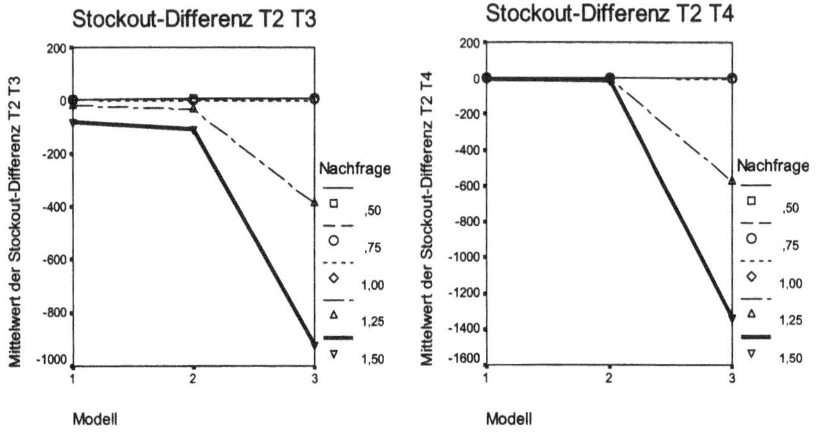

Abbildung 27: Auswirkung von Steuerungs- und Regelungsmechanismen auf die Stockout-Differenz

Der erste und unproblematischste Fall ist der der gleichbleibenden Nachfrage, das heißt in den Perioden T2, T3 und T4 ist die Nachfrage konstant. Wie auch aus der horizontalen Linie in den Diagrammen in Abbildung 27 zu entnehmen ist, ergibt sich eine Stockout-Differenz von null. Dieses Verhalten ist unmittelbar einsichtig, da bei konstanter Nachfrage keine Unterschiede in den Untersuchungszeiträumen auftreten dürfen.

Eine weitere Konstellation ergibt sich durch den modellierten Rückgang der Nachfrage auf 75 beziehungsweise 50 Prozent. Aus Sicht des Flexibilitätsmanagements handelt es sich hier um einen sinkenden Flexibilitätsbedarf. Dieser ergibt sich durch die geringere Nachfrage und die dadurch induzierten geringeren Schwankungen im Nachfrageverlauf. Dadurch treten im Durchschnitt weniger Stockouts in den einzelnen Perioden auf, wie an den in Tabelle 14 abgebildeten Mittelwerten zu erkennen ist. So sinkt bei Modell eins die Zahl der Stockouts von 2,4444 in Periode T2 auf 0,2278 in Periode T3 und auf 0,4556 in Periode T4 bei einem Nachfragerückgang von 50 Prozent.

Tabelle 14: Mittelwerte der Stockouts bei abnehmender Nachfrage

Deskriptive Statistiken

	Modell	Nachfrage	Mittelwert	Standardabweichung	N
Stockout T2	1	,50	**2,4444**	8,47027	180
		,75	**2,4444**	8,47027	180
	2	,50	**5,7056**	15,30316	180
		,75	**5,7056**	15,30316	180
	3	,50	**4,1667**	12,90511	180
		,75	**4,1667**	12,90511	180
Stockout T3	1	,50	**,2278**	1,44482	180
		,75	**1,3778**	4,68703	180
	2	,50	**1,2389**	4,20609	180
		,75	**3,0389**	7,97087	180
	3	,50	**,1000**	,94603	180
		,75	**,2278**	1,75872	180
Stockout T4	1	,50	**,4556**	2,49541	180
		,75	**1,3833**	4,86956	180
	2	,50	**1,2611**	4,55796	180
		,75	**2,5167**	7,64029	180
	3	,50	**,0000**	,00000	180
		,75	**,0000**	,00000	180

Besonderer Aufmerksamkeit bedarf der Mittelwert der Stockouts von 0,00 für das Modell drei in der Periode T4. Die hundertprozentige Lieferverfügbarkeit, die unabhängig von dem Sicherheitsbestand auftritt, kann wie folgt erklärt werden. Zur Überbrückung der durchschnittlichen Transportzeit sowie der Bestellperiode und der während dieser Zeit auftretenden Nachfrage ist im Modell ein Lagerbestand vorhanden. Durch den Nachfragerückgang von durchschnittlich 7,5 beziehungsweise 15 Einheiten pro Tag ergibt sich bei der konstant gebliebenen Wiederbeschaffungszeit von durchschnittlich 20 Tagen ein zusätzlicher – nicht benötigter – Lagerbestand von 150 beziehungsweise 300 Einheiten.[400] Der zusätzliche Lagerbestand besitzt die Funktion eines zu groß dimensionier-

[400] Zur formalen Berechnung des Lagerbestandes siehe Formel (3-12).

ten Sicherheitsbestandes, der alle Schwankungen in der Wiederbeschaffungszeit und Nachfrage ausgleicht. Somit treten in Periode T4 0,00 Stockouts auf. In Tabelle 15 sind abgeleitet aus den Mittelwerten der Stockouts die Stockout-Differenzen bei abnehmender Nachfrage dargestellt. Die Stockout-Differenz T2 T3 ergibt sich aus der Differenz der Stockouts in Periode T2 und der Periode T3.

Tabelle 15: Stockout-Differenzen bei abnehmender Nachfrage

Deskriptive Statistiken

	Modell	Nachfrage	Mittelwert	Standardabweichung	N
Stockout-Differenz T2 T3	1	,50	2,2167	8,25994	180
		,75	1,0667	8,62088	180
	2	,50	4,4667	15,06018	180
		,75	2,6667	14,38575	180
	3	,50	4,0667	12,76500	180
		,75	3,9389	12,74422	180
Stockout-Differenz T2 T4	1	,50	1,9889	7,78194	180
		,75	1,0611	9,35051	180
	2	,50	4,4444	15,84429	180
		,75	3,1889	16,22839	180
	3	,50	4,1667	12,90511	180
		,75	4,1667	12,90511	180

Die Regelungsmechanismen hingegen bestimmen anhand des noch vorhandenen Lagerbestands die Bestellmenge, so dass sich die verringerten Stockouts aus der reduzierten Schwankungsbreite des Nachfrageverlaufes ergeben. Die Modellunterschiede sind allerdings erwartungsgemäß klein, da bereits in der Periode zwei nur eine geringe Zahl von Stockouts bei allen drei Modellen vorliegt.

Größere Unterschiede ergeben sich im dritten Fall, dem Anstieg der Nachfrage auf 125 und 150 Prozent, gemessen an der ursprünglichen Nachfrage. Der Leser sei dazu nochmals auf Abbildung 27 verwiesen. In der graphischen Auswertung ist ersichtlich, dass die Modelle eins und zwei, die Regelungsmechanismen repräsentieren, keine wesentliche Stockout-Differenz zwischen Periode T2 und T4 aufweisen. In Tabelle 16, in der die Mittelwerte der Stockout-Differenzen für die zunehmende

Nachfrage nochmals zusammengefasst sind, zeigt sich eine Erhöhung der Stockout-Differenz T2 T4. Für Modell eins ergibt sich zum Beispiel eine Erhöhung der Stockouts in Periode T4 im Vergleich zu Periode T2 von 4,6556 und für Modell zwei von 9,1611 bei einer Nachfrageerhöhung von 50 Prozent. Das heißt, die durchschnittliche Zahl der Stockouts ist in Periode T4 höher als in Periode T2, so dass sich bei der Subtraktion der Stockouts in Periode T4 minus der Stockouts in Periode T2 ein negativer Wert ergibt. Der Grund liegt in der durch die Nachfragesteigerung bedingten Erhöhung der Schwankungsbreite der Nachfrage. Die „Uniformity" ist demzufolge hinsichtlich des Stockout-Kriteriums schlechter als vor der Nachfrageveränderung.

Tabelle 16: Stockout-Differenzen bei zunehmender Nachfrage

Deskriptive Statistiken

	Modell	Nachfrage	Mittelwert	Standardabweichung	N
Stockout-Differenz T2 T3	1	1,25	**-20,1944**	26,01184	180
		1,50	**-81,0944**	46,68900	180
	2	1,25	**-34,2500**	42,39293	180
		1,50	**-110,9778**	48,99184	180
	3	1,25	**-387,9389**	128,01083	180
		1,50	**-921,8722**	147,66136	180
Stockout-Differenz T2 T4	1	1,25	**-1,9111**	12,01223	180
		1,50	**-4,6556**	15,38966	180
	2	1,25	**-3,6167**	25,94263	180
		1,50	**-9,1611**	27,00841	180
	3	1,25	**-571,9556**	139,29130	180
		1,50	**-1336,37**	163,75346	180

Bei dem Vergleich der Stockout-Differenz T2 T3 weichen die Modelle eins und zwei in einem größeren Umfang voneinander ab.[401] Die Zahl der Stockouts ist in Periode T3 bei Modell zwei höher als bei Modell eins. Dieser Unterschied lässt sich durch die Art der Regelung erklären. Modell zwei basiert auf einem Bestellrhythmus-Modell. Wie bereits in der theoretischen Darstellung in Kapitel 3.3.2.1.2 erläutert, besitzt diese La-

[401] Bei einer Nachfrageerhöhung von 50 Prozent ergibt sich eine mittlere Stockout-Differenz T2 T3 von 81,0944 für Modell eins und eine mittlere Stockout-Differenz T2 T3 von 110,9778 für Modell zwei. Siehe Tabelle 16.

gerdispositionsregel den inhärenten Nachteil, dass zwischen den festgelegten Bestellzeitpunkten auf mögliche Stockouts nicht reagiert werden kann. Im Gegensatz zu Modell eins besitzt dadurch Modell zwei eine verzögerte Reaktion auf die Nachfrageveränderungen und somit eine schlechtere „Mobility“.

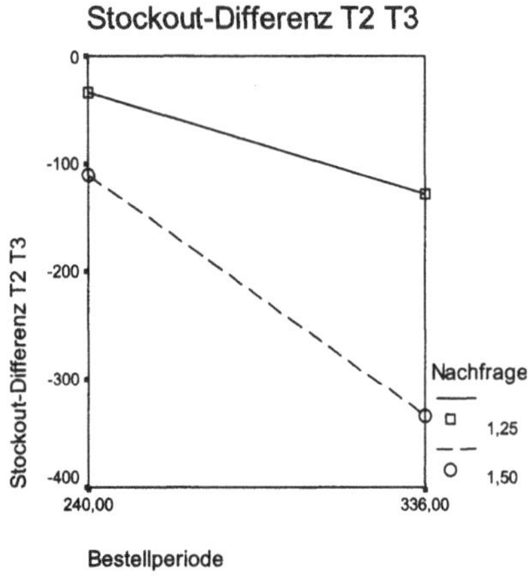

Abbildung 28: Auswirkungen der Bestellperiode auf die Stockout-Differenz T2 T3 im Bestellrhythmus-Modell

Um den Nachteil der konstanten Bestellperiode im Bestellrhythmus-Modell zu verdeutlichen, wurde der Einfluss einer längeren Bestellperiode (336 Stunden) im Vergleich zur optimalen Bestellperiode in T2 von 240 Stunden simuliert. In der Abbildung 28 ist das Ergebnis graphisch dargestellt. Die Qualität des Regelmechanismus ist demzufolge entscheidend von der Zeitverzögerung, mit der auf die Nachfrageveränderung reagiert werden kann, determiniert. Im Bestellpunkt-Modell entspricht die Reaktionszeit der Transportzeit. Die Reaktionszeit im Bestellrhythmus-Modell setzt sich aus der Transportzeit und der Bestellperiode zusammen. Der Regelungsmechanismus im Bestellrhythmus-Modell benötigt dementsprechend länger, um auf die Nachfrageveränderungen reagieren zu können. Entscheidend für die „Mobility“ eines Regelungsmechanismus ist daher die Zeitverzögerung, mit der der Regler auf die Störung reagieren kann.

Im Gegensatz zu Modell eins und zwei basiert Modell drei auf einem Steuerungsmechanismus. In der systemtheoretisch-kybernetischen Betrachtung in Kapitel 2.4.2.1.2 wurde die Eigenschaft von Steuerungsmechanismen, nur auf bekannte Störungen reagieren zu können, dargelegt. Diese Charakteristik kann anhand der in der Simulation gewonnenen Daten bestätigt werden. In Abbildung 27 und in Tabelle 16 wird gezeigt, dass Nachfrageerhöhungen nicht durch den Steuerungsmechanismus kompensiert werden. Vielmehr erhöht sich die Zahl der Stockouts in Periode T4. Beispielhaft sei der Fall der Nachfrageerhöhung um 50 Prozent erwähnt. In diesem beträgt die mittlere Stockout-Differenz T2 T4 1336,37 Einheiten, das heißt in Periode T4 treten durchschnittlich 1336,37 mehr Stockout-Fälle auf als in Periode T2.

Dieses Verhalten resultiert aus der rückkopplungsfreien Disposition der nachzubestellenden Menge des Steuerungsmechanismus. Im analysierten Modell ist die Kundennachfrage der Auslöser für die Nachbestellung beim Produzenten. Zur Überbrückung der Nachfrage während der Wiederbeschaffungszeit wird ein Lagerbestand aufgebaut. Bei der Nachfrageerhöhung reicht der im Modell befindliche Lagerbestand nicht aus, um die erhöhte Nachfrage während der konstant gebliebenen Wiederbeschaffungszeit zu überbrücken. Folglich ergibt sich ein Stockout im Lager, der im weiteren Zeitverlauf nicht abgebaut werden kann, da das Modell rückkopplungsfrei arbeitet. Eine Anpassung an die zu niedrigen Lagerbestände ist daher nicht möglich und die Zahl der Stockouts erhöht sich im Zeitablauf. Die „Range“ der bewältigbaren Nachfrageveränderungen ist in Modellen mit Steuerungsmechanismus gering. Die „Uniformity“ – die Performance nach der Nachfrageerhöhung – ist im Vergleich zu den Regelungsmechanismen erheblich schlechter.

Zusammenfassend kann Folgendes konstatiert werden: Sowohl Steuerungs- als auch Regelungsmechanismen sind in der Lage, auf einen Nachfragerückgang zu reagieren. Besonders hervorzuheben ist die Eigenschaft des Steuerungsmechanismus im Fall des Nachfragerückgangs keine Stockouts in Periode T4 aufzuweisen. Bei der Reaktion der Modelle auf die Nachfrageerhöhung zeigt sich ein differenziertes Bild. Die Charakteristik des Regelungsmechanismus, durch Rückkopplung auf eine große Schwankungsbreite von Veränderungen reagieren zu können, wurde bestätigt. Die Nachfrageerhöhungen lagen innerhalb der

„Range“ der Regelungsmechanismen, die „Uniformity“ hat sich, bedingt durch die höhere Schwankungsbreite der Nachfrage nur marginal verschlechtert. Unterschiede ergaben sich in der „Mobility“ der Regelungsmechanismen in Abhängigkeit von der Zeitverzögerung, mit der auf die Nachfrageveränderungen reagiert werden kann. Konkret bedeutete dies, dass das Bestellpunkt-Modell im Vergleich zum Bestellrhythmus-Modell eine höhere „Mobility“ aufweist. Dem Modell auf der Basis des Steuerungsmechanismus kann nur eine kleine „Range“ attestiert werden, da es nicht in der Lage war, auf die Nachfrageveränderungen zu reagieren. Der Grund liegt in dem rückkopplungsfreien Mechanismus, der dazu führt, dass Informationen über Stockouts nicht erfasst und ausgewertet werden.

4.1.2.1.4 Interpretation der Stückkosten-Differenzen

Neben der Analyse der Stockouts ist die Analyse der Kosten ein wesentliches Kriterium zur Beurteilung der logistischen Gestaltungsparameter. Die Stückkosten setzen sich aus den Kosten je Gut im Warenausgangslager[402], den Transportkosten und den Lagerhaltungskosten zusammen. Zwischen den untersuchten Modellen bestehen geringfügige Abweichungen in resultierenden Stückkosten, die zum einen durch die Modellcharakteristika und die dadurch bedingten Bestellintervalle und Lagerzeiten erklärbar sind. Letztere haben einen Einfluss auf die Transportkosten und die Lagerhaltungskosten. Auf die Darstellung der absoluten Werte wird daher verzichtet. Vielmehr ist die Interpretation der Stückkostenveränderungen von Interesse, um die Besonderheiten der Steuerungs- und Regelungsmechanismen zu erarbeiten. In Abbildung 29 sind die Stückkosten-Differenzen dargestellt.

---

[402] Die Kosten je Gut ab Warenausgangslager sind, wie in Tabelle 11 im Rahmen des Untersuchungsdesigns dargelegt, konstant.

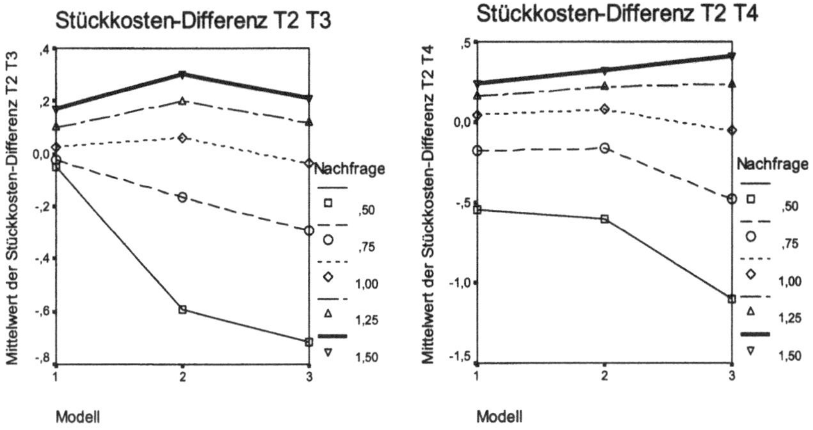

Abbildung 29: Mittelwerte der Stückkosten-Differenzen

Vergleichbar mit der Analyse der Stockouts wird die Interpretation getrennt für die konstante Nachfrage, den Nachfragerückgang und die Nachfrageerhöhungen vorgenommen. Für die konstante Nachfrage ergeben sich – wie zu erwarten – nur geringfügige Veränderungen, die durch Schwankungen in der Nachfrage und in der Transportzeit begründet werden können.

Der Nachfragerückgang um 25 beziehungsweise 50 Prozent ist verbunden mit einer negativen Stückkosten-Differenz, wie aus der Abbildung 29 zu entnehmen ist. Diese resultiert im Wesentlichen aus den höheren Transportkosten je Stück. Für die langfristige Beurteilung der Performance der Steuerungs- und Regelungsmechanismen ist die Stückkosten-Differenz zwischen Periode T2 und Periode T4 von Bedeutung. Die Regelungsmechanismen weisen eine ähnliche Stückkosten-Differenz auf. Im Vergleich dazu ergibt sich im Steuerungsmechanismus eine fast doppelt so hohe Differenz im Vergleich zu den Regelungsmechanismen.[403] In Tabelle 17 sind die Mittelwerte der Stückkosten-Differenzen nochmals zum Vergleich aufgeführt. Die höheren Stückkosten des Steuerungsme-

[403] Für den Fall der um 50 Prozent abnehmenden Nachfrage ergibt sich für Modell drei eine mittlere Stückkosten-Differenz T2 T4 von 1,1023 und für Modell eins nur eine mittlere Differenz von 0,5408. Siehe Tabelle 17.

chanismus im Vergleich zu den Regelungsmechanismen ergeben sich aus den Kosten für die Lagerung der Güter, die zur Überbrückung der Wiederbeschaffungszeit dienen. Im Fall des Nachfragerückgangs werden die Lagerkosten auf weniger Güter verrechnet, folglich ergeben sich höhere Stückkosten. Die „Uniformity" der Regelungsmechanismen ist demzufolge besser, als die des Steuerungsmechanismus.

Tabelle 17: Stückkosten-Differenzen bei abnehmender Nachfrage

Deskriptive Statistiken

	Modell	Nachfrage	Mittelwert	Standardabweichung	N
Stückkosten-Differenz T2 T3	1	,50	**-,0485**	,12856	180
		,75	**-,0250**	,09996	180
	2	,50	**-,5914**	,05096	180
		,75	**-,1657**	,04380	180
	3	,50	**-,7158**	,03567	180
		,75	**-,2930**	,03227	180
Stückkosten-Differenz T2 T4	1	,50	**-,5408**	,09719	180
		,75	**-,1779**	,09552	180
	2	,50	**-,6025**	,06182	180
		,75	**-,1637**	,05152	180
	3	,50	**-1,1023**	,04108	180
		,75	**-,4799**	,04065	180

Steigt die Nachfrage, so wirken dieselben Mechanismen wie bei der abnehmenden Nachfrage, allerdings in der entgegengesetzten Wirkungsrichtung. Die Stückkosten-Differenzen sind in Tabelle 18 dargestellt. In allen drei Modellen sinken die Stückkosten bedingt durch die Nachfrageerhöhung. Dieser Effekt ist auf die sinkenden Transportkosten je Stück zurückzuführen. Es ergibt sich dementsprechend eine positive Stückkosten-Differenz. Im Steuerungsmodell nehmen zudem die Lagerkosten ab, da auf Grund des Stockouts weniger Güter zwischengelagert werden. Die „Uniformity" des Steuerungsmodells ist daher aus Sicht der Stückkosten geringfügig besser als die der Regelungsmodelle.

Tabelle 18: Stückkosten-Differenzen bei zunehmender Nachfrage

Deskriptive Statistiken

	Modell	Nachfrage	Mittelwert	Standardabweichung	N
Stückkosten-Differenz T2 T3	1	1,25	**,0988**	,07091	180
		1,50	**,1687**	,07384	180
	2	1,25	**,1991**	,04171	180
		1,50	**,3031**	,04070	180
	3	1,25	**,1172**	,02933	180
		1,50	**,2101**	,02997	180
Stückkosten-Differenz T2 T4	1	1,25	**,1585**	,07704	180
		1,50	**,2426**	,06621	180
	2	1,25	**,2217**	,05480	180
		1,50	**,3269**	,05458	180
	3	1,25	**,2379**	,04068	180
		1,50	**,4083**	,04226	180

Bei dem Vergleich der Stückkosten-Differenzen vor und nach der Nachfrageveränderung konnten Unterschiede zwischen den simulierten Modellen aufgedeckt werden. Das Modell drei, das auf einem Steuerungsmechanismus basiert, weist bei einem Nachfragerückgang eine schlechtere „Uniformity" auf als die Modelle mit einem Regelungsmechanismus. Bei einer Nachfrageerhöhung weisen alle drei Modelle eine verbesserte „Uniformity" auf, die auf die geringeren Transportkosten je Stück zurückzuführen sind. Im Modell drei resultiert die verbesserte „Uniformity" zudem aus der häufig auftretenden Stockout-Situation und den damit verbundenen geringeren Lagerkosten. Da die Stückkosten-Differenzen zwischen T2 T3 sowie T2 T4 die gleichen Tendenzen aufweisen, sind die Aussagen zur „Uniformity" auf die „Mobility" übertragbar. Auf eine Darstellung wird deshalb verzichtet.

4.1.2.2 Analyse der Prozess- und Strukturanpassungen

Die Prozess- beziehungsweise Strukturanpassungen sind im Simulationsmodell durch den Wechsel von Seefracht auf Luftfracht sowie durch eine Zusatzlieferung zum Zeitpunkt der Nachfrageveränderung abgebildet.

4.1.2.2.1 Untersuchungsdesign

In der systemtheoretisch-kybernetischen Betrachtung in Kapitel 2.4.2.1.2 wurde dargelegt, dass Struktur- beziehungsweise Prozessanpassungen nur dann vorzunehmen sind, wenn Steuerungs- und Regelungsmechanismen nicht in der Lage sind, auf die Veränderung zu reagieren. Im Fall des Nachfragerückgangs ging unabhängig vom Modell die Zahl der Stockouts zurück. Deshalb wurde im folgenden Untersuchungsdesign auf die Analyse der Nachfragerückgänge verzichtet. Die in Kapitel 4.1.2.1 vorgestellten Mechanismen – insbesondere der Regelungsmechanismus – sind in der Lage, durch eine Anpassung der Lagerbestände auf die Nachfragerückgänge adäquat zu reagieren. Auf die Nachfrageerhöhungen hingegen können die Regelungsmechanismen nur mit einer Zeitverzögerung reagieren und das auf einer Steuerung basierende Modell gar nicht beziehungsweise nur sehr eingeschränkt.

Im Folgenden wird überprüft, wie sich der Wechsel von See- auf Luftfracht beziehungsweise die einmalige Zusatzlieferung zum Zeitpunkt der Nachfrageerhöhung auf die Zahl der Stockouts und die Kostendifferenzen auswirkt. Dazu wurde das in Tabelle 19 zusammengefasste Untersuchungsdesign gewählt.

Tabelle 19: Untersuchungsdesign Prozess- und Strukturanpassung

<table>
<tr><th>Faktor</th><th>Ausprägung</th></tr>
<tr><td colspan="2">Unabhängige Faktoren</td></tr>
<tr><td>Flexibilitätsbedarf Nachfrageveränderung</td><td>125%, 150% des Setup-Nachfrageverlaufs</td></tr>
<tr><td>Lagerdispositionsregeln</td><td>Modell 1: Bestellpunkt-Modell
Modell 2: Bestellrhythmus-Modell
Modell 3: Direkte Informationsverfügbarkeit

Wechsel des Transportmodus von See- auf Luftfracht zum Zeitpunkt der Nachfrageveränderung
Modell 4: Bestellpunkt-Modell
Modell 5: Bestellrhythmus-Modell
Modell 6: Direkte Informationsverfügbarkeit

Einmalige Luftfrachtlieferung von 150 Gütern zum Zeitpunkt der Nachfrageveränderung
Modell 7: Bestellpunkt-Modell
Modell 8: Bestellrhythmus-Modell
Modell 9: Direkte Informationsverfügbarkeit</td></tr>
<tr><td>Sicherheitsbestand</td><td>0, 10, 20, 30, 40, 50</td></tr>
<tr><td>Transportzeiten und –kosten</td><td><table>
<tr><th></th><th>Minimum</th><th>Modalwert</th><th>Maximum</th><th>Kosten</th></tr>
<tr><td>Luftfracht</td><td>48</td><td>72</td><td>72</td><td>325</td></tr>
<tr><td>Seefracht</td><td>216</td><td>240</td><td>264</td><td>165</td></tr>
</table></td></tr>
<tr><td colspan="2">Konstante Faktoren</td></tr>
<tr><td>Setup-Nachfrageverlauf</td><td><table>
<tr><th>Minimum</th><th>Modalwert</th><th>Maximum</th><th>Standardabweichung</th></tr>
<tr><td>15</td><td>30</td><td>45</td><td>6,12</td></tr>
</table></td></tr>
<tr><td>Lagerhaltungskosten</td><td>25 Prozent</td></tr>
<tr><td>Kosten je Gut ab Warenausgangslager</td><td>165</td></tr>
<tr><td>Bestellperiode</td><td>Nur für das Bestellrhythmus-Modell und für das Modell direkte Informationsverfügbarkeit
240 Stunden (entspricht der optimalen Losgröße in T2)</td></tr>
<tr><td colspan="2">Abhängige Variablen</td></tr>
<tr><td>Stockout</td><td>Stockout-Differenz zwischen
- den Perioden T2 und T3 zur Erfassung der „Mobility“
- den Perioden T2 und T4 zur Erfassung der „Uniformity“ sowie der „Range“</td></tr>
<tr><td>Kosten</td><td>Stückkosten-Differenz zwischen
- den Perioden T2 und T3 zur Erfassung der „Mobility“
- den Perioden T2 und T4 zur Erfassung der „Uniformity“ sowie der „Range“</td></tr>
</table>

4.1.2.2.2 Analyse der Simulationsdaten mit einem Allgemeinen Linearen Modell

Die Analyse der gewonnenen Simulationsdaten mit einem Allgemeinen Linearen Modell hat zum Ziel, den Einfluss der veränderten Transportprozesse auf die Zahl der Stockout- und die Stückkosten-Differenzen zu untersuchen. Die Ergebnisse des ALM sind für die Stockout-Differenzen in Tabelle 20 und für die Stückkosten-Differenzen in Tabelle 21 zusammengefasst. In den Ergebnissen zeigt sich ein signifikanter Einfluss der unabhängigen Faktoren. Gegenstand der nachfolgenden Abschnitte ist die Interpretation der Mittelwertdifferenzen.

Tabelle 20: Tests der Zwischensubjekteffekte für die Stockout-Differenzen[404]

Tests der Zwischensubjekteffekte

Quelle	Abhängige Variable	Quadratsumme vom Typ III	df	Mittel der Quadrate	F	Signifikanz
Korrigiertes Modell	Stockout-Differenz T2 T3	140254836,4[a]	10	14025484	1308,681	,000
	Stockout-Differenz T2 T4	303234116,6[b]	10	30323412	1444,730	,000
Intercept	Stockout-Differenz T2 T3	5801369,664	1	5801369,7	541,310	,000
	Stockout-Differenz T2 T4	9017514,882	1	9017514,9	429,631	,000
NACHFRAGE	Stockout-Differenz T2 T3	9646404,482	1	9646404,5	900,080	,000
	Stockout-Differenz T2 T4	14895388,844	1	14895389	709,677	,000
SICHERHEITSBESTAND	Stockout-Differenz T2 T3	896469,600	1	896469,60	83,647	,000
	Stockout-Differenz T2 T4	942022,349	1	942022,35	44,882	,000
MODELL	Stockout-Differenz T2 T3	129711962,3	8	16213995	1512,885	,000
	Stockout-Differenz T2 T4	287396705,4	8	35924588	1711,593	,000
Fehler	Stockout-Differenz T2 T3	34606062,737	3229	10717,269		
	Stockout-Differenz T2 T4	67773422,073	3229	20988,982		
Gesamt	Stockout-Differenz T2 T3	210168353,0	3240			
	Stockout-Differenz T2 T4	428386418,0	3240			
Korrigierte Gesamtvariation	Stockout-Differenz T2 T3	174860899,1	3239			
	Stockout-Differenz T2 T4	371007538,7	3239			

a. R-Quadrat = ,802 (korrigiertes R-Quadrat = ,801)

b. R-Quadrat = ,817 (korrigiertes R-Quadrat = ,817)

404 Im Anhang sind im Gliederungspunkt ALM-Ergebnisse 3 die zugehörigen Multivariaten Tests zu finden.

Tabelle 21: Tests der Zwischensubjekteffekte für die Stückkosten-Differenzen[405]

Tests der Zwischensubjekteffekte

Quelle	Abhängige Variable	Quadratsumme vom Typ III	df	Mittel der Quadrate	F	Signifikanz
Korrigiertes Modell	Stückkosten-Differenz T2 T3	65,621[a]	10	6,562	1950,781	,000
	Stückkosten-Differenz T2 T4	73,688[b]	10	7,369	1568,005	,000
Intercept	Stückkosten-Differenz T2 T3	6,296	1	6,296	1871,546	,000
	Stückkosten-Differenz T2 T4	7,287	1	7,287	1550,642	,000
NACHFRAGE	Stückkosten-Differenz T2 T3	13,003	1	13,003	3865,436	**,000**
	Stückkosten-Differenz T2 T4	19,106	1	19,106	4065,645	**,000**
SICHERHEITSBESTAND	Stückkosten-Differenz T2 T3	,117	1	,117	34,670	**,000**
	Stückkosten-Differenz T2 T4	1,965E-02	1	1,965E-02	4,182	**,041**
MODELL	Stückkosten-Differenz T2 T3	52,502	8	6,563	1950,963	**,000**
	Stückkosten-Differenz T2 T4	54,562	8	6,820	1451,278	**,000**
Fehler	Stückkosten-Differenz T2 T3	10,862	3229	3,364E-03		
	Stückkosten-Differenz T2 T4	15,175	3229	4,699E-03		
Gesamt	Stückkosten-Differenz T2 T3	202,126	3240			
	Stückkosten-Differenz T2 T4	405,676	3240			
Korrigierte Gesamtvariation	Stückkosten-Differenz T2 T3	76,483	3239			
	Stückkosten-Differenz T2 T4	88,862	3239			

a. R-Quadrat = ,858 (korrigiertes R-Quadrat = ,858)

b. R-Quadrat = ,829 (korrigiertes R-Quadrat = ,829)

4.1.2.2.3 Interpretation der Stockout-Differenzen

Ursächlich für die Stockout-Differenzen sind die im Untersuchungsdesign spezifizierten neun Modelle. Die Modelle eins bis drei entsprechen den bereits in Abschnitt 4.1.2.1 analysierten Modellen. In den Modellen vier bis sechs wurde zusätzlich ein Wechsel von Seefracht auf Luftfracht modelliert. Eine temporäre Reaktion auf die Nachfrageerhöhung wird in den Modellen sieben bis neun durch eine einmalige Zusatzlieferung per Luftfracht modelliert.

In der Abbildung 30 sind die Stockout-Differenzen visualisiert. Um die Argumentation zu erleichtern, sind die Differenzen in Tabelle 22 und in Tabelle 23 in Zahlenwerten zusammengefasst.

---

405 Im Anhang sind im Gliederungspunkt ALM-Ergebnisse 4 die zugehörigen Multivariaten Tests zu finden.

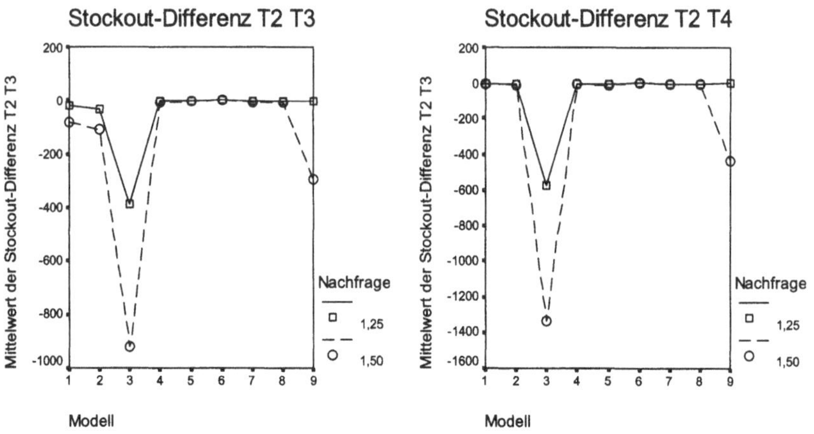

Abbildung 30: Stockout-Differenzen in Abhängigkeit vom gewählten Modell

Die Stockout-Differenzen der Modelle eins bis drei wurden bereits in Abschnitt 4.1.2.1.3 interpretiert, so dass im Folgenden der Schwerpunkt der Interpretation auf den Einfluss der Prozessveränderungen gelegt wird.

Zunächst wird der permanente Wechsel von Seefracht auf Luftfracht zum Zeitpunkt der Nachfrageerhöhung analysiert. Dieser führt im Vergleich zu den Ausgangsmodellen in den Modellen vier bis sechs zu einer verringerten Zahl der Stockouts im Vergleich zu den Modellen eins bis drei.[406]

Die Interpretation der verbesserten „Mobility" der Modelle wird im Folgenden getrennt für die Regelungs- und für den Steuerungsmechanismus vorgenommen. Bei der Regelung resultiert die im Vergleich zum Modell ohne Prozessanpassung geringere Zahl der Stockouts in Periode T3 aus der Verkürzung der Zeitverzögerung, die der Regelmechanismus

[406] Diese Aussage kann anhand der in Tabelle 22 dargestellten mittleren Stockout-Differenzen T2 T3 durch den direkten Vergleich von Modell eins und vier, zwei und fünf sowie drei und sechs quantitativ nachvollzogen werden. Beispielhaft sei der Vergleich von Modell drei und sechs bei einer Nachfrageerhöhung von 25 Prozent angeführt. In Modell drei treten in Periode T3 nach der Erhöhung der Nachfrage durchschnittlich 387,9389 mehr Stockouts auf als in Periode T2. Demgegenüber treten bei Modell sechs in Periode T3 durchschnittlich 3,1222 weniger Stockouts auf als in Periode T2.

benötigt, um auf die Nachfrageveränderung zu reagieren. Das Modell vier auf der Basis des Bestellpunkt-Modells kann im Vergleich zum Bestellrhythmus-Modell (Modell fünf) geringfügig besser auf die Nachfrageerhöhung reagieren. Der bereits angesprochene Vorteil des Bestellpunkt-Modells – ohne eine fest vorgegebene Bestellperiode reagieren zu können – kommt auch hier zum Tragen und ist für dieses Prozessverhalten verantwortlich.

Eine Interpretation bedarf auch die Erhöhung der Stockout-Differenz T2 T4 in den Bestellrhythmus-Modellen (Modell zwei im Vergleich zu Modell fünf) durch den Wechsel von Seefracht zu Luftfracht. Der maximale Lagerbestand[407] ist im Modell zwei auf Grund der längeren Wiederbeschaffungszeit bei Seefracht größer als im Modell mit Luftfracht. Schwankungen in der Nachfrage können durch den höheren Lagerbestand besser ausgeglichen werden. Das Resultat ist eine geringere Stockout-Differenz im Vergleich zum Ausgangsmodell 2, in dem nur per Seefracht transportiert wird.

Der Wechsel von See- auf Luftfracht führt – wie oben bereits erwähnt – auch im Modell sechs mit direkter Informationsverfügbarkeit zu einer Verringerung der Zahl der Stockouts. In diesem Modell ist die Zahl der Stockouts sogar geringer als in der Referenzperiode T2. Dies äußert sich in den positiven Stockout-Differenzen, die aus Tabelle 22 und Tabelle 23 zu entnehmen sind. Der Grund für dieses Verhalten liegt in der verkürzten Wiederbeschaffungszeit um durchschnittlich 176 Stunden. Dadurch werden in diesem Modell durchschnittlich 220 Teile weniger zur Überbrückung der Wiederbeschaffungszeit benötigt.[408] Durch die Nachfrageerhöhung um maximal 50 Prozent erhöht sich der benötigte Lagerbestand zur Überbrückung der Wiederbeschaffungszeit jedoch nur um

[407] Siehe Formel (3-9) zur Berechnung des maximalen Lagerbestandes.

[408] Zur Berechnung des Lagerbestandes siehe Formel (3-12). Die durchschnittliche Verkürzung der Wiederbeschaffungszeit von 176 Stunden ergibt sich aus der Differenz der mittleren Transportzeiten von Seefracht 240 Stunden und Luftfracht 64 Stunden. Wird die Differenz mit der durchschnittlichen Nachfrage von 30 Einheiten pro Tag multipliziert, ergeben sich entsprechend 220 Teile.

durchschnittlich 190 Einheiten.[409] Die Differenz von 30 Einheiten dient als zusätzlicher – in Periode T3 und T4 permanent vorhandener – Sicherheitsbestand. Dieser Sicherheitsbestand in Verbindung mit dem rückkopplungsfrei arbeitenden Steuerungsmechanismus ist ursächlich für die positiven Stockout-Differenzen und damit für die verbesserte „Uniformity".

Tabelle 22: Stockout-Differenzen T2 T3 in Abhängigkeit vom gewählten Modell

Deskriptive Statistiken

Abhängige Variable: Stockout-Differenz T2 T3

Modell	Nachfrage	Mittelwert	Standardabweichung	N
1	1,25	**-20,1944**	26,01184	180
	1,50	**-81,0944**	46,68900	180
2	1,25	**-34,2500**	42,39293	180
	1,50	**-110,9778**	48,99184	180
3	1,25	**-387,9389**	128,01083	180
	1,50	**-921,8722**	147,66136	180
4	1,25	**-2,3500**	11,88092	180
	1,50	**-6,1833**	15,96556	180
5	1,25	**-1,3778**	18,74831	180
	1,50	**-5,0000**	21,62143	180
6	1,25	**3,1222**	13,24781	180
	1,50	**2,1000**	14,07883	180
7	1,25	**-2,5111**	14,77484	180
	1,50	**-7,4111**	19,22748	180
8	1,25	**-1,2389**	20,78175	180
	1,50	**-8,1389**	28,20075	180
9	1,25	**-1,6944**	26,82534	180
	1,50	**-292,0167**	110,75977	180

[409] Grundlage für die Berechnung des durch die fünfzigprozentige Nachfrageerhöhung induzierten zusätzlichen Bedarfes bildet wiederum Formel (3-12). Ausgehend von einer durchschnittlichen Wiederbeschaffungszeit von 64 Stunden (Luftfracht) und einer Bestellperiode von 240 Stunden und einer durchschnittlichen Nachfrageerhöhung von 15 Einheiten pro Tag ergeben sich entsprechend 190 Einheiten.

Tabelle 23: Stockout-Differenzen T2 T4 in Abhängigkeit vom gewählten Modell

Deskriptive Statistiken

Abhängige Variable: Stockout-Differenz T2 T4

Modell	Nachfrage	Mittelwert	Standardabweichung	N
1	1,25	**-1,9111**	12,01223	180
	1,50	**-4,6556**	15,38966	180
2	1,25	**-3,6167**	25,94263	180
	1,50	**-9,1611**	27,00841	180
3	1,25	**-571,9556**	139,29130	180
	1,50	**-1336,37**	163,75346	180
4	1,25	**-2,9778**	11,85007	180
	1,50	**-6,2056**	16,81270	180
5	1,25	**-5,6444**	23,86827	180
	1,50	**-10,6333**	27,07653	180
6	1,25	**4,1667**	12,90511	180
	1,50	**3,2556**	13,31615	180
7	1,25	**-2,0944**	12,12583	180
	1,50	**-4,2556**	15,03334	180
8	1,25	**-3,2944**	22,35486	180
	1,50	**-5,9778**	28,85137	180
9	1,25	**-,1333**	22,61838	180
	1,50	**-433,9278**	162,35767	180

Abschließend bleibt die Analyse der Modellgruppe sieben bis neun. Deren Charakteristikum ist die einmalige Zusatzbestellung von 150 Gütern per Luftfracht zum Zeitpunkt der Nachfrageerhöhung. In Analogie zum bisherigen Vorgehen werden die auf der Regelung basierenden Modelle sechs und sieben getrennt von dem auf der Steuerung basierenden Modell neun analysiert.

Die Zusatzbestellung führt bei dem Bestellpunkt- wie auch beim Bestellrhythmus-Modell (Modelle sieben und acht) im Vergleich zu den Ausgangsmodellen (Modelle eins und zwei) zu einer beträchtlichen Senkung der Zahl der Stockouts und damit zu einer verbesserten „Mobility" der logistischen Szenarien. Zur Verdeutlichung sei der Leser nochmals auf die Tabelle 22 beziehungsweise die Abbildung 30 verwiesen. Im direkten Vergleich von Modell zwei und acht verbessert sich die Zahl der Stockout-Differenz T2 T3 um durchschnittlich 102,8 Einheiten. Durch die Zusatzlieferung stehen nach einer durchschnittlichen Transportzeit von 64 Stunden bei der Luftfracht 150 Güter zur Deckung der zusätzlichen Nachfrage zur Verfügung. Dank der „schnellen“ Zusatzlieferung gelingt es, den Nachteil der Regelung, der sich aus der zeitverzögerten Reaktion ergibt, auszugleichen. Die „Uniformity“ hinsichtlich der Stockouts ändert sich in beiden Szenarien erwartungsgemäß nicht, da in Periode T4 keine Modellveränderungen im Vergleich zum Ausgangsmodell vorgenommen wurden.

Im Gegensatz zu der positiven Beeinflussung der Zusatzlieferung bei den Modellen sieben und acht verbessern sich die Stockout-Differenzen in Modell neun mit direkter Informationsverfügbarkeit nur bei einer Nachfrageerhöhung um 25 Prozent im Vergleich zum Ursprungsmodell drei. Auf die Erhöhung der Nachfrage um 50 Prozent der Ursprungsnachfrage kann das Modell mit der Zusatzlieferung zwar besser reagieren als das Modell ohne Zusatzlieferung, allerdings ist die „Mobility“ und die „Uniformity“ dieses Modells im Vergleich zu den Modellen sieben und acht wesentlich schlechter. Der Grund für die schlechte „Mobility“ und „Uniformity“ des Modells bei einer Nachfrageerhöhung um 50 Prozent steht in Zusammenhang mit dem Lagerbestand, der zur Überbrückung der Wiederbeschaffungszeit (480 Stunden) notwendig ist. Formal bestimmt sich dieser nach der Formel (3-12). Durch die Nachfrageerhöhung um 25 beziehungsweise 50 Prozent ergibt sich eine notwendige Steigerung dieses Lagerbestands um 150 Güter beziehungsweise 300 Güter. Durch die modellierte Zusatzlieferung kann somit nur eine Nachfragesteigerung von 25 Prozent ausgeglichen werden. Steigt die Nachfrage um mehr als 25 Prozent, reicht der zur Verfügung stehende Lagerbestand nicht aus, um die Wiederbeschaffungszeit zu überbrücken. Die Folge ist eine abnehmende „Mobility“ und „Uniformity“.

Zusammenfassend kann festgestellt werden, dass die hier analysierten Prozessanpassungen zu einer verbesserten „Mobility“ der Modelle führen. Dies äußerte sich in den Modellen vier bis neun in einer verringerten Zahl der Stockouts.

In den Modellen vier bis sechs wurde der permanente Wechsel von See- auf Luftfracht analysiert. Durch den Wechsel im Transportmittel konnte die Zeitverzögerung, mit dem Regelungsmechanismen auf die Nachfrageerhöhung reagieren können, reduziert werden und somit die Zahl der Stockouts. Die „Uniformity" der Regelungsmechanismen verringerte sich auf Grund des niedrigeren durchschnittlichen Lagerbestandes geringfügig im Vergleich zu den ursprünglichen Modellen eins und zwei. Im Modell sechs, welches auf dem Steuerungsmechanismus basiert, erhöhte sich die „Mobility" als auch die „Uniformity" in Bezug auf das Kriterium der Stockouts durch den Wechsel des Transportmittels. Grund für diese Performanceverbesserung ist zum einen die verkürzte Wiederbeschaffungszeit und zum anderen der sich damit verringerte notwendige Lagerbestand zur Überbrückung der Wiederbeschaffungszeit.

Eine einmalige Zusatzlieferung von 150 Einheiten zum Zeitpunkt der Nachfrageerhöhung wurde in den Modellen sieben bis neun untersucht. Die Zusatzlieferung führte in den Modellen sieben (Bestellpunkt-Modell) und acht (Bestellrhythmus-Modell) zu einer verbesserten „Mobility". Der den Modellen inhärente Nachteil, auf Grund des Regelungsmechanismus nur mit einer gewissen Zeitverzögerung reagieren zu können, wurde durch die kurzfristige Prozessanpassung eliminiert. Der einmalige Charakter der Zusatzlieferung veränderte die „Uniformity" der Modelle sieben und acht nicht. In Modell neun (Steuerungsmechanismus) war es nur bei der Nachfrageerhöhung um 25 Prozent möglich, die „Mobility" durch die Zusatzlieferung entscheidend zu verbessern. Auf die Nachfrageerhöhung um 50 Prozent konnte jedoch nicht reagiert werden, da der Lagerbestand zur Überbrückung der Wiederbeschaffungszeit nicht ausreichend war. Eine Nachfrageerhöhung von über 25 Prozent lag trotz der Zusatzlieferung von 150 Einheiten außerhalb der „Range" des simulierten Steuerungsprozesses.

4.1.2.2.4 Interpretation der Stückkosten-Differenzen

Die Betrachtung der Stückkosten-Differenzen gibt Aufschluss über die „Mobility" und „Uniformity" des logistischen Prozesses aus Kostensicht. Die Kostenbetrachtung für die Modelle eins bis drei wurden bereits in Kapitel 4.1.2.1.4 vorgenommen. Aus diesem Grund wird im folgenden Kapitel der Schwerpunkt auf die Analyse der Modelle vier bis neun gelegt. In der Abbildung 31 sind die Stückkosten-Differenzen graphisch dargestellt. Die Interpretation der Stückkosten-Differenzen ist durch das

Vorhandensein zum Teil gegenläufiger Kosteneffekte erschwert. Deshalb werden nachfolgend die Kosteneffekte – die ursächlich für die Kosten-Differenzen sind – getrennt betrachtet.

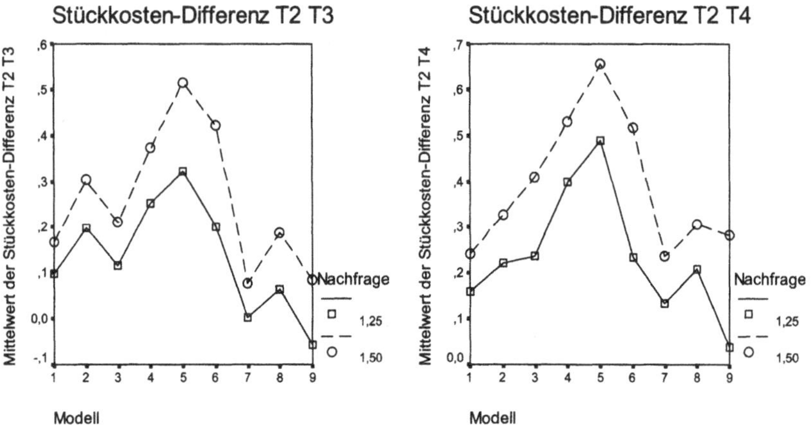

Abbildung 31: Mittelwerte der Stückkosten-Differenzen

Die Transportkosten werden in zweierlei Hinsicht beeinflusst: Durch den permanenten Wechsel auf Luftfracht in den Modellen vier bis sechs und die einmaligen Luftfrachtkosten in den Modellen sieben bis neun erhöhen sich die Transportkosten. Auf der anderen Seite verringern sich die Transportkosten je Stück durch die zunehmende Transportmenge.

In Abbildung 32 sind diese Effekte erkennbar. Zum einen manifestiert sich die Transportkostenerhöhung in den Modellen vier bis sechs in dauerhaft höheren Kosten und somit negativen Differenzen. Der einmalige Lufttransport in den Modellen sieben bis neun führt zu einmalig höheren Transportkosten in Periode T3 und somit zu einer negativen Transportkosten-Differenz im Vergleich zu den Modellen eins und drei.

Der zweite Haupteffekt, der aus der Erhöhung der Transportmenge resultiert, ist an den unterschiedlichen Kostenverläufen der Nachfrageerhöhung von 25 und 50 Prozent für alle Modelle erkennbar. Die Nachfrageerhöhung um 50 Prozent weist im Vergleich zur Erhöhung von 25 Prozent höhere Kostendifferenzen auf. Diese sind ein Beleg für die geringeren Transportstückkosten in Periode T3 und T4 im Vergleich zu Periode T2.

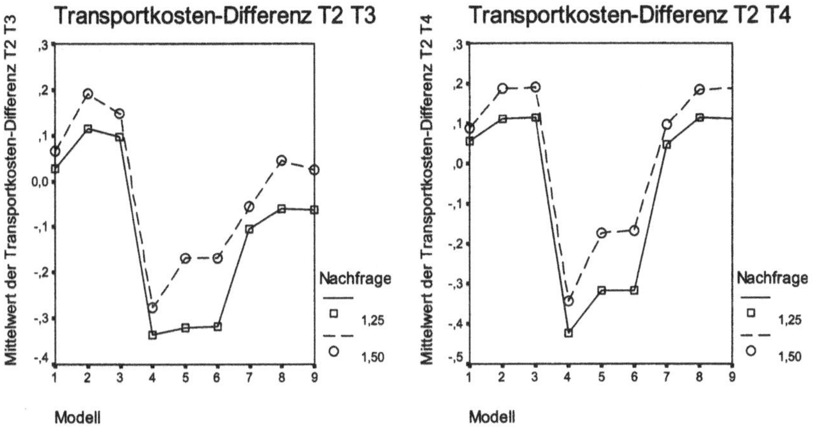

Abbildung 32: Mittelwerte der Transportkosten-Differenzen

Im Gegensatz dazu wirken auf die Lagerkosten je Stück zwei kostensenkende Effekte. Einerseits senkt sich in den Modellen vier bis sechs auf Grund der verkürzten Wiederbeschaffungszeit die durchschnittliche Lagermenge und dadurch verringern sich die Lagerkosten. Andererseits führt die steigende Zahl der gelieferten Güter dazu, dass die durchschnittlichen Kosten des Sicherheitsbestandes abnehmen.

Letzterer Einfluss auf die Lagerkosten zeigt sich in Abbildung 33 an der höheren Kosten-Differenz bei der Nachfrageerhöhung um 50 Prozent im Vergleich zu der Nachfrageerhöhung um 25 Prozent. Die Auswirkung der verkürzten Wiederbeschaffungszeit auf die Lagerkosten ist auch der Abbildung 33 zu entnehmen. Die Modelle vier bis sechs weisen geringere Lagerhaltungskosten je Stück auf als die Ausgangsmodelle eins bis drei. Einer zusätzlichen Erläuterung bedarf die geringfügig negative Lagerkosten-Differenz von Modell neun. Im Vergleich zu Modell sechs ist die Wiederbeschaffungszeit in Modell neun in allen drei Perioden konstant. Zur Überbrückung der Wiederbeschaffungszeit des durch die Nachfrageerhöhungen induzierten Mehrbedarfs dient die Zusatzlieferung. Bei einer Nachfrageerhöhung von 50 Prozent reicht die Zusatzlieferung jedoch nicht aus, die Folge sind reduzierte Lagerkosten in Folge von auftretenden Stockouts. Bei einer Nachfrageerhöhung um 25 Prozent können, wie oben gezeigt, Stockout-Situationen weitestgehend vermieden werden. Demzufolge fallen zusätzliche Lagerkosten für die 150 Güter der Zusatzlieferung an. Diese sind ursächlich für negative Lagerkosten-Differenz.

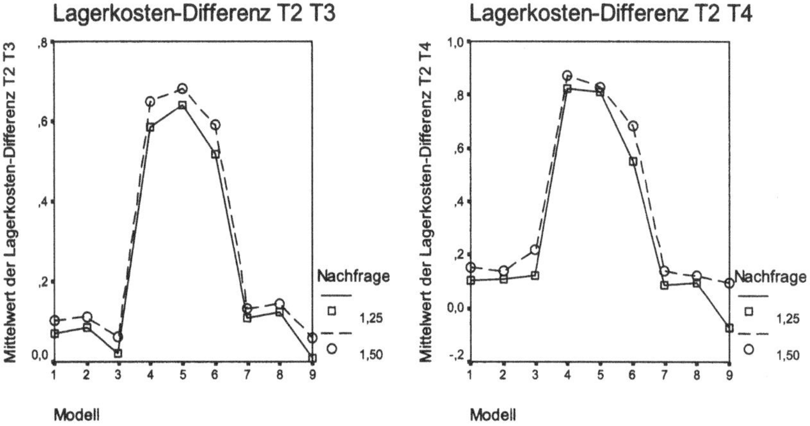

Abbildung 33: Mittelwerte der Lagerkosten-Differenzen

Abschließend ist zu konstatieren, dass bei der Interpretation der Stückkosten-Differenzen unterschiedliche, zum Teil gegenläufige Effekte beachtet werden müssen. Zur Beurteilung der „Mobility“ und „Uniformity“ der Prozessanpassungen können folgende Aussagen getroffen werden. Die „Mobility“ wird durch die Prozessanpassungen in den Modellen vier bis neun insofern beeinflusst, als dass sich höhere Transportkosten durch die Reaktion auf die Nachfrageveränderung ergeben. Die „Uniformity“ wird durch die Prozessanpassungen hinsichtlich der Transportkosten nur in den Modellen vier bis sechs mit dem permanenten Wechsel zur Luftfracht verschlechtert. Dieser Effekt wird allerdings durch die Reduktion der Lagerhaltungskosten auf Grund der verkürzten Wiederbeschaffungszeit überlagert, wie der Abbildung 31 zu entnehmen ist. Die durch die Nachfrageerhöhung reduzierten Transportstückkosten und Lagerkosten führen insgesamt zu einer verbesserten „Mobility“ und „Uniformity“ der Modelle.

4.1.3 Analyse der Mechanismen der Störungsabwehr

4.1.3.1 Untersuchungsdesign

Die Störungsabwehr stellt neben den Mechanismen der Störungsbewältigung eine Möglichkeit dar, um auf Veränderungen zu reagieren. Der Sicherheitsbestand dient in der vorliegenden Analyse zur Abschirmung des logistischen Prozesses vor Flexibilitätsbedarfen.

Tabelle 24: Untersuchungsdesign Störungsabwehr

Faktor	**Ausprägung**			
Unabhängige Faktoren				
Flexibilitätsbedarf Nachfrageveränderung	50%, 75%, 100%, 125%, 150% des Setup-Nachfrageverlaufs			
Sicherheitsbestand	0, 10, 20, 30, 40, 50			
Konstante Faktoren				
Lagerdispositionsregel	Modell 2: Bestellrhythmus-Modell			
Transportzeiten und –kosten für Seefracht	Minimum	Modalwert	Maximum	Kosten
	216	240	264	165
Setup-Nachfrageverlauf	Minimum	Modalwert	Maximum	Standardabweichung
	15	30	45	6,12
Lagerhaltungskosten	25 Prozent			
Kosten je Gut ab Warenausgangslager	165			
Bestellperiode	240 Stunden (entspricht der optimalen Losgröße in T2)			
Abhängige Variablen				
Stockout	Stockout-Differenz zwischen - den Perioden T2 und T3 zur Erfassung der „Mobility“ - den Perioden T2 und T4 zur Erfassung der „Uniformity“ sowie der „Range“			
Kosten	Stückkosten-Differenz zwischen - den Perioden T2 und T3 zur Erfassung der „Mobility“ - den Perioden T2 und T4 zur Erfassung der „Uniformity“ sowie der „Range“			

Die Auswirkungen unterschiedlich hoher Sicherheitsbestände werden am Beispiel des Bestellrhythmus-Modells analysiert. Die konstante Bestellperiode des Bestellrhythmus-Modells erleichtert die Isolierung des Einflusses der Sicherheitsbestände und zudem kommt das Bestellrhythmus-Modell in der Praxis häufig zum Einsatz. Das Untersuchungsdesign ist in Tabelle 24 zusammenfassend dargestellt. Es lehnt sich an die Designs der Störungsbewältigung an.

4.1.3.2 Analyse der Simulationsdaten mit einem Allgemeinen Linearen Modell

Die Datenanalyse mit einem Allgemeinen Linearen Modell hat zum Ziel, relevante Mittelwertunterschiede in den Stockout- und in den Stückkosten-Differenzen in Abhängigkeit vom Sicherheitsbestand als Flexibilitätspotenzial und von der Nachfrageveränderung als Flexibilitätsbedarf zu ermitteln.

In Tabelle 25 sind die Ergebnisse der Tests der Zwischensubjekteffekte für die Stockout-Differenzen dargestellt. Die Ergebnisse lassen auf einen signifikanten Einfluss der unabhängigen Variablen – Nachfrageveränderung und Sicherheitsbestand – auf die Stockout-Differenz T2 T3 schließen. Allerdings ist darauf hinzuweisen, dass nur ein mittleres Bestimmtheitsmaß vorliegt. Zwischen den unabhängigen Variablen und der Stockout-Differenz T2 T4 liegt nur ein Bestimmtheitsmaß von 0,047 vor, das heißt die Stockout-Differenz ist kaum durch die unabhängigen Variablen erklärbar. Dies unterstreichen auch die geringen F-Werte für die Stockout-Differenz T2 T4, die sich aus dem Quotienten der erklärten Varianz und der zufälligen Varianz ergeben. Folglich ist der erklärte Varianzanteil sehr klein. Die Sicherheitsbestände besitzen mit einem Signifikanzwert von 0,352 einen nicht-signifikanten Einfluss auf die Stockout-Differenz T2 T4. Eine Ergebnisinterpretation ist auf der Basis der durch die Analyse mit dem ALM gewonnenen Simulationsdaten nur für die Stockout-Differenz T2 T3 sinnvoll.

Tabelle 25: Tests der Zwischensubjekteffekte für die Stockout-Differenzen[410]

Tests der Zwischensubjekteffekte

Quelle	Abhängige Variable	Quadratsumme vom Typ III	df	Mittel der Quadrate	F	Signifikanz
Korrigiertes Modell	Stockout-Differenz T2 T3	1323926,513[a]	2	661963,26	449,917	,000
	Stockout-Differenz T2 T4	21242,029[b]	2	10621,015	22,250	,000
Intercept	Stockout-Differenz T2 T3	397756,848	1	397756,85	270,344	,000
	Stockout-Differenz T2 T4	10543,591	1	10543,591	22,088	,000
NACHFRAGE	Stockout-Differenz T2 T3	1290956,681	1	1290956,7	877,425	**,000**
	Stockout-Differenz T2 T4	20828,405	1	20828,405	43,634	**,000**
SICHERHEITSBESTAND	Stockout-Differenz T2 T3	32969,832	1	32969,832	22,409	**,000**
	Stockout-Differenz T2 T4	413,624	1	413,624	,867	***,352***
Fehler	Stockout-Differenz T2 T3	1319756,727	897	1471,301		
	Stockout-Differenz T2 T4	428175,860	897	477,342		
Gesamt	Stockout-Differenz T2 T3	3353658,000	900			
	Stockout-Differenz T2 T4	450690,000	900			
Korrigierte Gesamtvariation	Stockout-Differenz T2 T3	2643683,240	899			
	Stockout-Differenz T2 T4	449417,889	899			

a. R-Quadrat = ,501 (korrigiertes R-Quadrat = ,500)

b. R-Quadrat = ,047 (korrigiertes R-Quadrat = ,045)

Im Gegensatz zu den Ergebnissen des ALM für die Stockout-Differenzen besteht, wie der Tabelle 26 zu entnehmen ist, ein signifikanter Einfluss des Sicherheitsbestandes und der Nachfrageveränderungen auf die Stückkosten-Differenzen. Allerdings ist der F-Wert des Sicherheitsbestandes im Vergleich zum F-Wert der Nachfrage erheblich kleiner. Mittelwertunterschiede sind demzufolge eher auf die Höhe der Nachfrageveränderungen zurückzuführen als auf die Höhe des Sicherheitsbestandes. Bei der Interpretation der Mittelwertunterschiede der Stückkosten-Differenzen ist dies zu berücksichtigen. Das Vorhandensein einer Beziehung zwischen den abhängigen Kosten-Differenzen und den unabhängigen Variablen zeigt sich in dem hohen bis sehr hohen Bestimmtheitsmaß, das der Tabelle 26 zu entnehmen ist.

410 Im Anhang sind im Gliederungspunkt ALM-Ergebnisse 5 die zugehörigen Multivariaten Tests zu finden.

Tabelle 26: Tests der Zwischensubjekteffekte für die Stückkosten-Differenzen[411]

Tests der Zwischensubjekteffekte

Quelle	Abhängige Variable	Quadratsumme vom Typ III	df	Mittel der Quadrate	F	Signifikanz
Korrigiertes Modell	Stückkosten-Differenz T2 T3	83,540[a]	2	41,770	4113,197	,000
	Stückkosten-Differenz T2 T4	90,759[b]	2	45,379	3822,912	,000
Intercept	Stückkosten-Differenz T2 T3	63,924	1	63,924	6294,773	,000
	Stückkosten-Differenz T2 T4	66,916	1	66,916	5637,209	,000
NACHFRAGE	Stückkosten-Differenz T2 T3	83,492	1	83,492	8221,698	**,000**
	Stückkosten-Differenz T2 T4	90,658	1	90,658	7637,377	**,000**
SICHERHEITSBESTAND	Stückkosten-Differenz T2 T3	4,769E-02	1	4,769E-02	4,696	**,030**
	Stückkosten-Differenz T2 T4	,100	1	,100	8,447	**,004**
Fehler	Stückkosten-Differenz T2 T3	9,109	897	1,016E-02		
	Stückkosten-Differenz T2 T4	10,648	897	1,187E-02		
Gesamt	Stückkosten-Differenz T2 T3	94,004	900			
	Stückkosten-Differenz T2 T4	102,110	900			
Korrigierte Gesamtvariation	Stückkosten-Differenz T2 T3	92,649	899			
	Stückkosten-Differenz T2 T4	101,406	899			

a. R-Quadrat = ,902 (korrigiertes R-Quadrat = ,901)

b. R-Quadrat = ,895 (korrigiertes R-Quadrat = ,895)

4.1.3.3 Interpretation der Stockout-Differenzen

Der Sicherheitsbestand dient zur Überbrückung der Schwankungen in der Nachfrage und in der Wiederbeschaffungszeit. Auf die rechnerische Bestimmung des Sicherheitsbestandes wurde in Kapitel 3.3.2.1.2 und dort insbesondere in Formel (3-10) eingegangen. Im vorliegenden Untersuchungsdesign ergibt sich ein Wert von rund $s'_d = 30$ für die Standardabweichung der Nachfrage während der Wiederbeschaffungszeit.[412]

In Abbildung 34 sind die Stockout-Differenzen T2 T3 in Abhängigkeit vom Sicherheitsbestand und der Nachfrage dargestellt. Tabelle 27 zeigt die Mittelwerte der Stockouts in der Periode T2 und in Tabelle 28 sind die mittleren Stockouts der Periode T3 dargestellt. Ein Sicherheitsbe-

---

411 Im Anhang sind im Gliederungspunkt ALM-Ergebnisse 6 die zugehörigen Multivariaten Tests zu finden.

412 Der Wert wurde wie folgt berechnet: $29{,}98 = \sqrt{6{,}12^2 \cdot (240/24 + 240/24) + 30^2 \cdot 0{,}408^2}$. Die Standardabweichung der Transportzeit ergibt sich aus der Formel (3-18), wobei die Transportzeit in Tagen berücksichtigt wurde.

stand von 50 Einheiten verhindert fast gänzlich das Auftreten von Stockouts.[413]

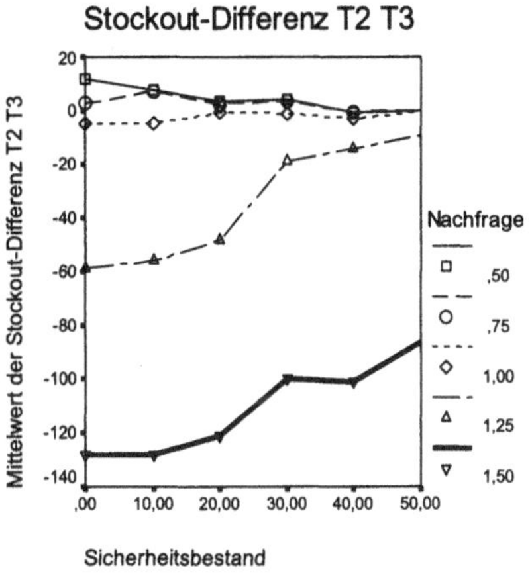

Abbildung 34: Auswirkung des Sicherheitsbestandes und der Nachfrage auf die Stockout-Differenz

Bei der Analyse des Einflusses der Sicherheitsbestände werden im Folgenden die Fälle des Nachfragerückgangs, der gleich bleibenden Nachfrage und der Nachfrageerhöhung getrennt betrachtet.

Im Fall der gleich bleibenden Nachfrage treten nur geringe Stockout-Differenzen T2 T3 auf Grund des stochastischen Charakters der Transportzeit und der Nachfrage auf. Dieses Verhalten ist auch unmittelbar einsichtig, da die gleichen Setupbedingungen in Periode T2 und in Periode T3 vorliegen.

---

413 In Pilotsimulationsläufen wurde ein Sicherheitsbestand von 50 Einheiten zur Vermeidung von Stockouts ermittelt. Die geringe Zahl von Stockouts in Periode T3 bei einer Nachfrage von 100 % deutet jedoch darauf hin, dass Stockouts erst bei höheren Sicherheitsbeständen vermieden werden können.

Tabelle 27: Mittelwerte der Stockouts in der Periode T2

Deskriptive Statistiken

Abhängige Variable: Stockout T2

Sicherheitsbestand	Nachfrage	Mittelwert	Standardabweichung	N
,00	,50	**14,9667**	27,74202	30
	,75	**14,9667**	27,74202	30
	1,00	**14,9667**	27,74202	30
	1,25	**14,9667**	27,74202	30
	1,50	**14,9667**	27,74202	30
10,00	,50	**9,6333**	15,26430	30
	,75	**9,6333**	15,26430	30
	1,00	**9,6333**	15,26430	30
	1,25	**9,6333**	15,26430	30
	1,50	**9,6333**	15,26430	30
20,00	,50	**5,5667**	13,55114	30
	,75	**5,5667**	13,55114	30
	1,00	**5,5667**	13,55114	30
	1,25	**5,5667**	13,55114	30
	1,50	**5,5667**	13,55114	30
30,00	,50	**4,0000**	9,21393	30
	,75	**4,0000**	9,21393	30
	1,00	**4,0000**	9,21393	30
	1,25	**4,0000**	9,21393	30
	1,50	**4,0000**	9,21393	30
40,00	,50	**,0667**	,25371	30
	,75	**,0667**	,25371	30
	1,00	**,0667**	,25371	30
	1,25	**,0667**	,25371	30
	1,50	**,0667**	,25371	30
50,00	,50	**,0000**	,00000	30
	,75	**,0000**	,00000	30
	1,00	**,0000**	,00000	30
	1,25	**,0000**	,00000	30
	1,50	**,0000**	,00000	30

Sinkt die Nachfrage um 25 beziehungsweise 50 Prozent, so treten weniger Stockouts auf. Eine Ausnahme bildet das Modell mit einem Sicherheitsbestand von 50 Einheiten, da bei diesem in der Ausgangssituation keine Stockouts vorliegen. Eine Verringerung der Zahl der Stockouts ist damit bei diesem Sicherheitsbestand nicht möglich. Bei den verbleibenden Untersuchungsdesigns ist die Verringerung der Stockouts auf zwei Effekte zurückzuführen. Zum einen besteht ein temporär begrenzter Effekt zum Zeitpunkt der Nachfrageverringerung. Vom Zeitpunkt der Nachfrageverringerung bis zum nächsten Bestellzeitpunkt liegt ein höherer Lagerbestand als benötigt zur Überbrückung der Wiederbeschaffungszeit vor. Zum anderen reduziert sich die Schwankungsbreite der Nachfrage. Für die Standardabweichung der Nachfrage ergibt sich bei der Senkung der Nachfrage ein rechnerischer Wert von $s_d' = 15$.

Tabelle 28: Mittelwerte der Stockouts in der Periode T3

Deskriptive Statistiken

Abhängige Variable: Stockout T3

Sicherheitsbestand	Nachfrage	Mittelwert	Standardabweichung	N
,00	,50	**3,1333**	4,68845	30
	,75	**12,1667**	13,83669	30
	1,00	**19,5000**	33,25943	30
	1,25	**73,5333**	43,35875	30
	1,50	**143,4667**	47,70363	30
10,00	,50	**1,8667**	5,40583	30
	,75	**2,3000**	5,05248	30
	1,00	**14,3000**	15,47445	30
	1,25	**65,8000**	43,17758	30
	1,50	**138,0667**	49,43469	30
20,00	,50	**1,9000**	6,62467	30
	,75	**3,0333**	7,58621	30
	1,00	**6,1667**	12,27300	30
	1,25	**53,8000**	45,98680	30
	1,50	**126,5000**	42,08264	30
30,00	,50	**,1000**	,54772	30
	,75	**,3000**	,95231	30
	1,00	**4,9667**	10,05668	30
	1,25	**23,1000**	22,13182	30
	1,50	**104,1000**	44,90246	30
40,00	,50	**,4333**	2,37346	30
	,75	**,4333**	2,37346	30
	1,00	**3,0667**	11,57862	30
	1,25	**14,3000**	17,70671	30
	1,50	**101,3667**	45,07961	30
50,00	,50	**,0000**	,00000	30
	,75	**,0000**	,00000	30
	1,00	**,2667**	1,04826	30
	1,25	**9,2000**	14,39205	30
	1,50	**86,6000**	40,04360	30

Die Erhöhung der Nachfrage führt im Gegensatz zur Nachfrageverringerung zu einer größeren Zahl der Stockouts. Hier treten die oben im Rahmen der Nachfrageverringerung beschriebenen Effekte mit gegensätzlicher Wirkungsrichtung auf. Der Lagerbestand zum Zeitpunkt der Nachfrageerhöhung ist nicht ausreichend, um die Wiederbeschaffungszeit zu überbrücken. In Folge dessen kommt es zu Stockouts. Zum anderen erhöht sich die Schwankungsbreite der Nachfrage. Die Standardabweichung der Nachfrage beträgt dann $s_d' = 45$. Keiner der hier untersuchten Sicherheitsbestände ist dann ausreichend, um Stockouts vollständig zu vermeiden.

Abschließend können die Eigenschaften der Mechanismen der Störungsabwehr wie folgt zusammengefasst werden: Die stochastischen Schwankungen im Nachfrageverlauf und in der Wiederbeschaffungszeit können im analysierten Modell mit Hilfe von Sicherheitsbeständen kompensiert werden. Durch den statischen Charakter dieses Mechanismus ist das Modell nicht in der Lage, die Nachfrageerhöhungen auszugleichen und damit auf die Flexibilitätsbedarfe zu reagieren. Eine vollkommene Abschirmung des Systems vor permanent auftretenden Nachfrageerhöhungen ist daher nicht beziehungsweise nur mit sehr hohen Sicherheitsbeständen möglich. Die „Range" der möglichen Störungsabwehr ist demzufolge gering. Die „Mobility" des Prozesses verbessert sich geringfügig durch die sofortige Verfügbarkeit der Sicherheitsbestände. Die „Uniformity" des Prozesses ändert sich nur in geringem Umfang beziehungsweise gar nicht, wie die Ergebnisse des ALM bescheinigen.

4.1.3.4 Interpretation der Stückkosten-Differenzen

Eine abschließende Beurteilung der Sicherheitsbestände als Mechanismus der Störungsabwehr ist nur nach der Analyse der Stückkosten-Differenzen möglich. In den Ergebnissen des ALM wurden signifikante Mittelwertunterschiede in den Kosten-Differenzen in Abhängigkeit von der Nachfrage und des Sicherheitsbestandes nachgewiesen. Allerdings wurde bei der ersten Sichtung der Ergebnisse des Allgemeinen Linearen Modells darauf hingewiesen, dass der Einfluss der Stückkosten-Differenzen hauptsächlich auf die Höhe der Nachfrageveränderung zurückzuführen ist. Bei der Detailanalyse bestätigt sich dieses Ergebnis, wie aus den nahezu horizontalen Linien in Abbildung 35 und den deskriptiven Statistiken in der Tabelle 29 und Tabelle 30 zu entnehmen ist.

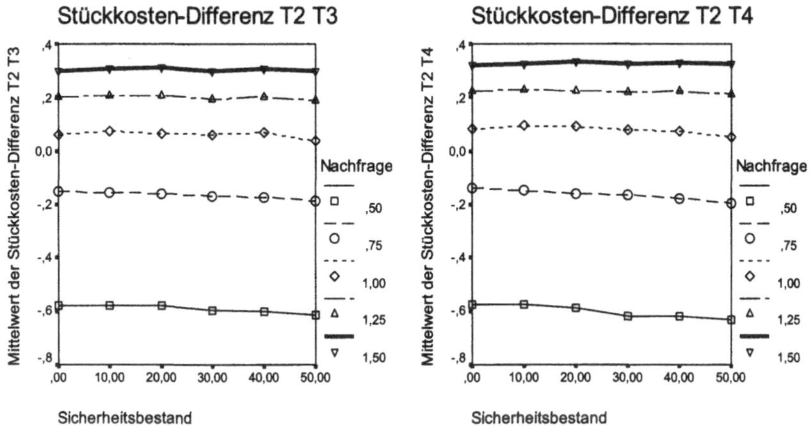

Abbildung 35: Mittelwerte der Stückkosten-Differenzen

Der Stückkosten-Unterschied, der durch die Nachfrage induziert wird, ist auf zwei Effekte mit derselben Wirkungsrichtung zurückzuführen. Zum einen besteht eine Abhängigkeit zwischen den Transportstückkosten und der Nachfrage. Auf Grund der konstanten Bestellperiode fällt unabhängig von der Nachfrage der gleiche Betrag von Bestellkosten an. Die Bestell- beziehungsweise Transportstückkosten sind somit in der deterministischen Betrachtung umgekehrt proportional abhängig von der Nachfragemenge. Zum anderen lässt sich die Stückkosten-Differenz durch die Verteilung der Kosten des Sicherheitsbestandes erklären. Der Sicherheitsbestand stellt gebundenes Kapital dar, für den Lagerhaltungskosten anfallen. Für den Fall, dass der Sicherheitsbestand im Zeitverlauf konstant ist, das heißt nicht benötigt wird, stellen die Lagerhaltungskosten des Sicherheitsbestandes einen Kostenblock dar, der auf die nachgefragte Menge verteilt wird. Vergleichbar zu den Bestellkosten ergibt sich somit ein umgekehrt proportionales Verhältnis zwischen den Stückkosten des Sicherheitsbestandes und der Nachfragemenge.

Die Höhe des Sicherheitsbestandes determiniert die Kosten des Sicherheitsbestandes. Da im vorliegenden Simulationsexperiment von stochastischen Wiederbeschaffungszeiten und einer stochastischen Nachfrage ausgegangen wird, ist nicht von einem Kostenblock auszugehen. Vielmehr wird der Sicherheitsbestand zum Ausgleich der Schwankungen genutzt. Die entstehenden Lagerhaltungskosten für den Sicherheitsbestand sind somit geringer als im deterministischen Fall. Infolgedessen ist der Effekt des Sicherheitsbestandes auf die Stückkosten-Differenz sehr gering.

Tabelle 29: Stückkosten-Differenzen T2 T3 in Abhängigkeit von Sicherheitsbestand und Nachfrage

Deskriptive Statistiken

Abhängige Variable: Stückkosten-Differenz T2 T3

Sicherheitsbestand	Nachfrage	Mittelwert	Standardabweichung	N
,00	,50	**-,5781**	,05246	30
	,75	**-,1502**	,04750	30
	1,00	**,0609**	,04489	30
	1,25	**,2013**	,04609	30
	1,50	**,2980**	,03654	30
10,00	,50	**-,5790**	,05394	30
	,75	**-,1570**	,04853	30
	1,00	**,0734**	,04157	30
	1,25	**,2061**	,04051	30
	1,50	**,3053**	,03944	30
20,00	,50	**-,5794**	,05273	30
	,75	**-,1587**	,03760	30
	1,00	**,0644**	,04160	30
	1,25	**,2073**	,04215	30
	1,50	**,3105**	,04102	30
30,00	,50	**-,5965**	,04881	30
	,75	**-,1688**	,04564	30
	1,00	**,0619**	,05031	30
	1,25	**,1919**	,04368	30
	1,50	**,2974**	,04359	30
40,00	,50	**-,6002**	,04077	30
	,75	**-,1729**	,03984	30
	1,00	**,0681**	,03943	30
	1,25	**,2007**	,03777	30
	1,50	**,3079**	,03766	30
50,00	,50	**-,6150**	,04869	30
	,75	**-,1865**	,03544	30
	1,00	**,0365**	,04437	30
	1,25	**,1874**	,03921	30
	1,50	**,2993**	,04661	30

Abschließend ist zu konstatieren, dass der Sicherheitsbestand Auswirkungen auf die Stückkosten-Differenzen in Abhängigkeit von der Nachfrage hat. Sinkt die Nachfrage, verschlechtert sich die „Uniformity" des logistischen Prozesses relativ zum Referenzzeitraum und vice versa für den Fall der steigenden Nachfrage. Auswirkungen auf die „Mobility" konnten nicht festgestellt werden.

Tabelle 30: Stückkosten-Differenzen T2 T4 in Abhängigkeit von Sicherheitsbestand und Nachfrage

Deskriptive Statistiken

Abhängige Variable: Stückkosten-Differenz T2 T4

Sicherheitsbestand	Nachfrage	Mittelwert	Standardabweichung	N
,00	,50	-,5760	,06529	30
	,75	-,1377	,05075	30
	1,00	,0803	,05840	30
	1,25	,2246	,05547	30
	1,50	,3206	,04886	30
10,00	,50	-,5760	,06227	30
	,75	-,1488	,05869	30
	1,00	,0938	,05416	30
	1,25	,2269	,04975	30
	1,50	,3232	,05582	30
20,00	,50	-,5892	,06376	30
	,75	-,1597	,04855	30
	1,00	,0897	,05237	30
	1,25	,2254	,05647	30
	1,50	,3351	,05443	30
30,00	,50	-,6182	,04614	30
	,75	-,1653	,05806	30
	1,00	,0780	,05976	30
	1,25	,2184	,06279	30
	1,50	,3243	,06630	30
40,00	,50	-,6211	,05114	30
	,75	-,1769	,03385	30
	1,00	,0734	,04134	30
	1,25	,2226	,05501	30
	1,50	,3313	,04278	30
50,00	,50	-,6344	,05774	30
	,75	-,1939	,03754	30
	1,00	,0514	,05637	30
	1,25	,2123	,05174	30
	1,50	,3268	,05953	30

4.1.4 Zwischenfazit der Analyse der Flexibilitätspotenziale

Gegenstand der Kapitel 4.1.2 und 4.1.3 war die Analyse der Anpassungsvorgänge der unterschiedlichen Flexibilitätspotenziale an die Flexibilitätsbedarfe. Die Untersuchung erfolgte vor dem Hintergrund der systemtheoretisch-kybernetisch erarbeiteten Mechanismen und der Dimensionen zur Beschreibung der Flexibilitätspotenziale.

Im Folgenden werden zur Verdeutlichung der Untersuchungsergebnisse die aus der systemtheoretisch-kybernetischen Betrachtung gewonnenen

Eigenschaften der Mechanismen der Störungsabwehr und der Störungsbewältigung den modelltheoretisch gewonnenen Ergebnissen gegenübergestellt.

4.1.4.1 Zwischenfazit der Analyse der Mechanismen der Störungsbewältigung

Die aus der systemtheoretisch-kybernetischen Analyse ableitbaren Eigenschaften der Mechanismen der Störungsbewältigung wurden in Kapitel 2.4.2.1.2 erarbeitet. Untersucht wurden der Mechanismus der Regelung, der Steuerung und der Prozess- beziehungsweise Strukturanpassungen. Die Eigenschaften dieser Mechanismen sind in Tabelle 31 dargestellt. Charakteristisch für die Regelung ist die große Bandbreite der Störungen, auf die in Abhängigkeit von der konkreten Ausgestaltung des Mechanismus mit einer Zeitverzögerung reagiert werden kann. Neben der Zeitverzögerung der Reaktion wurde als weiterer Nachteil die fehlende Präzision des Mechanismus genannt. Mit dem Mechanismus der Steuerung kann hingegen nur auf bekannte Veränderungen – allerdings mit hoher Präzision und ohne wesentliche Zeitverzögerung – reagiert werden. Durch Prozess- und Strukturanpassungen sind Systeme in der Lage, auf eine sehr große Bandbreite von Veränderungen zu reagieren, nachteilig ist jedoch der in der Regel hohe Zeit- und Ressourcenaufwand dieses Mechanismus. Auf der Basis der systemtheoretisch-kybernetischen Charakterisierung ist es möglich, die Flexibilitätspotenziale ex ante anhand der Dimensionen „Range“, „Mobility“ und „Uniformity“ zu beschreiben. Die „Range“ der Prozess- beziehungsweise Strukturanpassungen ist im direkten Vergleich aller drei Mechanismen am größten und die Steuerung besitzt die geringste „Range“ auf Grund der Eigenschaft, nur auf bekannte Störungen reagieren zu können. Die „Mobility“ des Mechanismus der Regelung ist auf Grund der Zeitverzögerung und der schlechteren Präzision als tendenziell schlechter einzuschätzen als die der Steuerung. Dabei ist die konkrete Ausgestaltung des Regelungsmechanismus zu berücksichtigen.[414] In der „Uniformity“-Dimension können keine generischen Vorteile eines Mechanismus aus der theoreti-

[414] Siehe Kapitel 4.1.2.1.3 und dort insbesondere Abbildung 28.

schen Betrachtung identifiziert werden. Aussagen über die Eigenschaften der Prozess- und Strukturanpassungen hinsichtlich der Dimensionen „Mobility“ und „Uniformity“ sind ex ante auf Grund der Vielzahl der Gestaltungsalternativen nur fallweise möglich, deshalb wird an dieser Stelle darauf verzichtet.

Im Simulationsmodell wurde der systemtheoretisch-kybernetische Mechanismus der Regelung mit Hilfe des Bestellpunkt- und des Bestellrhythmus-Modells modelliert. Die Abbildung des Steuerungsmechanismus erfolgte durch das Modell der direkten Informationsverfügbarkeit. Durch den modellierten Wechsel von See- auf Luftfracht und die einmalige Zusatzlieferung war es möglich, Prozessanpassungen zu untersuchen.[415] Die auf der Basis der systemtheoretisch-kybernetischen Betrachtung gewonnenen Eigenschaften der Mechanismen der Störungsbewältigung konnten durch die Analyse der entsprechenden logistischen Gestaltungsparameter weitestgehend bestätigt werden. So zeigte sich, dass durch die Prozess- und Strukturanpassungen die „Range“ des logistischen Prozesses erhöht werden konnte[416] und die „Range“ des Steuerungsmechanismus, modelliert durch die direkte Informationsverfügbarkeit, von allen analysierten Mechanismen der Störungsbewältigung am niedrigsten war.

[415] Die Zuordnung der systemtheoretisch-kybernetischen Mechanismen zu logistischen Gestaltungsparametern erfolgte in Kapitel 3.3.6.2.

[416] Zu beachten ist, dass die „Range“ der Prozessanpassungen durch die Zusatzlieferung nicht erhöht werden konnte, da die Prozessanpassung nicht in ausreichendem Maße vorgenommen wurde. Siehe dazu die Ausführungen in Kapitel 4.1.2.2.3.

Tabelle 31: Zusammenfassung der Untersuchungsergebnisse für die Mechanismen der Störungsbewältigung

Systemtheoretisch-kybernetische Kategorisierung und Charakterisierung der Flexibilitätspotenziale auf Basis der Mechanismen der Störungsbewältigung				
Systemtheoretisch-kybernetischer Mechanismus	Regelung	Steuerung	Prozess-/ Strukturanpassungen	
Systemtheoretisch-kybernetische Charakterisierung	Vielzahl von Störungen Zeitliche Verzögerung Fehlende Präzision	Anpassung an bekannte Störungen	Zeit- und Ressourcenaufwändig	
Ableitbare Aussagen über die Flexibilität auf Basis der systemtheoretisch-kybernetischen Charakterisierung	Große Range Mobility ist abhängig von Zeitverzögerung des Regelungsmechanismus	Geringe Range	Größte Range Mobility und Uniformity sind abhängig von der konkreten Ausgestaltung	
Modelltheoretische Untersuchung der Flexibilitätspotenziale am Beispiel eines logistischen Prozesses				
Abbildung im Simulationsmodell	**Bestellpunkt- und Bestellrhythmus-Verfahren**	**Direkte Informationsverfügbarkeit**	**Wechsel von See- auf Luftfracht**	**Zusatzlieferung**
Zielgröße Stockout	Große Range Mobility ist abhängig von der Zeitverzögerung der Regelung Uniformity verschlechtert sich geringfügig bei Nachfrageerhöhung	Geringe Range Schlechte Mobility bei Nachfrageerhöhung Schlechte Uniformity bei Nachfrageerhöhung	Erhöhung der Range im Vergleich zum Ausgangsprozess Verbesserung der Mobility sowohl bei Regelung als auch bei Steuerung Geringfügig schlechtere Uniformity beim Regelungsmechanismus Verbesserte Uniformity beim Steuerungsmechanismus	Kein Einfluss auf die Range der Steuerung, da keine ausreichende Prozessanpassung Mobility der Regelung verbessert sich, nicht jedoch bei der Steuerung Kein Einfluss auf die Uniformity
Zielgröße Kosten	Nachfragerückgang verbesserte Mobility und Uniformity und vice versa	Nachfragerückgang schlechtere Mobility und Uniformity als bei der Regelung Nachfrageerhöhung verbesserte Mobility und Uniformity, da viele Stockouts vorliegen	Auf die Mobility wirken zwei gegensätzliche Kosteneffekte steigende Transportkosten und sinkende Lagerkosten, wobei die Lagerkosten dominieren Auf die Uniformity wirken die gleichen Effekte wie bei Mobility	Keine Veränderungen in der Uniformity

Auf Grund der großen „Range" des Bestellpunkt- und des Bestellrhythmus-Modells sind die „Mobility" und die „Uniformity" besser als die des Modells der direkten Informationsverfügbarkeit (Steuerungsmechanismus). Der simulierte Wechsel von See- auf Luftfracht verbesserte die „Mobility" und „Uniformity" sowohl des Bestellpunkt- beziehungsweise des Bestellrhythmus-Modells als auch des Modells der direkten Informationsverfügbarkeit. Die einmalige Zusatzlieferung konnte hingegen nur die „Mobility" und „Uniformity" der Bestellpunkt- beziehungsweise Bestellrhythmus-Modelle erhöhen. Das Ausmaß der Prozessanpassung war hingegen zu gering, um einen Einfluss auf die Performance des Modells der direkten Informationsverfügbarkeit (Steuerungsmechanismus) zu besitzen. Die Ergebnisse der modelltheoretischen Untersuchung sind für die Mechanismen der Störungsbewältigung in Tabelle 31 zusammengefasst.

4.1.4.2 Zwischenfazit der Analyse der Mechanismen der Störungsabwehr

In Kapitel 4.1.3 wurden die Mechanismen der Störungsabwehr, insbesondere der Mechanismus der Abschirmung anhand des Simulationsmodells untersucht. Um eine abschließende kritische Würdigung der gewonnenen Simulationsergebnisse vornehmen zu können, werden im Folgenden noch einmal kurz die systemtheoretischen Eigenschaften des Mechanismus und die sich daraus ableitbaren Flexibilitätseigenschaften reflektiert.

Der Mechanismus der Abschirmung wurde in Kapitel 2.4.2.1.1 näher erläutert und wie folgt charakterisiert: aufwändig, starr und informationsverfälschend.[417] Auf der Basis solcher Eigenschaften kann diesem Mechanismus aus der Sicht der Dimensionen zur Beschreibung der Flexibilitätspotenziale eine geringe „Range" – bedingt durch die Starrheit – sowie eine eher schlechte „Mobility" und „Uniformity" durch den Aufwand bei der Implementierung beziehungsweise der Informationsverfälschung attestiert werden.

[417] Für eine ausführliche Darstellung des Mechanismus sei der Leser auf Kapitel 2.4.2.1.1 verwiesen.

Tabelle 32: Zusammenfassung der Untersuchungsergebnisse für die Mechanismen der Störungsabwehr

Systemtheoretisch-kybernetische Kategorisierung und Charakterisierung der Flexibilitätspotenziale auf Basis der Mechanismen der Störungsabwehr		
Systemtheoretisch-kybernetischer Mechanismus	Abschirmung	Selektive Inputaufnahme
Systemtheoretisch-kybernetische Charakterisierung	Aufwändig Starr Informationsverfälschung	Vielzahl von Veränderungen kann bewältigt werden
Ableitbare Aussagen über die Flexibilität auf Basis der systemtheoretisch-kybernetischen Charakterisierung	Geringe Range Tendenziell negativer Einfluss auf Mobility und Uniformity	Große Range
Modelltheoretische Untersuchung der Flexibilitätspotenziale am Beispiel eines logistischen Prozesses		
Abbildung im Simulationsmodell	Sicherheitsbestand	Nicht untersucht
Zielgröße Stockout	In der Range liegen nur Schwankungen der Nachfrage und der Transportzeit und keine Veränderungen in der absoluten Nachfragehöhe Geringer Einfluss auf Mobility Geringer Einfluss auf Uniformity	
Zielgröße Kosten	Geringe Auswirkungen auf Uniformity Kaum Auswirkungen auf Mobility	

Im Rahmen der modelltheoretischen Untersuchung konnten diese aus der systemtheoretisch-kybernetischen Betrachtung abgeleiteten Aussagen weitestgehend bestätigt werden. Der Mechanismus der Abschirmung wurde mit Hilfe des Sicherheitsbestandes im Simulationsmodell abgebildet. Es zeigte sich, dass mit Hilfe des Sicherheitsbestandes nur die Flexibilitätsbedarfe, die aus den Schwankungen in der Nachfrage und der Transportzeit resultieren, innerhalb der „Range" dieses Flexibilitätspotenzials lagen. Erhöhungen der absoluten Nachfrage konnten durch diesen Mechanismus nicht abgedeckt werden, da sie nicht innerhalb der „Range" lagen. Bezogen auf die „Mobility" und die „Uniformity" konnten nur geringe Auswirkungen festgestellt werden.[418] In Tabelle 32 sind die systemtheoretisch-kybernetischen Eigenschaften der Mechanismen der Störungsabwehr und die aus dem Simulationsexperiment gewonnenen Aussagen über den Mechanismus der Abschirmung zusammengefasst.

Abschließend ist zu konstatieren:

- Die Zuordnung der logistischen Gestaltungsparameter zu den systemtheoretisch-kybernetisch erarbeiteten Mechanismen und deren Eigenschaften konnten anhand der gewonnenen Simulationsergebnisse weitgehend bestätigt werden.
- Die theoretisch erarbeiteten Dimensionen „Range", „Mobility", „Uniformity" eignen sich zur Charakterisierung der Flexibilitätspotenziale, da durch deren Verwendung ein konsistentes Begriffswerk eingeführt wurde.[419]

4.2 Durchführung der Flexibilitätsmessung

Die zweite Zielsetzung der Ergebnisanalyse besteht darin, das theoretisch erarbeitete Instrumentarium zur Flexibilitätsmessung auf die gewonnenen Simulationsdaten anzuwenden und entsprechende Aussagen über die Flexibilität der Simulationsszenarien abzuleiten.

In Anlehnung an das theoretisch erarbeitete Vorgehen zur Flexibilitätsmessung[420] werden im Folgenden die einzelnen Schritte zur Messung der Flexibilität näher dargestellt.

---

[418] Zur detaillierten Diskussion der gewonnen Simulationsergebnisse siehe Kapitel 4.1.2.1.3 und 4.1.2.1.4.

[419] Auf die Analyse der „Cost of Providing" der unterschiedlichen Untersuchungsdesigns wurde verzichtet, da entsprechend der getroffenen Annahmen von konstanten Setupkosten, das heißt Investitionskosten, der Untersuchungsdesigns ausgegangen wird. Siehe dazu auch Kapitel 4.1.

[420] Siehe Kapitel 2.4.3.3 und dort insbesondere Abbildung 8, in der die Schritte zur Flexibilitätsmessung zusammenfassend aufgezeigt werden.

4.2.1 Aggregation der Messgrößen je Messdimension

Die Festlegung der zu messenden Größen determiniert den Informationsgehalt der gewonnenen Ergebnisse. Aus diesem Grund werden zunächst die Anforderungen an den Messansatz näher spezifiziert, um darauf aufbauend geeignete Größen festzulegen.

Bestünde die alleinige Aufgabe der Flexibilitätsmessung darin, den Anpassungsvorgang der einzelnen Flexibilitätspotenziale an die Flexibilitätsbedarfe quantitativ zu erfassen, so würden sich die bereits im Rahmen des Kapitels 4.1 eingeführten Stockout-Differenzen und Stückkosten-Differenzen als Messgrößen eignen. Neben dieser Hauptaufgabe existieren jedoch Nebenbedingungen, die im Rahmen der Flexibilitätsmessung zu berücksichtigen sind.[421] Hervorzuheben sind hierbei die Forderungen der Zweckmäßigkeit und der Integration an den Flexibilitätsmessansatz. Unter der Zweckmäßigkeit wurde die Eignung des Messansatzes verstanden, Entscheidungen aus den gewonnenen Ergebnissen ableiten zu können. Unter dem Kriterium der Integration wird die Fähigkeit des Messansatzes zusammengefasst, alle Aspekte des zu messenden Sachverhaltes abzubilden.

Die Kriterien der Zweckmäßigkeit und der Integration erfordern es, die in Kapitel 4.1 verwendeten Größen leicht abzuwandeln. Insbesondere kann aus dem Kriterium der Zweckmäßigkeit die Forderung abgeleitet werden, den zu untersuchenden Größen eine einheitliche Bezugsbasis zu Grunde zu legen, um nicht nur die Beschreibung des Anpassungsvorganges, sondern auch die Ableitung von Entscheidungen zu ermöglichen.

Die Messgrößen werden – wie im theoretischen Vorgehen erarbeitet – anhand der Messdimensionen „Range", „Mobility" und „Uniformity" untergliedert und anschließend wird die Aggregation der Messgrößen je Messdimension vorgenommen.[422] Um das Vorgehen zu verdeutlichen, wird mit Hilfe von Beispielen exemplarisch die Berechnung demonstriert.

---

[421] Zu den Anforderungen an einen Messansatz siehe Kapitel 2.4.3.3.1 und Caplice, C./Sheffi, Y., 1994, S. 14.

[422] Zur Erläuterung der Messdimensionen sei der Leser auf Kapitel 2.4.2.2 verwiesen und zur Aggregation auf das im Kapitel 2.4.3.3.3 erarbeitete Vorgehen.

Die Dimension „Cost of Providing“ wird nicht in die Betrachtung aufgenommen, da in den analysierten Simulationsmodellen von den gleichen „Cost of Providing“ ausgegangen wird. Eine Einbeziehung dieser Größe erhöht somit den Erklärungsgehalt nicht.

4.2.1.1 Range

Die „Range“-Dimension dient zur Beschreibung der prinzipiellen Fähigkeit des logistischen Prozesses, auf bestimmte Flexibilitätsbedarfe reagieren zu können. Das Ergebnis dieser Messdimension ist demzufolge eine dichotome Größe, die aussagt, ob die Flexibilitätsbedarfe innerhalb einer zulässigen Bandbreite liegen oder nicht.

Zur Operationalisierung dieser Messdimension wird das „Range“-Verhältnis aus dem Quotienten der Stockouts und den gelieferten Gütern der Periode T4 errechnet. Das „Range“-Verhältnis wird einem durch den Entscheidungsträger festzulegenden Bewertungskriterium b_{Range} gegenübergestellt.[423] Anhand dieses Bewertungskriteriums wird bestimmt, wie viele Stockouts in der Periode T4 im Vergleich zu den gelieferten Gütern in T4 als noch vertretbar akzeptiert werden. Liegt der Anteil von Stockouts unterhalb des Kriteriums, wird dem logistischen Szenario eine „Range“ von eins zugewiesen.[424] Liegt das „Range“-Verhältnis über dem zulässigen Kriterium, können keine Aussagen über die Flexibilität getroffen werden. Der mathematische Ausdruck zur Berechnung der „Range“ wurde in Formel (2-12) in Kapitel 2.4.3.3.3 dargestellt.

---

[423] Grundlage für die Berechnung der Größen bilden die Durchschnittswerte aller 30 Replikationen eines Szenarios.

[424] Die Einbeziehung von Kostengrößen, zum Beispiel von maximalen Stückkosten zur Ermittlung der „Range“ wäre denkbar, davon wird allerdings in der vorliegenden Analyse abstrahiert.

Für die Berechnung der „Range"-Dimension wird ein Bewertungskriterium $b_{Range} = 0{,}01$ zu Grunde gelegt.[425] Das heißt, 99 Prozent aller Güter werden rechtzeitig geliefert. Für das Modell zwei (Bestellrhythmus-Modell) mit einem Sicherheitsbestand von 10 Einheiten und einer Nachfrageerhöhung um 50 Prozent ergibt sich ein „Range"-Verhältnis von 0,012. Dieser Wert ist größer als das Bewertungskriterium, folglich ist die „Range" für dieses Szenario nicht definiert. Für das bis auf einen um 10 Einheiten höheren Sicherheitsbestand gleiche Szenario wird hingegen ein „Range"-Verhältnis von 0,008 erreicht, so dass eine „Range" von 1 resultiert.

4.2.1.2 Mobility

Die Messdimension „Mobility"[426] beschreibt den Anpassungsvorgang an den Flexibilitätsbedarf näher. Neben der quantitativen Beschreibung der Anpassung ist es notwendig – wie oben erwähnt – Messgrößen mit einer einheitlichen Bezugsbasis zu verwenden. Deshalb werden zur Messung der „Mobility" die absolute Zahl der Stockouts in der Periode T3 sowie die Transport- und Lagerkosten in der Periode T3 herangezogen.[427]

Durch diese beiden Messgrößen wird die Performance hinsichtlich der Lieferfähigkeit und der Kosten während des *Anpassungsvorganges* an den Flexibilitätsbedarf erfasst. Aus entscheidungstheoretischer Sicht sind die beiden Messgrößen durch eine geeignete Verknüpfungsregel zu

---

[425] Die Festlegung des Bewertungskriteriums obliegt der Zielfunktion des Entscheidungsträgers. Bei einem Bewertungskriterium von *0,01* besitzen 20 Flexibilitätspotenziale eine nicht definierte Range. Wird das Bewertungskriterium auf *0,02* erhöht, so verringert sich die Zahl der Potenziale mit nicht definierter Range um 7 auf 13. Eine hundertprozentige Lieferverfügbarkeit (Bewertungskriterium von 0) ist nicht sinnvoll. Siehe dazu Meshkat, H./Ballou, R. H., 1996, S. 197.

[426] Die Messdimension „Mobility" und deren Eigenschaften wurden in Kapitel 2.4.2.2 näher erläutert.

[427] Als Referenzbasis für die Stockout-Differenz wird ein Stockout von null und für die Stückkosten-Differenz werden Transport- und Lagerkosten ebenso von null verwendet. Im Folgenden wird daher ein Stockout in T2 und Stückkosten in T2 von null zu Grunde gelegt. Auf die Berücksichtigung der Kosten je Gut im Warenausgangslager wird verzichtet, da diese in allen Untersuchungsdesigns konstant sind.

aggregieren. Im Rahmen der theoretischen Erarbeitung des Messmodells wurde die Zielgewichtung als geeignete Methode vorgestellt. Voraussetzung für deren Anwendung ist die Festlegung von Zielgewichtungsfaktoren für die einzelnen Messgrößen. Auf Grund der monetären Erfassung der Kosten wird dieser Messgröße der Faktor eins zugewiesen. Die Bedeutung von Stockouts während der Anpassung an den Flexibilitätsbedarf ist durch die Wahl eines geeigneten Gewichtungsfaktors in Abhängigkeit von der Zielfunktion des Systems beziehungsweise der konkreten Entscheidungssituation festzulegen. Die Verknüpfung der Messgrößen zu der „Mobility" erfolgt entsprechend der Formel (2-12), die in Kapitel 2.4.3.3.3 erarbeitet wurde.

Exemplarisch wird das Vorgehen zur Berechnung der „Mobility" an einem der bereits im Rahmen der „Range" Ermittlung vorgestellten Szenarien durchgeführt. Die Ergebnisse der Berechnung sind der Tabelle 33 zu entnehmen. Der Berechnung werden die ermittelten Simulationsergebnisse von Modell zwei mit einem Sicherheitsbestand von 20 Einheiten sowie einer Nachfrageerhöhung von 50 Prozent zu Grunde gelegt. Die Stockouts in T3 betragen in diesem Szenario durchschnittlich 126,5 Einheiten. Als Zielgewichtungsfaktor der Stockouts sind in Abhängigkeit vom Zielsystem verschiedene Werte denkbar.[428] Im vorliegenden Fall wird ein Zielgewichtungsfaktor von 10 und 20 Einheiten angenommen. Entsprechend ergibt sich für den bewerteten Stockout ein Wert von 1265 beziehungsweise von 2530. In der Periode T3 sind zudem Transport- und Lagerkosten von durchschnittlich 4672,17 Geldeinheiten angefallen. Die Kosten je Gut ab Warenausgangslager des Produzenten können vernachlässigt werden, da diese für alle Untersuchungsdesigns konstant sind.[429] Da sowohl Stockouts als auch die Kosten einen negativen Einfluss auf das Zielsystem besitzen, werden diese mit einem negativen Vorzeichen versehen. Entsprechend ergibt sich für die „Mobility" in Abhängigkeit von den Stockout-Zielgewichtungsfaktoren ein Wert von -5937,17 und -7202,17.

---

[428] Zinn et al. nimmt beispielsweise 35 Prozent des Produktwertes für den Fall von Lost-Sales an. Siehe Zinn, W./Bowersox, D. J., 1988, S. 127.

[429] Siehe dazu Kapitel 3.3.4.

4.2.1.3 Uniformity

Die Ermittlung der „Uniformity" Messdimension hat die Erfassung der Performance *nach der Anpassung* an den Flexibilitätsbedarf zum Ziel. Das Vorgehen zur Erfassung der „Uniformity" ist ähnlich dem der „Mobility" Berechnung und wird daher in komprimierter Form dargestellt.

Zur Operationalisierung der Performance werden einerseits die Zahl der Stockouts in Verbindung mit einem individuell festzulegenden Zielgewichtungsfaktor und andererseits die Lager- und Transportkosten in Periode T4 genutzt. Die „Uniformity" ergibt sich aus der Aggregation beider Größen. Auch hier wird, vergleichbar mit dem Vorgehen bei der Berechnung der „Mobility", der „Uniformity" ein negatives Vorzeichen zugewiesen.

In Analogie zur exemplarischen Berechnung der „Mobility" wird die „Uniformity" für das Modell zwei mit einem Sicherheitsbestand von 20 ermittelt. Die Ergebniswerte der „Uniformity" Berechnung sind ebenfalls in Tabelle 33 dargestellt. Das Szenario weist Transport- und Lagerkosten in Periode T4 in Höhe von 4539,02 Einheiten auf. Des Weiteren treten in dem Zeitraum T4 durchschnittlich 18,73 Stockouts auf. Diese sind wiederum mit einem Gewichtungsfaktor von 10 beziehungsweise 20 zu multiplizieren. Denkbar ist auch die Verwendung unterschiedlicher Zielgewichtungsfaktoren in Abhängigkeit von den Zielen des Entscheidungsträgers für die Zahl der Stockouts in Periode T3 und in Periode T4. Es ergibt sich somit ein aggregierter Wert für die „Uniformity" von -4726,36 beziehungsweise von -4913,69.

Die Ergebniswerte aller in der vorliegenden Simulationsstudie erfassten Messdimensionen „Range", „Mobility" und „Uniformity" sind in Tabelle 33 zusammengefasst. Es zeigt sich, dass in Abhängigkeit von der Wahl der Stockout-Bewertungsfaktoren stark abweichende Ergebnisse vor allem in der Messdimension „Mobility" auftreten.

Die Ergebnisse der einzelnen Messdimensionen erlauben es, die Bewertung jedes Simulationsszenarios hinsichtlich der Dimensionen „Range", „Mobility" und „Uniformity" vorzunehmen. So zeigt sich, dass die „Range" bei einem Sicherheitsbestand von 10 nicht definiert ist, das heißt der Prozess keine ausreichende Flexibilität besitzt. Weiterhin ist ein Vergleich der Ergebniswerte für die Dimension „Mobility" zur Dimension „Uniformity" denkbar. Eine abschließende Interpretation der gewonnenen Ergebniswerte ist allerdings nur im Vergleich mit allen Untersuchungsdesigns möglich.

Tabelle 33: Beispielberechnung der Flexibilitätsmessdimensionen

Dimension	Stockout-Bewertungsfaktor			
	10	20	10	20
- „Range"-Verhältnis	0,012		0,008	
Range	**n. d.**		**1**	
- „Mobility" Kosten	-4580,62		-4672,17	
- Stockouts in T3	-138,07		-126,50	
- Stockout Bewertung	-1380,7	-2761,3	-1265,00	-2530
Mobility	**-5961,29**	**-7341,95**	**-5937,17**	**-7202,17**
- „Uniformity" Kosten	-4478,30		-4539,02	
- Stockouts in T4	-25,43		-18,73	
- Stockout Bewertung	-254,33	-508,67	-187,33	-374,67
Uniformity	**-4732,63**	**-4986,96**	**-4726,36**	**-4913,69**
Szenario	Sicherheitsbestand 10		Sicherheitsbestand 20	
	Modell 2, Nachfrageerhöhung 50 Prozent			

Für die Ermittlung der Flexibilitätswerte eines simulierten Szenarios in einer Umweltsituation ist jedoch die Aggregation der Messdimensionen je Umweltsituation erforderlich. Diese wird nachfolgend in Anlehnung an das theoretisch erarbeitete Vorgehen in Kapitel 2.4.3.3 durchgeführt.

4.2.2 Aggregation der Messdimensionen je Umweltsituation

Die Bildung eines Flexibilitätswertes je Flexibilitätspotenzial und Umweltsituation erfolgt mit Hilfe der Methode der Zielgewichtung. Die einzelnen Messdimensionen sind dabei mit Hilfe von Zielgewichtungsfaktoren zu verknüpfen und mit einer geeigneten Verknüpfungsregel zusammenzufassen.

Die „Range"-Dimension nimmt bei der Verknüpfung auf Grund des dichotomen Charakters eine Sonderstellung ein. Ist die „Range" eines logistischen Szenarios bei einer bestimmten Flexibilitätsnachfrage nicht definiert, so besitzt dieses Szenario unabhängig von Zielerreichungswerten der anderen Dimensionen keine Flexibilität, um auf die Nachfrageveränderung reagieren zu können. Der Flexibilitätswert für dieses Szenario ist somit nicht definiert.

Beträgt die „Range" eins, so sind die verbleibenden Dimensionen „Mobility" und „Uniformity" zu einem Flexibilitätswert entsprechend der Formel (2-13) zu aggregieren. Für diesen Schritt sind in Abhängigkeit von der Präferenzfunktion des Entscheidungsträgers beziehungsweise der konkreten Entscheidungssituation Zielgewichtungsfaktoren für die „Mobility" und „Uniformity" festzulegen.[430] Drei prinzipielle Argumentationen sind für die Festlegung der Gewichte denkbar:

- Die „Mobility" ist durch einen im Vergleich zur „Uniformity" höheren Zielgewichtungsfaktor zu betonen, da Lieferfähigkeit und geringe Umstellungskosten während der Reaktion auf den Flexibilitätsbedarf für den Entscheidungsträger besonders wichtig sind.
- Mobility und „Uniformity" sind gleich stark zu gewichten, da sowohl die Anpassung als auch die Performance nach der Anpassung für den Entscheidungsträger von gleicher Bedeutung sind.
- Die „Uniformity" besitzt für den Entscheidungsträger eine höhere Wichtigkeit als die „Mobility" und wird dementsprechend mit einem größeren Zielgewichtungsfaktor versehen. Der Grund dafür ist, dass der langfristigen Performance ein höheres Gewicht beigemessen wird als den temporär begrenzten Anpassungsvorgängen.

Die Berechnung des Flexibilitätswertes je Flexibilitätspotenzial und Umweltsituation wird im Folgenden exemplarisch für die in Tabelle 33 aufgezeigten logistischen Prozesse und deren Ergebniswerte in den drei Messdimensionen durchgeführt. Um den Einfluss der Zielgewichtungsfaktoren zu demonstrieren, wird die Berechnung für drei Zielgewichtungsfaktor-Kombinationen vorgenommen. Die Ergebnisse sind in Tabelle 34 dargelegt.

---

[430] Entsprechend der Formel (2-13) ist für die Range-Dimension ein Zielgewichtungsfaktor zu wählen. Dieser beträgt eins, da eine Gewichtung des dichotomen Wertes nicht sinnvoll ist.

Tabelle 34: **Flexibilitätswerte in Abhängigkeit von der Wahl der Zielgewichtungsfaktoren**

Ergebnisse der Messdimensionen			**Stockout Bewertungsfaktor**			
			10	20	10	20
Range			n. d.		1	
Mobility			-5961,29	-7341,95	-5937,17	-7202,17
Uniformity			-4732,63	-4986,96	-4726,36	-4913,69
Gewichtungsfaktor Mobility : Uniformity			**Flexibilitätswerte**			
25,00%	:	75,00%	n. d.	n. d.	-5029,06	-5485,81
50,00%	:	50,00%	n. d.	n. d.	-5331,77	-6057,93
75,00%	:	25,00%	n. d.	n. d.	-5634,47	-6630,05
Szenario			Sicherheitsbestand 10		Sicherheitsbestand 20	
			Modell 2, Nachfrageerhöhung 50 Prozent			

Bei einem Sicherheitsbestand von 10 Einheiten ist für das betrachtete Szenario die „Range" nicht definiert, folglich ist es auch der Flexibilitätswert nicht.

Der Einfluss der Bewertungs- und Gewichtungsfaktoren auf die Höhe der errechneten Flexibilitätswerte wird bei dem zweiten in Tabelle 34 betrachteten Szenario deutlich. In Abhängigkeit der gewählten Faktoren schwankt der ermittelte Flexibilitätswert von -5029,06 bis -6630,05. Das entspricht einer Abweichung von 31,8 Prozent.[431]

Der ermittelte Flexibilitätswert für ein logistisches Szenario und eine Umweltsituation lässt nur begrenzte Rückschlüsse auf die Flexibilität eines logistischen Prozesses und damit die Auswahl des flexibelsten Prozesses zu, da die Flexibilitätswerte der anderen Umweltsituationen mit anderen spezifischen Flexibilitätsnachfragen nicht betrachtet werden. Um Aussagen über die Flexibilität eines Szenarios in allen untersuchten Umweltsituationen zu erhalten, werden die Flexibilitätswerte im folgenden Kapitel zusammengefasst.

---

[431] Als Referenzbasis für die Prozentangabe wurde der Wert 5029,06 gewählt.

4.2.3 Aggregation der Flexibilitätswerte über alle Umweltsituationen

Das Vorgehen zur Aggregation der Flexibilitätswerte über alle untersuchten Umweltsituationen ist abhängig von der vorliegenden Entscheidungssituation. In der hier durchgeführten Simulationsstudie wird von dem Vorliegen einer Entscheidungssituation unter Risiko mit gleichen Eintrittswahrscheinlichkeiten für jede Umweltsituation ausgegangen.[432] Das (μ,σ)-Prinzips wird daher – wie in Kapitel 2.4.3.3.3 dargestellt – genutzt, um die einzelnen Flexibilitätswerte zu einem Flexibilitätserwartungswert zusammenzufassen.

Bevor jedoch die Umweltsituationen miteinander verknüpft werden, wird eine Vorselektion der in der Simulationsstudie analysierten logistischen Prozesse vorgenommen. Alle Szenarien, deren „Range" in einer oder mehreren Umweltsituationen null ist, werden von der weiteren Analyse ausgeschlossen, da diese die definierten Anforderungen an die „Range" nicht erfüllen.

Tabelle 35: Flexibilitätserwartungswert und Standardabweichung in Abhängigkeit vom untersuchten Simulationsszenario

Modell	Sicherheitsbestand	Range	Mobility	Uniformity	Flexibilitätserwartungswert μ	Stabw. σ	Normierter μ
1	0	1	-3611,56	-3371,59	-6983,15	2700,83	0,26
1	10	1	-3508,94	-3337,71	-6846,65	2604,32	0,38
1	20	1	-3514,17	-3365,86	-6880,03	2517,95	0,35
1	30	1	-3556,82	-3389,02	-6945,84	2551,45	0,29
1	40	1	-3552,35	-3436,94	-6989,28	2493,00	0,25
1	50	1	-3533,49	-3485,75	-7019,23	2452,37	0,23
2	0	n. d.	-3834,64	-3470,57	n. d.		
2	10	n. d.	-3814,95	-3441,66	n. d.		
2	20	1	-3809,59	-3437,46	-7247,06	2473,21	0,02
2	30	1	-3738,74	-3467,60	-7206,34	2356,79	0,06
2	40	1	-3750,79	-3493,70	-7244,49	2368,62	0,02
2	50	1	-3737,92	-3534,22	***-7272,14***	**2294,29**	***0,00***
3	0	n. d.	-6203,99	-7550,24	n. d.		
3	10	n. d.	-5915,42	-7328,89	n. d.		
3	20	n. d.	-5890,73	-7159,61	n. d.		
3	30	n. d.	-5701,27	-6923,13	n. d.		

432 Diese Annahme wurde in Kapitel 3.3.6.1 getroffen.

Modell	Sicherheitsbestand	Range	Mobility	Uniformity	Flexibilitätserwartungswert μ	Stabw. σ	Normierter μ
3	40	n. d.	-5560,13	-6811,28	n. d.		
3	50	n. d.	-5357,87	-6564,33	n. d.		
4	0	n. d.	-3226,31	-3187,14	n. d.		
4	10	1	-3139,17	-3126,44	-6265,61	1837,64	0,90
4	20	1	-3177,62	-3167,74	-6345,36	1835,90	0,83
4	30	1	-3217,66	-3177,10	-6394,76	1840,67	0,78
4	40	1	-3261,35	-3219,80	-6481,15	1831,74	0,71
4	50	1	-3310,83	-3288,48	-6599,31	1908,84	0,60
5	0	n. d.	-3330,28	-3242,62	n. d.		
5	10	n. d.	-3323,34	-3231,57	n. d.		
5	20	1	-3335,54	-3199,77	-6535,31	1533,59	0,66
5	30	1	-3361,51	-3229,94	-6591,45	1550,68	0,61
5	40	1	-3391,41	-3247,70	-6639,11	1546,16	0,56
5	50	1	-3426,14	-3291,64	-6717,78	1551,76	0,49
6	0	n. d.	-3058,85	-3119,86	n. d.		
6	10	1	-3054,88	-3095,75	**-6150,63**	1222,90	**1,00**
6	20	1	-3106,01	-3145,34	-6251,35	1251,94	0,91
6	30	1	-3144,99	-3191,59	-6336,58	1272,05	0,83
6	40	1	-3194,51	-3240,86	-6435,36	1308,66	0,75
6	50	1	-3248,36	-3278,11	-6526,46	1340,72	0,66
7	0	1	-3457,89	-3391,12	-6849,01	2463,01	0,38
7	10	1	-3402,57	-3341,13	-6743,71	2425,88	0,47
7	20	1	-3412,36	-3395,85	-6808,21	2392,34	0,41
7	30	1	-3430,39	-3413,07	-6843,45	2375,00	0,38
7	40	1	-3475,78	-3462,92	-6938,70	2381,86	0,30
7	50	1	-3504,81	-3523,73	-7028,55	2421,39	0,22
8	0	n. d.	-3648,84	-3460,17	n. d.		
8	10	n. d.	-3604,90	-3492,24	n. d.		
8	20	1	-3587,15	-3471,37	-7058,51	2170,67	0,19
8	30	1	-3620,67	-3477,58	-7098,25	2162,55	0,16
8	40	1	-3647,85	-3511,34	-7159,19	2175,77	0,10
8	50	1	-3677,78	-3553,07	-7230,85	2178,72	0,04
9	0	n. d.	-3940,20	-4537,25	n. d.		
9	10	n. d.	-3958,06	-4294,06	n. d.		
9	20	n. d.	-3932,12	-4303,65	n. d.		
9	30	n. d.	-3949,93	-4173,06	n. d.		
9	40	n. d.	-3918,12	-4098,79	n. d.		
9	50	n. d.	-3941,26	-4112,70	n. d.		

Annahmen: Stockout-Bewertungsfaktor 10; „Range"-Kriterium 0,01; gleiche Gewichtung von „Mobility" und „Uniformity".

Die Berechnung des Flexibilitätserwartungswertes μ für die verbleibenden Szenarien erfolgt durch eine Mittelwertbildung der Flexibilitätswerte je Umweltsituation. Um den Informationsgehalt zu erhöhen, wird zusätzlich die Standardabweichung σ des Erwartungswertes angegeben.

Die Ergebnisse der Berechnung für alle untersuchten Simulationsszenarien sind in Tabelle 35 zusammengefasst.

Die ermittelten Flexibilitätserwartungswerte liefern Anhaltspunkte über die Flexibilität der einzelnen logistischen Szenarien. In einer komparativen Analyse kann der flexibelste Prozess – ausgehend von den getroffenen Prämissen – ausgewählt werden. Im vorliegenden Fall handelt es sich um den logistischen Prozess, der auf Modell 6 mit einem Sicherheitsbestand von 10 aufbaut. Kritisch anzumerken ist jedoch, dass eine Vergleichbarkeit der Ergebnisse nur innerhalb der analysierten Entscheidungsmatrix gegeben ist. Um die Interpretation des Flexibilitätserwartungswertes sowie die Einordnung der analysierten Prozesse hinsichtlich der erreichten Flexibilität zu erleichtern und die Robustheit[433] des Messansatzes zu erhöhen, werden die gewonnenen Flexibilitätserwartungswerte nachfolgend normiert.

4.2.4 Ermittlung eines normierten Flexibilitätswertes

Die Normierung der Flexibilitätserwartungswerte wird auf das Intervall [0, 1] vorgenommen und erfolgt formal nach der Formel (2-17).[434] Die normierten Flexibilitätserwartungswerte sind ebenfalls der Tabelle 35 zu entnehmen. Dem flexibelsten Szenario wird der Wert 1 zugewiesen, dem unflexibelsten Szenario der Wert 0. Für die Szenarien mit nicht definierter „Range“ wird kein normierter Flexibilitätserwartungswert angegeben.

4.2.5 Zwischenfazit der Flexibilitätsmessung

Der Flexibilitätserwartungswert beziehungsweise der normierte Flexibilitätswert wurde auf der Grundlage des in Kapitel 2.4.3.3.3 vorgestellten Vorgehens berechnet. Die aus den ermittelten Werten abzuleitenden Aussagen werden im Folgenden zunächst vor dem Hintergrund der definitorischen Grundlagen der Flexibilitätsbetrachtung und danach ausgehend von dem Vorgehen zur Flexibilitätsmessung gewertet.

---

433 Siehe Kapitel 2.4.3.3.3.

434 Der maximale Flexibilitätswert ist in Tabelle 35 fett formatiert, der minimale kursiv.

Aufgabe der Flexibilitätsmessung ist es, die Fähigkeit eines Systems, auf Veränderungen zielgerichtet reagieren zu können, zu ermitteln. Im Vordergrund steht dabei die Messung der Auswirkungen des Flexibilitätsbedarfes auf das Zielsystem. Durch die Einbeziehung der Transport- und Lagerkosten sowie einer der Entscheidungssituation entsprechenden Wahl der Gewichtungsfaktoren ist es möglich, den für die analysierte Problemstellung optimalen Prozess aus einer Reihe von untersuchten Prozessen auszuwählen.[435] In Abhängigkeit von der Wahl der Gewichtungsfaktoren kann ein Prozess ausgewählt werden, der nicht notwendigerweise die geringsten Transport- und Lagerkosten aufweist. In den vorliegenden Simulationsdaten liegen für das Modell sieben – in Verbindung mit einem Sicherheitsbestand von null – die niedrigsten Gesamttransport- und -lagerkosten in allen drei Perioden vor. Auf Grund der höheren Stockouts besitzt dieser Prozess jedoch nur einen normierten Flexibilitätswert von 0,38. Das Dilemma der Flexibilitätsplanung, das aus den diametral zueinander stehenden Größen Kostennachteil und Flexibilitätsvorteil resultiert, bestätigt sich in den gewonnenen Simulationsdaten weitgehend.[436]

Die Bewertung der ermittelten Flexibilitätswerte muss ausgehend von dem Vorgehen zur Flexibilitätsmessung einer kritischen Betrachtung anhand der in Kapitel 2.4.3.3.1 vorgestellten Beurteilungskriterien für Messansätze unterzogen werden. Durch die Vielzahl der Einflussmöglichkeiten in den zu wählenden Parametern der Flexibilitätsmessung sind die gewonnenen Ergebnisse immer vor dem Hintergrund der getroffenen Prämissen und Annahmen zu betrachten. Es konnte anhand eines einfachen Beispiels gezeigt werden, dass der Wahl der Gewichtungsfaktoren eine entscheidende Bedeutung für den ermittelten Flexibilitätswert zukommt. Der Ansatz ist demzufolge nur dann robust,[437] wenn gewährleis-

---

[435] Auf die Betrachtung von Erlösen wird im vorliegenden Simulationsmodell verzichtet, da jedes untersuchte Szenario in jeder Umweltsituationen mit der gleichen Nachfrage konfrontiert wird.

[436] Siehe dazu Kapitel 2.2 und dort insbesondere die Aussagen zum Dilemma der Flexibilitätsplanung.

[437] Unter der Robustheit eines Messansatzes wird verstanden, dass die Ergebnisse der Messung intersubjektiv und intersystemisch vergleichbar sind. Siehe dazu die Ausführungen in 2.4.3.3.1.

tet ist, dass die Annahmen zur Festlegung der Einflussmöglichkeiten intersubjektiv nachvollziehbar sind. Die Robustheit hinsichtlich der intersystemischen Vergleichbarkeit ist nur sehr eingeschränkt durch die Gegenüberstellung der normierten Flexibilitätserwartungswerte gegeben. Durch die Normierung wird zwar eine Vergleichbarkeit suggeriert, die aber nur dann gegeben ist, wenn analoge Prozesse, Messgrößen und Zielgewichtungsfaktoren zur Anwendung gekommen sind.

Des Weiteren wurde bei der Ermittlung des Flexibilitätserwartungswertes von fünf gleichwahrscheinlichen Nachfrageverläufen ausgegangen. Die Ergebnisse sind daher nur auf die hier analysierten Nachfrageverläufe übertragbar und valide. Die Validität[438] der Messergebnisse ist im engeren Sinn ebenfalls nur für das analysierte Untersuchungsdesign gegeben. Möglich ist natürlich die Interpolation der gewonnenen Ergebnisse durch die Ermittlung einer schätzbaren Funktion, allerdings besitzen die Ergebnisse eine eingeschränkte Validität.[439]

Der hier vorgestellte Messansatz ist hinsichtlich der Kriterien der Zweckmäßigkeit, der Integration und des Detaillierungsgrades positiv zu würdigen. Die Zweckmäßigkeit des Ansatzes ist gegeben, da die gewonnenen Flexibilitätswerte zur Ableitung von Entscheidungen herangezogen werden können. Durch die Wahl der Messgrößen ist es möglich, nicht nur den Anpassungsvorgang in Verbindung mit der absoluten Performance der logistischen Prozesse zu erfassen. Alle für dieses Untersuchungsdesign wichtigen Aspekte konnten durch die Wahl geeigneter Messgrößen in die Messung integriert werden. Durch die aufeinander aufbauenden Vorgehensschritte ist es zudem möglich, je nach Bedarf eine geeignete Aggregationsstufe der Messergebnisse – ausgehend von den Messgrößen bis hin zum Flexibilitätserwartungswert – zu wählen. Entscheidungsträgern wird die Möglichkeit gegeben, ausgehend vom normierten Ergebniswert drill-down die Annahmen und Ergebniswerte zu analysieren und nachzuvollziehen.

---

[438] Das Kriterium der Validität eines Messansatzes erfasst, ob der Untersuchungsgegenstand korrekt abgebildet und der Einfluss exogener Größen kontrolliert wird. Siehe Kapitel 2.4.3.3.1.

[439] Auf die Möglichkeit, eine Funktion mit Hilfe des ALM zu schätzen, wurde in Kapitel 4.1.1.1 eingegangen.

Abschließend ist zu konstatieren, dass der angewendete Messansatz, verglichen mit den in der Literatur bekannten Messansätzen – die in den Kapiteln 2.4.3.1 und 2.4.3.2 vorgestellt wurden – Vorteile bietet. Durch die explizite Betrachtung der Dimensionen „Range“, „Mobility“ und „Uniformity“ ist es möglich, den Anpassungsvorgang an die Flexibilitätsbedarfe als auch die absolute Performance in den Flexibilitätserwartungswert zu integrieren. Dieser Flexibilitätsmessansatz stellt somit eine Verbesserung beziehungsweise Detaillierung der bestehenden Ansätze dar.

4.3 Implikationen für das Flexibilitätsmanagement

4.3.1 Relevanz des Flexibilitätsmanagements

Die positive Beeinflussung der Performance durch die Flexibilitätsbetrachtung beziehungsweise das Flexibilitätsmanagement konnte durch Vickery in einer empirischen Studie belegt werden.[440] Dieses Ergebnis kann in der hier durchgeführten Simulationsstudie bestätigt werden, wie der nachfolgende Vergleich von Einbeziehung beziehungsweise Nicht-Einbeziehung der Flexibilitätsbetrachtung zeigt.

Ausgehend von einer in der absoluten Höhe konstanten Nachfrage werden die Entscheidungsträger entweder die niedrigsten Transport- und Lagerkosten je Stück oder die Zahl der Stockouts als Auswahlkriterium für den „optimalen“ logistischen Prozess wählen. Modell drei weist in Verbindung mit dem Sicherheitsbestand von null die geringsten Transport- und Lagerkosten je Stück auf. Sind hingegen die Stockouts das wesentliche Entscheidungskriterium, so würde sich der Entscheidungsträger für das Modell eins mit einem Sicherheitsbestand von 30 Einheiten beziehungsweise für das Modell zwei oder drei mit einem Sicherheitsbestand von jeweils 50 Einheiten entscheiden. Die untersuchten Prozessanpassungen wären nicht Gegenstand der Betrachtung, da auf der Basis der konstanten Nachfrage keine Notwendigkeit dafür besteht.

---

[440] Siehe Vickery, S./Calantone, R., 1999 und Kapitel 2.5.

Vergleicht man die statische Sicht mit der im Simulationsmodell untersuchten Risikosituation mit fünf denkbaren Nachfrageverläufen, so wird anhand der Ergebnisse der Flexibilitätsmessung in Tabelle 35 der Vorteil des Flexibilitätsmanagements und somit auch die Relevanz der Flexibilitätsbetrachtung deutlich. Für das stückkostenoptimale[441] Modell drei ist unabhängig vom Sicherheitsbestand die Flexibilität nicht definiert. Das Modell eins mit einem Sicherheitsbestand von 30 Einheiten weist einen normierten Flexibilitätserwartungswert von 0,29 auf, das Modell zwei mit einem Sicherheitsbestand von 50 Einheiten ist das unflexibelste Szenario in der vorliegenden Simulationsstudie, obwohl beide Szenarien in der statischen Sicht, das heißt bei konstantem Nachfrageverlauf, keine Stockouts aufweisen. Es wird deutlich, dass die in der statischen Sichtweise optimalen Prozesse aus Flexibilitätsgesichtspunkten alles andere als optimale Eigenschaften besitzen, um auf die hier analysierten Nachfrageveränderungen reagieren zu können.

4.3.2 Ansatzpunkte des Flexibilitätsmanagements im vorliegenden logistischen Prozess

Auf der Basis der gewonnenen Flexibilitätswerte sind Entscheidungsträger in der Lage, Ansatzpunkte zur Abstimmung von Flexibilitätsbedarfen und Flexibilitätspotenzialen abzuleiten.

Im vorliegenden Untersuchungsdesign bieten sowohl die einzelnen logistischen Gestaltungsparameter als auch die Flexibilitätsbedarfe Ansatzpunkte zur zielgerechten Veränderung der Flexibilität. Folgende Gestaltungsparameter wurden im logistischen Prozess betrachtet:

- die Lagerdispositionsregel in Verbindung mit
- dem Lagerdispositionsfaktor Sicherheitsbestand und
- als Prozessanpassungen der
    - o Wechsel von See- auf Luftfracht sowie
    - o die einmalige Zusatzlieferung per Luftfracht.

---

[441] Die Kosten je Gut ab Warenausgangslager sind konstant und werden deshalb nicht betrachtet. Unter den hier erläuterten Stückkosten werden die Transport- und Lagerkosten je Stück subsumiert.

Durch die Zuordnung der logistischen Gestaltungsparameter zu den systemtheoretisch-kybernetischen Mechanismen besitzt der Entscheidungsträger die Möglichkeit, ex ante die Flexibilitätseigenschaften der Gestaltungsparameter zu bestimmen und damit gezielt die Flexibilität zu beeinflussen. Dies ist möglich, da die systemtheoretisch-kybernetischen Mechanismen charakteristische Eigenschaften besitzen, die in einen allgemein gültigen Bezugsrahmen einfließen. Der Bezugsrahmen ist vergleichbar mit einer Wissensbasis, die auf jede beliebige Flexibilitätsfragestellung angewandt werden kann. Einzige Voraussetzung für die Nutzung der Wissensbasis ist die Klassifikation der zu analysierenden Gestaltungsparameter anhand der systemtheoretisch-kybernetischen Mechanismen. In Kapitel 4.1.4 wurde die Möglichkeit der Übertragung der Eigenschaften der systemtheoretisch-kybernetischen Mechanismen auf die in dieser Arbeit untersuchten logistischen Gestaltungsparameter dargestellt.

Ausgehend von den untersuchten Gestaltungsalternativen und den gewonnenen Ergebnissen ergeben sich weitere Ansatzpunkte zur Gestaltung der Flexibilitätspotenziale. Im Folgenden werden wesentliche aufgezeigt.

Die Fähigkeit des Mechanismus der Regelung, sich schnell Veränderungen anzupassen, wurde determiniert durch die Zeitverzögerung, mit der der Regler auf Störungen reagiert.[442] Für die Verbesserung der Anpassung und damit der „Mobility" der Regelung bietet sich der Einsatz von Informations- und Kommunikationssystemen[443] an. Mit diesen ist es möglich, den Informationsfluss zwischen den Akteuren im logistischen Prozess zu verbessern, indem die künstlichen Grenzen zwischen den Akteuren durch die Kopplung der „Enterprise Ressource Planning Systems" beziehungsweise „Advanced Planning Systems" mit Hilfe des elektronischen Datenaustausches reduziert werden.[444] Abschließend ist zu erwähnen, dass der Nutzen, der sich aus dem im Geschäftsprozess

[442] Siehe Kapitel 4.1.2.1.3.

[443] Zu Informationssystemen siehe Ferstl, O. K./Sinz, E. J., 2001, S. 1-7.

[444] Siehe Lewis, I./Talalayevsky, A., 1997, S. 143, Reyes, P./Raisinghani, M. S./Singh, M., 2002, S. 64 f. und Mertens, P., 1997, S. 9.

abgeleiteten Informationsfluss ergibt, nicht nur auf den Mechanismus der Regelung beschränkt ist. Vielmehr wurde in empirischen Arbeiten ein allgemein positiver Einfluss der Informations- und Kommunikationstechnologie auf die Leistungsfähigkeit der Supply Chain identifiziert.[445]

Die im Rahmen der Simulationsstudie analysierten Prozessanpassungen erfordern ein hohes Maß an Anpassungsfähigkeit desjenigen, der die Transportleistung erbringt. Die Transportleistung kann im untersuchten logistischen Prozess vom Produzenten, einem logistischen Dienstleister und/oder vom Abnehmer erbracht werden. Ausgehend von der Annahme, dass der Transport durch einen Dienstleister erfolgt, ergeben sich für die Ausgestaltung des Transportvertrages[446] aus der Sicht des Flexibilitätsmanagements Implikationen. Um die im Modell abgebildeten Flexibilitätspotenziale im Bereich des physischen Transports zu garantieren, sind insbesondere zwei Anforderungen festzuschreiben:

- Eine – dem Transportbedarf entsprechende – innerhalb gewisser Grenzen variable Transportmenge.
- Die Möglichkeit des kurzfristigen Wechsels von See- auf Luftfracht beziehungsweise von Luft- auf Seefracht.

Im Rahmen des Flexibilitätsmanagements können zudem Ansatzpunkte für die strukturelle Gestaltung eines logistischen Prozesses abgeleitet werden. Gegenstand der Untersuchung war die Verbindung von Hamburg nach New York.[447] Ursächlich für die Stockouts im Abnehmerlager[448] bei Nachfrageerhöhungen waren nicht – annahmegemäß – Engpässe in der Produktion,[449] sondern die Wiederbeschaffungszeit für die Produkte. Die Wiederbeschaffungszeit ergibt sich aus Transportzeit und Dispositionszeit. Die Transportzeit ist im vorliegenden Modell strukturell

---

[445] Siehe Narasimhan, R./Kim, S. W., 2001.

[446] Zu Verträgen insbesondere Rahmenverträgen im Supply Chain Management siehe Tsay, A. A./Nahmias, S./Agrawal, N., 1999 und Schneidereit, G./Voß, S., 2002.

[447] Siehe Kapitel 3.4.2.

[448] Zur detaillierten Analyse der Stockouts siehe die Kapitel 4.1.2.1.3, 4.1.2.2.3 und 4.1.3.3.

[449] Siehe Kapitel 3.3.4.

bedingt. Durch eine geringere geographische Distanz zwischen Produzent und Abnehmer würde sich die Transportzeit verringern und die Flexibilität des logistischen Prozesses erhöhen lassen. Diese Überlegungen werden gestützt durch die Untersuchungen von Levy, der anhand einer Simulationsstudie verdeutlicht, dass die Kosten der internationalen Beschaffung oft unterschätzt werden und dass die aus der internationalen Beschaffung resultierenden Dispositionsprobleme oft nicht durch Entscheidungsträger antizipiert werden.[450]

Die Gestaltungsparameter wurden eingesetzt, um die Flexibilitätsbedarfe zu decken, die aus

- Schwankungen der Nachfrage,
- Schwankungen der Transportzeit und
- Veränderungen in der Nachfragehöhe resultieren.

Im Rahmen des Flexibilitätsmanagements sind auch, wie in Kapitel 2.4.4 dargestellt, die Flexibilitätsbedarfe ein Ansatzpunkt zur Lösung von Flexibilitätsproblemen. Voraussetzung für die Identifikation von Beeinflussungsmöglichkeiten ist die Strukturierung und Charakterisierung der Flexibilitätsbedarfe anhand des in Kapitel 2.4.1 entwickelten Bezugsrahmens. Übertragen auf die im Simulationsmodell untersuchten Flexibilitätsbedarfe könnten zum Beispiel die permanenten Schwankungen in der Transportzeit durch den Wechsel des logistischen Dienstleisters reduziert werden. Zur Verringerung der Schwankungen in der Nachfrage bietet sich beispielsweise eine Verlängerung der Lieferfrist an. Die Flexibilitätsbedarfe, induziert durch die permanente Erhöhung der Nachfrage, könnten in Abhängigkeit von der Leistungsfähigkeit der eingesetzten logistischen Gestaltungsparameter erhöht werden, um die Zielerreichung des logistischen Prozesses zu verbessern.

Die Darstellung von exemplarischen Maßnahmen zur Beeinflussung der Flexibilitätspotenziale und -bedarfe sollten Möglichkeiten aufzeigen, die sich dem Entscheidungsträger bieten, um die Flexibilität zielsetzungsgerecht auszugestalten. Eine vollständige Aufzählung aller denkbaren Maßnahmen ist auf Grund der Vielzahl und der Abhängigkeit von einer

---

[450] Siehe Levy, D. L., 1995, S. 356.

jeweils konkreten Entscheidungssituation an dieser Stelle nicht möglich und nicht sinnvoll.

4.4 Kritische Würdigung der modelltheoretischen Analyse

Der in dieser Arbeit verfolgte Ansatz zur modelltheoretischen Untersuchung der Flexibilität hatte zum Ziel, den systemtheoretisch-kybernetischen Flexibilitätsbezugsrahmen zu überprüfen und das Vorgehensmodell zur Flexibilitätsmessung auf die gewonnenen Daten exemplarisch anzuwenden, um damit die Relevanz des Flexibilitätsmanagements in interorganisatorischen Szenarien aufzuzeigen.

Bedingt durch die Wahl eines modelltheoretischen Ansatzes ergeben sich Limitationen, vor deren Hintergrund die gewonnenen Erkenntnisse zu würdigen sind. Durch die Auswahl und Abgrenzung des Untersuchungsgegenstandes – des zweistufigen logistischen Prozesses – ergeben sich Beschränkungen hinsichtlich der Zahl der analysierten Flexibilitätspotenziale beziehungsweise der systemtheoretisch-kybernetischen Mechanismen. Die limitierte Anzahl hat einerseits den Vorteil, dass die analysierten Flexibilitätspotenziale einer detaillierten Untersuchung unterzogen werden konnten. Andererseits sind der Aussagegehalt beziehungsweise die Übertragbarkeit der Ergebnisse dadurch eingeschränkt, da nicht alle Faktoren, die die Performance und somit auch die Flexibilität eines interorganisatorischen Szenarios bestimmen, abgebildet wurden. Zu nennen sind qualitative Faktoren, wie zum Beispiel die Art der Partnerschaft,[451] die zwischen den an dem logistischen Prozess beteiligten Akteuren besteht oder auch der Einfluss von Stockouts auf die nachgefragte Menge. Denkbar sind auch weitere Planungsparameter wie die Bedarfsvorhersage,[452] das Postponement,[453] die Betrachtung eines

---

[451] Zu Partnerschaften und deren Ausprägungen siehe Lambert, D. M./Emmelhainz, M. A./Gardner, J. T., 1996 und Lambert, D. M./Emmelhainz, M. A./Gardner, J. T., 1999.

[452] Siehe Ganeshan, R./Boone, T./Stenger, A. J., 2001.

[453] Siehe Zinn, W./Bowersox, D. J., 1988.

Mehrproduktfalls oder auch Fragestellungen der Frachtkonsolidierung[454] in Verbindung mit der Standortstrategie für Lagerhäuser, die aus der hier vorliegenden Analyse ausgeklammert wurden.

Eng verbunden mit der kritischen Betrachtung der Abgrenzung des Untersuchungsgegenstandes sind die im Rahmen der Problemformulierung getroffenen Annahmen. Im vorliegenden Simulationsmodell beruhen diese auf der hier analysierten Literatur. Ein in der Realität vorkommender logistischer Prozess wurde nicht abgebildet. Das hatte den Nachteil, dass zur Modellerstellung eine Vielzahl von Annahmen getroffen werden mussten. Als Beispiel ist die Festlegung der Parameterausprägungen im Rahmen der Datenerhebung zu nennen, insbesondere die Abbildung der Nachfrageveränderungen anhand von fünf gleichwahrscheinlichen Szenarien. Der Vorteil dieses Vorgehens besteht jedoch darin, in Form eines kontrollierten Experimentes den Einfluss bestimmter Parameter beziehungsweise Parameterausprägungen gezielt untersuchen zu können.

Die eingesetzte Analysemethode bedarf zudem einer kritischen Reflektion. Die große Modellierungsmächtigkeit sowie die leichte Änderbarkeit sind die entscheidenden Vorzüge, die für die Auswahl dieser Methode sprechen. Kritisch hingegen ist, dass keine exakten analytischen Erkenntnisse über das wahre Modellverhalten direkt abgeleitet werden können. Die Simulationsergebnisse müssen vielmehr mit Hilfe multivariater Verfahren analysiert werden. Weiterhin ergaben sich in den verschiedenen Simulationsmodellen, bedingt durch die spezifische Abbildung der Modellbesonderheiten, zum Beispiel der Lagerdispositionsregeln, geringfügige Unterschiede in der Performance der Modelle.[455] Ein weiterer Nachteil der Analysemethode besteht darin, dass im vorliegenden Ansatz nur die Bewertung und der Vergleich unterschiedlicher logistischer Gestaltungsparameter hinsichtlich der Flexibilität vorgenommen wurde. Eine Optimierung im Sinne der Ermittlung einer optimalen Ausgestaltung der logistischen Gestaltungsparameter kann mit Hilfe der Analysemetho-

---

[454] Siehe Cooper, M. C., 1982.

[455] Ursächlich für diese Unterschiede sind Rundungen in den durchgeführten Berechnungen während der Simulationsläufe und die diskrete Behandlung der Zeit.

de Simulation nicht erbracht werden.[456] Für eine umfassende Entscheidungsunterstützung im Rahmen des Flexibilitätsmanagements ist die Optimierung jedoch wünschenswert und demzufolge bleibt die Erarbeitung eines Vorgehensmodells die Aufgabe der weiteren Forschung.

Die genannten Limitationen der modelltheoretischen Untersuchung verdeutlichen die generelle Problematik, einen Betrachtungsgegenstand modellhaft abzubilden und mittels einer Analysemethode – hier der Simulation – zu untersuchen. Exemplarisch sind die Arbeiten von Cooper, Zinn/Bowersox und Ganeshan/Boone/Stenger[457] genannt. In diesen werden logistische Fragestellungen anhand eines Modells simulativ untersucht. Die Autoren nehmen die Limitationen des modelltheoretischen Ansatzes in Kauf, um experimentell den Einfluss bestimmter Gestaltungsoptionen aufzuzeigen.

Ein solcher Trade-off zwischen Limitationen und gewonnenen Erkenntnissen liegt auch dieser Arbeit zu Grunde. Um die Limitationen der modelltheoretischen Untersuchung zu relativieren, werden diese vor dem Hintergrund der Ergebnisse betrachtet. Der Hauptkritikpunkt betrifft den stark abgegrenzten Untersuchungsgegenstand in Verbindung mit den verwendeten Daten. Trotz des begrenzten Untersuchungsgegenstandes war es möglich, den aus der systemtheoretisch-kybernetischen Explikation der Flexibilität abgeleiteten Mechanismen zur Bereitstellung von Flexibilitätspotenzialen logistische Gestaltungsparameter zuzuordnen. Lediglich die selektive Inputaufnahme und die Strukturanpassung konnten nicht abgebildet werden.

Anhand der Simulationsergebnisse war es möglich, die theoretisch gewonnenen Eigenschaften der Mechanismen der Störungsabwehr und der Störungsbewältigung durch die Analyse der logistischen Gestaltungsparameter zu bestätigen. Der auf der Basis der bestehenden Literatur vorgestellte Bezugsrahmen zur Beschreibung von Flexibilitätspotenzialen mit Hilfe der Dimensionen „Range“, „Mobility“, „Uniformity“ und

---

[456] Siehe Ballou, R. H., 1989, S. 123.

[457] Siehe Cooper, M. C., 1982, Zinn, W./Bowersox, D. J., 1988 und Ganeshan, R./Boone, T./Stenger, A. J., 2001.

„Cost of Providing" ermöglichte eine definitorisch konsistente Charakterisierung der logistischen Gestaltungsparameter.

In der sich anschließenden Flexibilitätsmessung konnte das theoretisch erarbeitete Vorgehensmodell zur Flexibilitätsmessung hinsichtlich seiner Einsatzfähigkeit überprüft werden. Die gewonnenen Ergebnisse bestätigen die Einsatzfähigkeit, die weitestgehende Erfüllung der dargelegten Anforderungen an einen Messansatz und die Weiterentwicklung beziehungsweise Verbesserung gegenüber bisherigen Ansätzen.

Die im Kapitel 4.3.1 durchgeführte Untersuchung zur Relevanz der Flexibilitätsbetrachtung verdeutlicht die Notwendigkeit eines Flexibilitätsmanagements für die Zielerreichung eines Systems am Beispiel eines interorganisatorischen Szenarios.

5 Zusammenfassung und Fazit

Die Flexibilität, die Fähigkeit sich Veränderungen anzupassen, war der Gegenstand der vorliegenden Arbeit, die sich in einen theoretischen und einen modelltheoretischen Teil untergliedert.

Aufbauend auf der Sichtung der Flexibilitätsliteratur in den Kapiteln 2.1 und 2.2 ergab sich auf Grund eines heterogenen Flexibilitätsverständnisses in der Literatur die Notwendigkeit, die Flexibilität anhand eines allgemein gültigen Bezugsrahmens zu definieren und zu analysieren. Als Bezugsrahmen wurde die Systemtheorie auf Grund der allgemeinen Anwendbarkeit und Übertragbarkeit gewählt.

In Kapitel 2.3.2 wurde auf Basis der in der betriebswirtschaftlichen Literatur genannten Definitionselemente und der Systemtheorie die folgende Flexibilitätsdefinition expliziert:

> *Flexibilität ist die Fähigkeit eines soziotechnischen Systems, sich auf der Basis seiner Handlungsspielräume an relevante system- und umweltinduzierte Veränderungen, die sowohl Chancen als auch Risiken bedeuten können, zielgerichtet anzupassen.*

Um die für Entscheidungsträger wichtige Frage zu beantworten, inwieweit Flexibilität gemanagt werden kann, wurden Bezugsrahmen zur Klassifizierung der Flexibilitätsbedarfe und der Flexibilitätspotenziale entwickelt, beziehungsweise die der bestehenden Literatur erweitert. Vor allem die erstmals vorgenommene Charakterisierung und Klassifizierung der Flexibilitätspotenziale anhand der systemtheoretisch-kybernetischen Mechanismen zur Störungsabwehr und Störungsbewältigung ist hier hervorzuheben.

Die für das Flexibilitätsmanagement notwendige Quantifizierung der Flexibilitätspotenziale war Gegenstand des Kapitels 2.4.3. Die bestehenden Messansätze wurden in Ansätze der Indikator- und in Ansätze der Wirkungsmessung unterschieden. Auf Grund der Schwächen der bestehenden Ansätze wurde ein mehrstufiger Flexibilitätsmessansatz auf Basis der Dimensionen zur Beschreibung der Flexibilität entwickelt. Mit diesem neuen Messansatz ist der Entscheidungsträger in der Lage, die Eigenschaften der Flexibilitätspotenziale anhand der Beschreibungsdimensionen „Range“, „Mobility“, „Uniformity“ und „Cost of Providing“ auf einer niedrigen Aggregationsstufe zu beschreiben und mit Hilfe des aggregierten Flexibilitätserwartungswertes den Gestaltungsparameter mit der in der vorliegenden Entscheidungssituation höchsten Flexibilität auszuwählen.

Die Analyse der Flexibilitätsliteratur offenbarte nur eine geringe Anzahl von Arbeiten, die sich mit Problemen der interorganisatorischen Flexibilität beschäftigen. In einer empirischen Erhebung wurde eine positive Korrelation von Flexibilität und Performance im Rahmen des Supply Chain Management bestätigt. Eine modelltheoretische Flexibilitätsanalyse wurde in der bekannten Literatur jedoch noch nicht vorgenommen, um die Relevanz der interorganisatorischen Flexibilitätsbetrachtung quantitativ zu belegen. Diese Forschungslücke ist Gegenstand der Kapitel 3 und 4.

Nach der Auswahl und Abgrenzung eines geeigneten Untersuchungsgegenstandes des Logistik-Managements und einer geeigneten Analysemethode, der Simulation, wurde ein Vorgehensmodell zur Durchführung der modelltheoretischen Untersuchung der Flexibilität spezifiziert. Die Abbildung von Flexibilitätspotenzialen erfolgte durch logistische Gestaltungsparameter, die anhand der systemtheoretisch-kybernetischen Mechanismen kategorisiert wurden. Schwankungen in der Transportzeit und in der Nachfrage sowie die Veränderung der absoluten Höhe der Nachfrage, zum Beispiel induziert durch Zusatzaufträge, dienten zur Abbildung des Flexibilitätsbedarfs. Durch den Einsatz eines selbst entwickelten Werkzeugs zur Simulationssteuerung war es möglich, die große Anzahl von 270 Simulationsszenarien mit je 30 Replikationen halbautomatisiert durchzuführen.

Die Auswertung der gewonnenen Simulationsergebnisse erfolgte in Kapitel 4 und untergliederte sich in die Auswahl des Allgemeinen Linearen Modells als multivariate Analysemethode, die Ergebnisanalyse und -interpretation in Abhängigkeit von den systemtheoretisch-kybernetisch kategorisierten Flexibilitätspotenzialen sowie in die Flexibilitätsmessung.

In der Analyse der systemtheoretisch-kybernetisch kategorisierten Flexibilitätspotenziale bestätigte sich das gewählte Vorgehen, Flexibilitätspotenziale kategorisieren zu können. Der Vorteil der Einordnung der Flexibilitätspotenziale besteht darin, dass allein durch die Zuordnung potenzieller Flexibilitätspotenziale zu den einzelnen Mechanismen ex ante Aussagen über deren Flexibilitätseigenschaften getroffen werden können. Durch die Nutzung der Beschreibungsdimensionen „Range", „Mobility", „Uniformity" und „Cost of Providing" war zudem eine definitorisch konsistente Charakterisierung der Flexibilitätspotenziale möglich.

Abschließend wurde die Flexibilitätsmessung an den gewonnenen Simulationsergebnissen durchgeführt. Die Einsatzfähigkeit und die Eignung des Messansatzes zur Messung der Flexibilität konnte demonstriert werden. In einer Gegenüberstellung des mit Hilfe der Flexibilitätsanalyse gewonnenen optimalen logistischen Prozesses im Vergleich zu den optimalen Prozessalternativen bei Nicht-Einbeziehung der Flexibilitätsbetrachtung wurden die Relevanz der Flexibilitätsbetrachtung und die Nutzenpotenziale des Flexibilitätsmanagements aufgezeigt.

Aufbauend auf den gewonnenen Ergebnissen dieser Arbeit bieten sich vielfältige Ansatzpunkte für zukünftige Forschungen. Interessant ist die Übertragung der theoretischen Erkenntnisse auf Fragestellungen im Bereich des Supply Chain Managements.

Neben der Übertragung des Instrumentariums lässt die methodische Verfeinerung Ansatzpunkte für weitere Forschungen zu. Durch die Einbeziehung mehrperiodiger Modelle könnte der Nutzen des Flexibilitätsmanagements zur Entscheidungsunterstützung erhöht werden. Um den aufwändigen Prozess der Modellerstellung zu erleichtern, bietet sich die Entwicklung von allgemein gültigen Analysetemplates an. Denkbar ist beispielsweise die Bereitstellung von Templates zur vereinfachten Abbildung des Lagers oder des Transportbereiches. Ein weiterer Ansatzpunkt besteht in der Erweiterung der Analysemethode mit einer Optimierungskomponente, die eine optimale Konfiguration von Gestaltungsparametern ermöglicht.

Anhang

ALM-Ergebnisse 1: Steuerung und Regelung Stockout-Differenzen

Deskriptive Statistiken

	Modell	Mittelwert	Standardabweichung	N
Stockout-Differenz T2 T3	1	-19,6611	40,29921	900
	2	-28,0867	54,22816	900
	3	-260,4989	374,29850	900
	Gesamt	-102,7489	246,26126	2700
Stockout-Differenz T2 T4	1	-,6856	11,51118	900
	2	-1,1889	22,35864	900
	3	-380,5456	536,19967	900
	Gesamt	-127,4733	357,78626	2700

Multivariate Tests[c]

Effekt		Wert	F	Hypothese df	Fehler df	Signifikanz
Intercept	Pillai-Spur	,154	244,745[a]	2,000	2694,000	,000
	Wilks-Lambda	,846	244,745[a]	2,000	2694,000	,000
	Hotelling-Spur	,182	244,745[a]	2,000	2694,000	,000
	Größte charakteristische Wurzel nach Roy	,182	244,745[a]	2,000	2694,000	,000
NACHFRAGE	Pillai-Spur	,379	821,609[a]	2,000	2694,000	,000
	Wilks-Lambda	,621	821,609[a]	2,000	2694,000	,000
	Hotelling-Spur	,610	821,609[a]	2,000	2694,000	,000
	Größte charakteristische Wurzel nach Roy	,610	821,609[a]	2,000	2694,000	,000
SICHERHEITSBESTAND	Pillai-Spur	,016	21,409[a]	2,000	2694,000	,000
	Wilks-Lambda	,984	21,409[a]	2,000	2694,000	,000
	Hotelling-Spur	,016	21,409[a]	2,000	2694,000	,000
	Größte charakteristische Wurzel nach Roy	,016	21,409[a]	2,000	2694,000	,000
MODELL	Pillai-Spur	,314	250,737	4,000	5390,000	,000
	Wilks-Lambda	,687	277,693[a]	4,000	5388,000	,000
	Hotelling-Spur	,453	305,086	4,000	5386,000	,000
	Größte charakteristische Wurzel nach Roy	,449	605,649[b]	2,000	2695,000	,000

a. Exakte Statistik

b. Die Statistik ist eine Obergrenze auf F, die eine Untergrenze auf dem Signifikanzniveau ergibt.

c. Design: Intercept+NACHFRAGE+SICHERHEITSBESTAND+MODELL

ALM-Ergebnisse 2: Steuerung und Regelung Stückkosten-Differenz

Deskriptive Statistiken

	Modell	Mittelwert	Standardabweichung	N
Stückkosten-Differenz T2 T3	1	,0441	,12223	900
	2	-,0388	,32103	900
	3	-,1438	,33464	900
	Gesamt	-,0462	,28726	2700
Stückkosten-Differenz T2 T4	1	-,0540	,29359	900
	2	-,0280	,33586	900
	3	-,1981	,54516	900
	Gesamt	-,0934	,41337	2700

Multivariate Tests[c]

Effekt		Wert	F	Hypothese df	Fehler df	Signifikanz
Intercept	Pillai-Spur	,809	5723,278[a]	2,000	2694,000	**,000**
	Wilks-Lambda	,191	5723,278[a]	2,000	2694,000	**,000**
	Hotelling-Spur	4,249	5723,278[a]	2,000	2694,000	**,000**
	Größte charakteristische Wurzel nach Roy	4,249	5723,278[a]	2,000	2694,000	**,000**
NACHFRAGE	Pillai-Spur	,837	6940,486[a]	2,000	2694,000	**,000**
	Wilks-Lambda	,163	6940,486[a]	2,000	2694,000	**,000**
	Hotelling-Spur	5,153	6940,486[a]	2,000	2694,000	**,000**
	Größte charakteristische Wurzel nach Roy	5,153	6940,486[a]	2,000	2694,000	**,000**
SICHERHEITSBESTAND	Pillai-Spur	,005	7,305[a]	2,000	2694,000	**,001**
	Wilks-Lambda	,995	7,305[a]	2,000	2694,000	**,001**
	Hotelling-Spur	,005	7,305[a]	2,000	2694,000	**,001**
	Größte charakteristische Wurzel nach Roy	,005	7,305[a]	2,000	2694,000	**,001**
MODELL	Pillai-Spur	,325	261,208	4,000	5390,000	**,000**
	Wilks-Lambda	,699	264,452[a]	4,000	5388,000	**,000**
	Hotelling-Spur	,398	267,701	4,000	5386,000	**,000**
	Größte charakteristische Wurzel nach Roy	,276	371,865[b]	2,000	2695,000	**,000**

a. Exakte Statistik

b. Die Statistik ist eine Obergrenze auf F, die eine Untergrenze auf dem Signifikanzniveau ergibt.

c. Design: Intercept+NACHFRAGE+SICHERHEITSBESTAND+MODELL

ALM-Ergebnisse 3: Prozess- und Strukturanpassungen Stockout-Differenz

Deskriptive Statistiken

	Modell	Mittelwert	Standardabweichung	N
Stockout-Differenz T2 T3	1	-50,6444	48,51851	360
	2	-72,6139	59,73878	360
	3	-654,9056	300,85190	360
	4	-4,2667	14,18308	360
	5	-3,1889	20,28894	360
	6	2,6111	13,66018	360
	7	-4,9611	17,29729	360
	8	-4,6889	24,97615	360
	9	-146,8556	166,15059	360
	Gesamt	-104,3904	232,34904	3240
Stockout-Differenz T2 T4	1	-3,2833	13,85370	360
	2	-6,3889	26,58929	360
	3	-954,1611	411,74295	360
	4	-4,5917	14,61397	360
	5	-8,1389	25,60940	360
	6	3,7111	13,10191	360
	7	-3,1750	13,68100	360
	8	-4,6361	25,80737	360
	9	-217,0306	246,11750	360
	Gesamt	-133,0772	338,44328	3240

zu ALM-Ergebnisse 3: Prozess- und Strukturanpassungen Stockout-Differenz

Multivariate Tests[c]

Effekt		Wert	F	Hypothese df	Fehler df	Signifikanz
Intercept	Pillai-Spur	,145	274,205[a]	2,000	3228,000	**,000**
	Wilks-Lambda	,855	274,205[a]	2,000	3228,000	**,000**
	Hotelling-Spur	,170	274,205[a]	2,000	3228,000	**,000**
	Größte charakteristische Wurzel nach Roy	,170	274,205[a]	2,000	3228,000	**,000**
NACHFRAGE	Pillai-Spur	,220	455,411[a]	2,000	3228,000	**,000**
	Wilks-Lambda	,780	455,411[a]	2,000	3228,000	**,000**
	Hotelling-Spur	,282	455,411[a]	2,000	3228,000	**,000**
	Größte charakteristische Wurzel nach Roy	,282	455,411[a]	2,000	3228,000	**,000**
SICHERHEITSBE-STAND	Pillai-Spur	,026	42,945[a]	2,000	3228,000	**,000**
	Wilks-Lambda	,974	42,945[a]	2,000	3228,000	**,000**
	Hotelling-Spur	,027	42,945[a]	2,000	3228,000	**,000**
	Größte charakteristische Wurzel nach Roy	,027	42,945[a]	2,000	3228,000	**,000**
MODELL	Pillai-Spur	,955	368,944	16,000	6458,000	**,000**
	Wilks-Lambda	,159	607,890[a]	16,000	6456,000	**,000**
	Hotelling-Spur	4,565	920,662	16,000	6454,000	**,000**
	Größte charakteristische Wurzel nach Roy	4,402	1776,630[b]	8,000	3229,000	**,000**

a. Exakte Statistik

b. Die Statistik ist eine Obergrenze auf F, die eine Untergrenze auf dem Signifikanzniveau ergibt.

c. Design: Intercept+NACHFRAG+SICHERHEITSBESTAND+MODELL

ALM-Ergebnisse 4: Prozess- und Strukturanpassungen Stückkosten-Differenz

Deskriptive Statistiken

	Modell	Mittelwert	Standardabweichung	N
Stückkosten-Differenz T2 T3	1	,1337	,08033	360
	2	,2511	,06635	360
	3	,1637	,05517	360
	4	,3120	,09317	360
	5	,4184	,10830	360
	6	,3113	,11894	360
	7	,0413	,08089	360
	8	,1261	,07494	360
	9	,0147	,07864	360
	Gesamt	,1969	,15367	3240
Stückkosten-Differenz T2 T4	1	,2006	,08315	360
	2	,2743	,07588	360
	3	,3231	,09487	360
	4	,4656	,11169	360
	5	,5729	,10095	360
	6	,3749	,14963	360
	7	,1850	,08400	360
	8	,2573	,07074	360
	9	,1607	,12945	360
	Gesamt	,3127	,16564	3240

zu ALM-Ergebnisse 4: Prozess- und Strukturanpassungen Stückkosten-Differenz

Multivariate Tests[c]

Effekt		Wert	F	Hypothese df	Fehler df	Signifikanz
Intercept	Pillai-Spur	,402	1082,884[a]	2,000	3228,000	**,000**
	Wilks-Lambda	,598	1082,884[a]	2,000	3228,000	**,000**
	Hotelling-Spur	,671	1082,884[a]	2,000	3228,000	**,000**
	Größte charakteristische Wurzel nach Roy	,671	1082,884[a]	2,000	3228,000	**,000**
NACHFRAGE	Pillai-Spur	,607	2494,986[a]	2,000	3228,000	**,000**
	Wilks-Lambda	,393	2494,986[a]	2,000	3228,000	**,000**
	Hotelling-Spur	1,546	2494,986[a]	2,000	3228,000	**,000**
	Größte charakteristische Wurzel nach Roy	1,546	2494,986[a]	2,000	3228,000	**,000**
SICHERHEITSBE-STAND	Pillai-Spur	,012	18,890[a]	2,000	3228,000	**,000**
	Wilks-Lambda	,988	18,890[a]	2,000	3228,000	**,000**
	Hotelling-Spur	,012	18,890[a]	2,000	3228,000	**,000**
	Größte charakteristische Wurzel nach Roy	,012	18,890[a]	2,000	3228,000	**,000**
MODELL	Pillai-Spur	1,243	662,130	16,000	6458,000	**,000**
	Wilks-Lambda	,096	899,802[a]	16,000	6456,000	**,000**
	Hotelling-Spur	5,902	1190,422	16,000	6454,000	**,000**
	Größte charakteristische Wurzel nach Roy	5,227	2109,685[b]	8,000	3229,000	**,000**

a. Exakte Statistik

b. Die Statistik ist eine Obergrenze auf F, die eine Untergrenze auf dem Signifikanzniveau ergibt.

c. Design: Intercept+NACHFRAG+SICHERHEITSBESTAND+MODELL

ALM-Ergebnisse 5: Störungsabwehr Stockout-Differenz

Deskriptive Statistiken

	Mittelwert	Standardabweichung	N
Stockout-Differenz T2 T3	-28,0867	54,22816	900
Stockout-Differenz T2 T4	-1,1889	22,35864	900

Multivariate Tests[b]

Effekt		Wert	F	Hypothese df	Fehler df	Signifikanz
Intercept	Pillai-Spur	,232	135,601[a]	2,000	896,000	**,000**
	Wilks-Lambda	,768	135,601[a]	2,000	896,000	**,000**
	Hotelling-Spur	,303	135,601[a]	2,000	896,000	**,000**
	Größte charakteristische Wurzel nach Roy	,303	135,601[a]	2,000	896,000	**,000**
NACHFRAGE	Pillai-Spur	,499	445,924[a]	2,000	896,000	**,000**
	Wilks-Lambda	,501	445,924[a]	2,000	896,000	**,000**
	Hotelling-Spur	,995	445,924[a]	2,000	896,000	**,000**
	Größte charakteristische Wurzel nach Roy	,995	445,924[a]	2,000	896,000	**,000**
SICHERHEITSBESTAND	Pillai-Spur	,025	11,481[a]	2,000	896,000	**,000**
	Wilks-Lambda	,975	11,481[a]	2,000	896,000	**,000**
	Hotelling-Spur	,026	11,481[a]	2,000	896,000	**,000**
	Größte charakteristische Wurzel nach Roy	,026	11,481[a]	2,000	896,000	**,000**

a. Exakte Statistik

b. Design: Intercept+NACHFRAGE+SICHERHEITSBESTAND

ALM-Ergebnisse 6: Störungsabwehr Stückkosten-Differenz

Deskriptive Statistiken

	Mittelwert	Standardab-weichung	N
Stückkosten-Differenz T2 T3	-,0388	,32103	900
Stückkosten-Differenz T2 T4	-,0280	,33586	900

Multivariate Tests[b]

Effekt		Wert	F	Hypothese df	Fehler df	Signifikanz
Intercept	Pillai-Spur	,875	3145,640[a]	2,000	896,000	**,000**
	Wilks-Lambda	,125	3145,640[a]	2,000	896,000	**,000**
	Hotelling-Spur	7,022	3145,640[a]	2,000	896,000	**,000**
	Größte charakteristische Wurzel nach Roy	7,022	3145,640[a]	2,000	896,000	**,000**
NACHFRAGE	Pillai-Spur	,902	4128,848[a]	2,000	896,000	**,000**
	Wilks-Lambda	,098	4128,848[a]	2,000	896,000	**,000**
	Hotelling-Spur	9,216	4128,848[a]	2,000	896,000	**,000**
	Größte charakteristische Wurzel nach Roy	9,216	4128,848[a]	2,000	896,000	**,000**
SICHERHEITSBE-STAND	Pillai-Spur	,012	5,523[a]	2,000	896,000	**,004**
	Wilks-Lambda	,988	5,523[a]	2,000	896,000	**,004**
	Hotelling-Spur	,012	5,523[a]	2,000	896,000	**,004**
	Größte charakteristische Wurzel nach Roy	,012	5,523[a]	2,000	896,000	**,004**

a. Exakte Statistik

b. Design: Intercept+NACHFRAGE+SICHERHEITSBESTAND

Literaturverzeichnis

Adam, D. (1993): Flexible Fertigungssysteme im Spannungsfeld zwischen Rationalisierung, Flexibilisierung und veränderten Fertigungsstrukturen, in: Adam, D. (Hrsg.): Flexible Fertigungssysteme. Münster: 5-28.

Adam, D. (1996): Planung und Entscheidung Modelle - Ziele - Methoden Mit Fallstudien und Lösungen, Wiesbaden, 4. Auflage.

Aviv, Y. (2001): The Effect of Collaborative Forecasting on Supply Chain Performance, in: Management Science 47(10): 1326-1343.

Backhaus, K./Erichson, B./Plinke, W./Weiber, R. (2000): Multivariate Analysemethoden - Eine anwendungsorientierte Einführung, Berlin et al., 9. Auflage.

Balci, O. (1998): Verification, Validation, and Testing, in: Banks, J. (Hrsg.): Handbook of Simulation - Principles, Methodology, Advances, Applications, and Practice. New York: 335-393.

Ballou, R. H. (1989): Heuristics: Rules of Thumb for Logistics Decision Making, in: Journal of Business Logistics 10(1): 122-133.

Ballou, R. H. (1999): Business Logistics Management - Planning, Organizing, and Controlling the Supply Chain, Upper Saddle River, 4. Auflage.

Bamberg, G./Coenenberg, A. G. (2000): Betriebswirtschaftliche Entscheidungslehre, München, 10. Auflage.

Banks, J. (1998): Software for Simulation, in: Banks, J. (Hrsg.): Handbook of Simulation Principles, Methodology, Applications, and Practice. New York: 813-835.

Banks, J./Carson, J. S./Nelson, B. L./Nicol, D. M. (2001): Discrete-Event System Simulation, Upper Saddle River, 3. Auflage.

Beach, R./Muhlemann, A. P./Price, D. H. R. (2000): Manufacturing operations and strategic flexibility: survey and cases, in: International Journal of Operations & Production Management 20(1): 7-30.

Beamon, B. M. (1998): Supply chain designs and analysis: Models and methods, in: International Journal of Production Economics 55: 281-294.

Bechtel, C./Jayaram, J. (1997): Supply Chain Management: A Strategic Perspective, in: International Journal of Logistics Management 8(1): 15-34.

Behrbohm, P. (1985): Flexibilität in der industriellen Produktion Grundüberlegungen zur Systematisierung und Gestaltung der produktionswirtschaftlichen Flexibilität, Frankfurt am Main, Bern, New York.

Blecker, T. (1999): Unternehmung ohne Grenzen - Konzepte, Strategien und Gestaltungsempfehlungen für das Strategische Management, Wiesbaden.

Bonney, M. C./Zhang, Z./Head, M. A./Tien, C./Barson, R. J. (1999): Are push and pull systems really so different?, in: International Journal of Production Economics 59(1-3): 53-64.

Bowersox, D. J./Closs, D. J. (1989): Simulation in Logistics: Present Practice and a Look to the Future, in: Journal of Business Logistics 10(1): 133-148.

Bowersox, D. J./Closs, D. J. (1996): Logistical Management - The integrated supply chain process, New York et al., 3. Auflage.

Brosius, F. (2002): SPSS 11, Bonn.

Bühl, A./Zöfel, P. (2002): SPSS 11 Einführung in die moderne Datenanalyse unter Windows, München, 8. Auflage.

Bursee, M. (1999): Flexibilitätspotential und Organisationsgestaltung, Berlin.

Buscher, D. U. (1999): ZP-Stichwort: Supply Chain Management, in: Zeitschrift für Planung(10): 449-456.

Buzacott, J./Shanthikumar, J. G. (1993): Stochastic models of manufacturing systems, Englewood Cliffs, NJ.

Caplice, C./Sheffi, Y. (1994): A Review and Evaluation of Logistics Metrics, in: The International Journal of Logistics Management 5(2): 11-28.

Charnes, A./Cooper, W. W. (1961): Management models and industrial applications of linear programming, New York.

Choi, S.-H./Kim, J.-S. (1998): A Study on the measurement of comprehensive Flexibility in Manufacturing systems, in: Computers & Industrial Engineering 34(1): 103-118.

Christopher, M. (2000): The Agile Supply Chain, in: Industrial Marketing Management 29(1): 37-44.

CLM-Forum, Definition Logistics Management, URL: http://www.clm1.org/aboutus/aboutUs_clmdef.asp, Letzter Zugriff: 19. März 2003.

Cooper, M. C. (1982): An Investigation of Freight Consolidation and Warehouse Strategies in Industrial Distribution Systems. Marketing and Logistics. Columbus, Ohio State University.

Cooper, M. C./Lambert, D. M./Pagh, J. D. (1997): Supply Chain Management: More Than a New Name for Logistics, in: The International Journal of Logistics Management 8(1): 1-14.

Corsten, H./Gössinger, R. (2001): Einführung in das Supply Chain Management, München et al.

Croxton, K. L./Garía-Dastugue, S./Lambert, D. M. (2001): The Supply Chain Management Processes, in: The International Journal of Logistics Management 12(2): 13-36.

Cyert, R. M./March, J. G. (1995): Eine verhaltenswissenschaftliche Theorie der Unternehmung, Stuttgart, 2. Auflage.

De Meyer, A./Nakane, J./Miller, J. G./Ferdows, K. (1989): Flexibility: The next competitive battle, in: Strategic Management Journal 10(2): 135-144.

Dean, A./Voss, D. (1999): Design and Analysis of Experiments, New York.

Diebold, J. (1952): Automation: The Advent of the Automated Factory, New York.

Dixon, R. J. (1992): Measuring manufacturing flexibility: An empirical research, in: European Journal of Operational Research 60(2): 131-143.

Domschke, W./Drexl, A. (1995): Einführung in das Operations Research, Berlin et al., 3. Auflage.

Dove, R. (1995): Best Agile Practice Reference Base - 1994: Challenge Models and Benchmarks. 4th Annual Agility Conference, Bethlehem, PA.

Drosdowski, G./Müller, W./Scholze-Stubenrecht, W./Wermke, M. (1996): Duden - Die deutsche Rechtschreibung, Mannheim et al., 21. Auflage.

Eisenführ, F./Weber, M. (1999): Rationales Entscheiden, Berlin, 3. Auflage.

Eppink, D. J. (1978): Planning for Strategic Flexibility, in: Long Range Planning 11(4): 9 - 15.

Eversheim, W./Schaefer, F.-W. (1980): Planung des Flexibilitätsbedarfs von Industrieunternehmen, in: DBW 40: 229-248.

Fahrmeir, L./Hamerle, A./Tutz, G. (1996): Multivariate statistische Verfahren, Berlin, New York, 2. Auflage.

Fallgatter, M. (1995): Grenzen der Schlankheit: Lean Management braucht Organizational Slack, in: zfo 64(4): 215-220.

Feibleman, J./Friend, J. W. (1945): The structure and function of organization, in: Philosophical Review 54: 19-44.

Ferstl, O. K./Sinz, E. J. (2001): Grundlagen der Wirtschaftsinformatik, München, 4. Auflage.

Fichtner, S. (1992): Sonderabfallwirtschaft als Handlungsfeld des Ökonomen, Ludwigsburg.

Fisch, R. (1990): Die Handhabung von Komplexität beim Problemlösen und Entscheiden, in: Fisch, R./Boos, M. (Hrsg.): Vom Umgang mit Komplexität in Organisationen. Konstanz: 11-39.

Flik, H. (1969): Kybernetische Ansätze zur Organisation des Führungsprozesses der Unternehmung, Berlin.

Fraunhofer-Institut (1998): Delphi `98 Umfrage. Studie zur globalen Entwicklung von Wissenschaft und Technik. Methoden und Datenbestand, Karlsruhe.

Fries, S./Seghezzi, H. D. (1994): Entwicklung von Messgrößen für Geschäftsprozesse, in: Controlling(6): 338-345.

Fuchs, H. (1972): Systemtheorie, in: Bleicher, K. (Hrsg.): Organisation als System. Wiesbaden: 47-57.

Fuchs, H. (1973): Systemtheorie und Organisation, Wiesbaden.

Gagsch, S. (1980): Subsystembildung, in: Grochla, E. (Hrsg.): Handwörterbuch der Organisation. Stuttgart: Sp. 2156-2171.

Ganeshan, R. (1997): Analytical Essays in Supply Chain Management. Academic Department: Management Science, Pennsylvenia State University.

Ganeshan, R./Boone, T./Stenger, A. J. (2001): The impact of inventory and flow planning parameters on supply chain performance: An exploratory study, in: International Journal of Production Economics 71(1-3): 111-118.

Gavirneni, S. (2002): Information Flows in Capacitated Supply Chains with Fixed Ordering Costs, in: Management Science 48(5): 644-651.

Gerwin, D. (1987): A review of empirical research on manufacturing flexibility, in: International Journal of Operations and Production Management 7(1): 38-49.

Gerwin, D. (1993): Manufacturing Flexibility: A Strategic Perspective, in: Management Science 39(4): 395-410.

Goldsman, D./Nelson, B. L. (1998): Comparing Systems via Simulation, in: Banks, J. (Hrsg.): Handbook of Simulation Principles, Methodology, Advances, Applications, and Practice. New York: 273-333.

Google, Google Webverzeichnis zu Simulationssoftware, URL: http://directory.google.com/Top/Science/Software/Simulation/?tc=1/, Letzter Zugriff: 5. Juni 2003.

Goranson, H. T. (1999): The agile virtual enterprise: cases, metrics, tools, London et al.

Govil, M. K./Fu, M. C. (1999): Queueing Theory in Manufacturing: A Survey, in: Journal of Manufacturing Systems 18(3): 214-240.

Greis, N. P./Kasarda, J. D. (1997): Enterprise Logistics in the Information Era, in: California Management Review 39(3): 55-78.

Grochla, E./Lehmann, H./Fuchs, H. (1976): Einführung in die systemtheoretisch-kybernetischen Ansätze, in: Grochla, E. (Hrsg.): Organisationstheorie 2. Teilband. Stuttgart: 532-541.

Gunasekaran, A./McGaughey, R./Wolstencroft, V. (2001): Agile Manufacturing: Concepts and Frameworks, in: Gunasekaran, A. (Hrsg.): Agile Manufacturing: The 21st Century Competitive Strategy. Amsterdam et al.: 25-49.

Gupta, D. (1993): On measurement and valuation of manufacturing flexibility, in: International Journal of Production Research 31(12): 2947-2958.

Gupta, D./Buzacott, J. A. (1989): A Framework for Understanding in Flexibility of Manufacturing Systems, in: Journal of Manufacturing Systems 8(2): 89-97.

Gupta, Y. P./Goyal, S. (1989): Flexibility of manufacturing systems: Concepts and measurements, in: European Journal of Operational Research 43: 119-135.

Haberfellner, R. (1975): Die Unternehmung als dynamisches System, Zürich.

Hair, J. F./Anderson, R. E./Tatham, R. L./Black, W. C. (1998): Multivariate Data Analysis, New Jersey, 5. Auflage.

Hanssmann, F. (1987): Einführung in die Systemforschung Methodik der modellgestützten Entscheidungsvorbereitung, München, 3. Auflage.

Hart, A. G. (1942): Risk, Uncertainty, and the Unprofitability of Compounding Probabilities, in: Lange, O./McIntyre, F./Yntemy, T. O. (Hrsg.): Studies in Mathematical Economics and Econometrics. Chicago.

Hartung, J./Elpelt, B./Klösner, K.-H. (1999): Statistik Lehr- und Handbuch der angewandten Statistik, München, Wien.

Heinrich, L. (2001): Wirtschaftsinformatik Einführung und Grundlegung, München, Wien, 2. Auflage.

Heinzl, A. (1993): Die Ausgliederung der betrieblichen Datenverarbeitung - Eine empirische Analyse der Motive, Formen und Wirkungen, Stuttgart, 2. Auflage.

Heinzl, A./Brandt, A. (1999): Simulationsmodelle, in: Weber, J./Baumgarten, H. (Hrsg.): Handbuch Logistik - Management von Material- und Warenflussprozessen. Stuttgart: 392-411.

Heinzl, A./König, W./Hack, J. (2001): Erkenntnisziele der Wirtschaftsinformatik in den nächsten drei und zehn Jahren, in: Wirtschaftsinformatik 43(3): 223-233.

Hillmer, H.-J. (1987): Planung der Unternehmensflexibilität, Frankfurt am Main.

Horváth, P./Mayer, R. (1986): Produktionswirtschaftliche Flexibilität, in: WiSt 15(2): 69-76.

Inderfurth, K. (1999): Lagerhaltungsmodelle, in: Weber, J./Baumgarten, H. (Hrsg.): Handbuch Logistik - Management von Material- und Warenflussprozessen. Stuttgart: 349-366.

Isermann, H. (1994): Logistik im Unternehmen - eine Einführung, in: Isermann, H. (Hrsg.): Logistik Beschaffung Produktion Distribution. Landsberg/ Lech: 21-43.

Jacob, H. (1974): Unsicherheit und Flexibilität - Zur Theorie der Planung bei Unsicherheit Erster Teil, in: ZfB 44(5): 299-326.

Jacob, H. (1990): Flexibilität und ihre Bedeutung für die Betriebspolitik, in: Adam, D./Backhaus, K./Meffert, H./Wagner, H. (Hrsg.): Integration und Flexibilität - Eine Herausforderung für die allgemeine Betriebswirtschaftslehre. Wiesbaden: 15-60.

Janssen, H. (1997): Flexibilitätsmanagement: theoretische Fundierung und Gestaltungsmöglichkeiten in strategischer Perspektive, Stuttgart.

Johnson, J. C./Wood, D. F. (1996): Contemporary Logistics, Upper Saddle River, 6. Auflage.

Kaluza, B./Blecker, T. (2000a): Management der Produktion und der Logistik in der Unternehmung ohne Grenzen, in: Kaluza, B./Blecker, T. (Hrsg.): Produktions- und Logistikmanagement in Virtuellen Unternehmen und Unternehmensnetzwerken. Berlin et al.: 1-31.

Kaluza, B./Blecker, T. (2000b): Strategische Optionen der Unternehmung ohne Grenzen, in: Kaluza, B. B., Thorsten (Hrsg.): Produktions- und Logistikmanagement in Virtuellen Unternehmen und Unternehmensnetzwerken. Berlin et al.

Kast, F. E./Rosenzweig, J. E. (1976): The modern view: a systems approach, in: Beishon, J./Peters, G. (Hrsg.): Systems Behavior. London, New York, Hagerstown, San Francisco: 15-29.

Kelton, D. W./Sadowski, R. P./Sadowski, D. A. (1998): Simulation with Arena, Boston, Massachusetts et al.

Kidd, P. T. (1995a): Agile Corporations: Business Enterprises in the 21st Century - An Executive Guide.

Kidd, P. T. (1995b): Agile Manufacturing - Forging New Frontiers, Wokingham et al., 2. Auflage.

Kidd, P. T., Agile Manufacturing: A Strategy for the 21st Century, URL: http://www.cheshirehenbury.com/agility/papers/paper1095.html, Letzter Zugriff: 14.06.2003.

Kirk, R. E. (1995): Experimental design: procedures for the behavioral sciences, Monterey, Calif., 3. Auflage.

Kleindorfer, G. B./O´Neill, L./Ganeshan, R. (1998): Validation in Simulation: Various Positions in the Philosophy of Science, in: Management Science 44(8): 1087-1099.

Kleinrock, L. (1975): Queueing Systems - Theory, New York et al.

Knof, H. (1992): CIM und organisatorische Flexibilität, München.

König, W./Rommelfanger, H./Ohse, D./Hofmann, M./Schäfer, K./ Kuhnle, H./Pfeifer, A. (1999): Taschenbuch der Wirtschaftsinformatik und Wirtschaftsmathematik, Frankfurt am Main.

Körth, H. (1969): Zur Berücksichtigung mehrerer Zielfunktionen bei der Optimierung von Produktionsplänen, in: Bader, H./Burkhardt, F. (Hrsg.): Mathematik und Wirtschaft. Berlin 6. Bd.: 184-201.

Koste, L. L./Malhotra, M. K. (1999): A theoretical framework for analyzing the dimensions of manufacturing flexibility, in: Journal of Operations Management 18(1): 75-93.

Krieg, W. (1971): Kybernetische Grundlagen der Unternehmensgestaltung, Bern.

Kühn, M. (1989): Flexibilität in logistischen Systemen, Heidelberg.

Küll, R./Stähly, P. (1999): Zur Planung und effizienten Abwicklung von Simulationsexperimenten, in: Biethahn, J./Hummeltenberg, W./-Schmidt, B./Stähly, P./Witte, T. (Hrsg.): Simulation als betriebliche Entscheidungshilfe. Heidelberg: 1-21.

Kurbel, K./Strunz, H. (1990): Wirtschaftsinformatik - eine Einführung, in: Kurbel, K./Strunz, H. (Hrsg.): Handbuch der Wirtschaftsinformatik. Stuttgart: 1-25.

Lambert, D. M./Cooper, M. C. (2000): Issues in Supply Chain Management, in: Industrial Marketing Management 29(1): 65-83.

Lambert, D. M./Cooper, M. C./Pagh, J. D. (1998): Supply Chain Management: Implementation Issues and Research Opportunities, in: International Journal of Logistics Management 9(2): 1-19.

Lambert, D. M./Emmelhainz, M. A./Gardner, J. T. (1996): Developing and Implementing Supply Chain Partnerships, in: International Journal of Logistics Management 7(2): 1-17.

Lambert, D. M./Emmelhainz, M. A./Gardner, J. T. (1999): Building successful logistic partnerships, in: Journal of Business Logistics 20(1): 165-181.

Landeros, R./Lyth, D. M. (1989): Economic Lot Size Models for cooperative Inter-Organisation, in: Journal of Business Logistics 10(2): 146-158.

Lau, R. S. M./Hurley, N. M. (2001): Creating Agile Supply Chains for Competitive Advantage, in: South Dakota Business Review 60(1): 1-5.

Laux, H. (1998): Entscheidungstheorie, Berlin et al., 4. Auflage.

Lavington, F. (1921): The English Capital Market, London.

Law, A./Kelton, D. W. (2000): Simulation Modeling and Analysis, New York et al., 3. Auflage.

Lee, H. L./So, K. C./Tang, C. S. (2000): The Value of Information Sharing in a Two-Level Supply Chain, in: Management Science 46(5): 626-643.

Lehmann, E. L. (1986): Testing Statistical Hypotheses, New York et al., 2. Auflage.

Levy, D. L. (1995): International Sourcing and Supply Chain Strategy, in: Journal of International Business Studies 26(2): 343-360.

Lewis, I./Talalayevsky, A. (1997): Logistics and information technology: A coordination perspective, in: Journal of Business Logistics 18(1): 141-157.

Liebl, F. (1995): Simulation, München et al., 2. Auflage.

Maier, K. (1982): Die Flexibilität betrieblicher Leistungsprozesse: Methodische und theoretische Grundlegung der Problemlösung, Thun.

Mandelbaum, M./Buzacott, J. A. (1986): Flexibility and its use: A Formal Decision Process and Manufacturing View. ORSA/TIMS Conference on Flexible Manufacturing Systems: Operations Research Models and Applications, Universtity of Michigan. Hrsg.: Stecke, K. E./Suri, R., 119-130.

March, J. G./Simon, H. A. (1958): Organization, New York.

Marschak, T./Nelson, R. (1962): Flexibility, Uncertainty and Economic Theory, in: Metroeconomica 14: 42-58.

Mason-Jones, R./Towill, D. R. (1999): Total cycle time compression and the agile supply chain, in: International Journal of Production Economics 62(1-2): 61-73.

Massie, J. L. (1958): Flexibility in Management - A Concept in Economic Decision-Making, in: The Southern Economic Journal 24(4): 447-457.

Meffert, H. (1985): Größere Flexibilität als Unternehmenskonzept, in: zfbf 37(2): 121-137.

Mentzer, J. T./DeWitt, W./Keebler, J. S./Min, S./Nix, N. W./Smith, C. D./Zacharia, Z. G. (2001): Defining Supply Chain Management, in: Journal of Business Logistics 22(2): 1-25.

Mertens, P. (1997): Integrierte Informationsverarbeitung 1: Administrations- und Dispositionssysteme in der Industrie, Wiesbaden, 11. Auflage.

Meshkat, H./Ballou, R. H. (1996): Warehouse Location with uncertain stock availability, in: Journal of Business Logistics 17(2): 197-216.

Milnor, J. W. (1954): Games against nature, in: Thrall, R. M./Coombs, C. H./Davis, R. L. (Hrsg.): Decision processes. New York et al.: 49-59.

Mirow, H. M. (1969): Kybernetik - Grundlage einer allgemeinen Theorie der Organisation, Wiesbaden.

Müller-Merbach, H. (1973): Operations Research, Berlin.

Narasimhan, R./Kim, S. W. (2001): Information System Utilization Strategy for Supply Chain Integration, in: Journal of Business Logistics 22(2): 51-75.

Naylor, J. B./Naim, M. M./Berry, D. (1999): Leagility: Integrating the lean and agile manufacturing paradigms in the total supply chain, in: International Journal of Production Economics 62(1-2): 107-118.

Nelson, B. L. (1989): Batch size effects on the efficiency of control variates in simulation, in: European Journal of Operational Research 43(2): 184-196.

Oliver, R. K./Webber, M. D. (1992): Supply-Chain Management: Logistics Catches Up with Strategy, in: Christopher, M. (Hrsg.): The Strategic Issue. London: 63-75, Original Publikation in: Outlook (1982).

Olson, C. L. (1974): Comparative robustness of six tests in multivariate analysis of variance, in: Journal of the American Statistical Association 69: 894-908.

Ost, S. (1995): Wirtschaftliche Bewertung der Produktionsflexibilität, in: Kostenrechnungspraxis - Zeitschrift für Controlling(3): 153-158.

Pauli, J. W. (1986): Die Planung unternehmerischer Flexibilität, Zürich.

Perridon, L./Steiner, M. (2002): Finanzwirtschaft der Unternehmung, München, 11. Auflage.

Pibernik, R. (2001a): Flexibilitätsplanung in Wertschöpfungsnetzwerken, in: ZfB 71(8): 893-913.

Pibernik, R. (2001b): Flexibilitätsplanung in Wertschöpfungsnetzwerken, Wiesbaden.

Picot, A./Reichwald, R./Wigand, R. T. (2001): Die grenzenlose Unternehmung Information, Organisation und Management, Wiesbaden, 4. Auflage.

Piercy, J. (1977): A Performance Profile of Several Transportation Freight Services, Case Western Reserve University.

Powers, R. F. (1989): Optimization Models for Logistics Decisions, in: Journal of Business Logistics 10(1): 106-121.

Reich, O. D. (1932): Maintaining a Flexible Organization for Changing Conditions, New York.

Reichwald, R./Behrbohm, P. (1983): Flexibilität als Eigenschaft produktionswirtschaftlicher Systeme, in: ZfB 53(9): 831-853.

Reyes, P./Raisinghani, M. S./Singh, M. (2002): Global Supply Chain Management in the Telecommunications Industry: The Role of Information Technology in Integration of Supply Chain Entities, in: Journal of Global Information Technology Management 5(2): 48-66.

Sabri, E. H./Beamon, B. M. (2000): A multi-objective approach to simultaneous strategic and operational planning in supply chain design, in: The International Journal of Management Science 28: 581-598.

Sadoun, B. (2000): Applied system simulation: a review study, in: Information Sciences 124: 173-192.

Sarker, B. R./Krishnamurthy, S./Kuthethur, S. G. (1994): A survey and critical review of flexibility measures in manufacturing systems, in: Production Planning & Control 5(6): 512-523.

Schaefer, F. W. (1980): System zur Planung und Nutzung der Flexibilität in der Fertigung. Fakultät für Maschinenwesen. Aachen, Rheinisch-Westfälische Technische Hochschule Aachen.

Schauerhuber, M. (1998): Produktionswirtschaftliche Flexibilität: Eine Konstruktion pekuniärer, kontextbezogener und interagierender Flexibilitätsmaße, Wien.

Schlüchtermann, J. (1995): Planung in zeitlich offenen Entscheidungsfeldern, Wiesbaden.

Schmeiser, B. (1982): Batch Size Effects in the Analysis of Simulation Output, in: Operations Research 30(3): 556-568.

Schmidt, F. (1926): Die Anpassung der Betriebe an die Wirtschaftslage, in: ZfB 3: 85-108.

Schneeweiß, C. (1981): Modellierung industrieller Lagerhaltungsprobleme Einführung und Fallstudien, Berlin et al.

Schneeweiß, C. (1992): Planung 2 - Konzepte der Prozeß- und Modellgestaltung, Berlin et al.

Schneeweiß, C./Kühn, M. (1990): Zur Definition und gegenseitigen Abgrenzung der Begriffe, Flexibilität, Elastizität und Robustheit., in: Schmalenbachs Zeitschrift für betriebswirtschaftliche Forschung(5): 378-395.

Schneeweiß, C./Schneider, H. (1999): Measuring and designing flexibility as a generalized service degree, in: European Journal of Operational Research 112(1): 98-106.

Schneidereit, G./Voß, S. (2002): Supply Chain Verträge, in: WISU(2): 198-202.

Seidenberg, U. (1989): Auslöseinformationen im organisatorischen Gestaltungsprozeß - Voraussetzung einer flexiblen Organisation, Frankfurt am Main.

Sethi, A. K./Sethi, S. P. (1990): Flexibility in Manufacturing: A Survey, in: The International Journal of Flexible Manufacturing Systems 2(4): 289-328.

Shewchuk, J. P./Moodie, C. L. (1997): A framework for classifying flexibility types in manufacturing, in: Computers in Industry 33(2-3): 261-269.

Shewchuk, J. P./Moodie, C. L. (1998): Definition and Classification of Manufacturing Flexibility Types and Measures, in: The International Journal of Flexible Manufacturing Systems 10: 325-349.

Shewchuk, J. P./Moodie, C. L. (2000): Flexibility and manufacturing system design: an experimental investigation, in: International Journal of Production Research 38(8): 1801-1822.

Sieger, D. B./Badiru, A. B./Milatovic, M. (2000): A metric for agility measurement in product development, in: IIE Transactions 32(7): 637-645.

Silver, E./Peterson, R. (1985): Decisions Systems for Inventory Management and Production Planning, New York et al., 2. Auflage.

Skjoett-Larsen, T. (1999): Supply Chain Management: A New Challenge for Researchers and Managers in Logistics, in: International Journal of Logistics Management 10(2): 41-53.

Slack, N. (1983): Flexibility as a Manufacturing Objective, in: International Journal of Operations & Production Management 3(3): 4-13.

Slack, N. (1987): The Flexibility of Manufacturing Systems, in: International Journal of Operations & Production Management 7(4): 35-45.

Stigler, G. (1939): Production and Distribution in the Short Run, in: Journal of Political Economy XLIII(June): 305-328.

Stock, J. R./Lambert, D. M. (2001): Strategic Logistics Management, Boston Burr Ridge et al., 4. Auflage.

Stölzle, W. (1999): Industrial Relationships, München, Wien.

Suarez, F. (1995): An empirical study of flexibility in manufacturing, in: Sloan Management Review 37(1): 25-32.

Tempelmeier, H. (1999): Material-Logistik Modelle und Algorithmen für die Produktionsplanung und -steuerung und das Supply Chain Management, Berlin et al., 4. Auflage.

Thielen, C. A. L. (1993): Management der Flexibilität: Integriertes Anforderungskonzept für eine flexible Gestaltung der Unternehmung, Bamberg.

Tsay, A. A./Nahmias, S./Agrawal, N. (1999): Modeling Supply Chain Contracts: A Review, in: Tayur, S./Ganeshan, R./Magazine, M. (Hrsg.): Quantitative Models for Supply Chain Management. Boston: 301-336.

Ulrich, H. (1970): Die Unternehmung als produktives System, Bern, 2. Auflage.

Upton, D. M. (1994): The management of manufacturing flexibility, in: California Management Review 36(2): 72-89.

van der Aalst, W./van Hee, K. (2002): Workflow Management Models, Methods, and Systems, Cambridge, Massachusetts.

Vickery, S./Calantone, R. (1999): Supply chain flexibility: An empirical study, in: Journal of Supply Chain Management: A Global Review of Purchasing & Supply 35(3): 16-24.

Vokurka, R. J./O'Leary-Kelly, S. W. (2000): A review of empirical research on manufacturing flexibility, in: Journal of Operations Management 18(4): 485-501.

Volberda, H. W. (1998): Building the Flexible Firm How to Remain Competitive, Oxford.

von Bertalanffy, L. (1949): Das biologische Weltbild. Bd. I: Die Stellung des Lebens in Natur und Wissenschaft., Bern.

von Uthmann, C. (2001): Geschäftsprozesssimulation von Supply Chains - Ein Praxis-Leitfaden für die Konstruktion von Management-orientierten Modellen integrierter Material- und Informationsflüsse, Ghent.

Voudouris, V. T. (1996): Mathematical programming techniques to debottleneck the supply chain of fine chemical industries, in: Computers and Chemical Engineering 20: 1269-1274.

Weber, M./Krahnen, J./Weber, A. (1995): Scoring-Verfahren - häufige Anwendungsfehler und ihre Vermeidung, in: Der Betrieb 48(33): 1621-1626.

Wildemann, H. (1987): Strategische Investitionsplanung bei diskontinuierlichen Entwicklungen in der Fertigungstechnik, in: Dichtl, E./ Gerke, W./Kieser, A. (Hrsg.): Innovation und Wettbewerbsfähigkeit. Wiesbaden: 449-474.

Woratschek, H. (1995): Systemtheorie, in: Tietz, B. (Hrsg.): Handwörterbuch des Marketing. Stuttgart: Sp. 2436-2448.

Woratschek, H. (1998): Preisbestimmung von Dienstleistungen - Markt- und nutzenorientierte Ansätze im Vergleich, Frankfurt.

Zahn, E./Foschiani, S. (2000): Wettbewerbsfähigkeit durch interorganisationale Kooperation, in: Kaluza, B./Blecker, T. (Hrsg.): Produktions- und Logistikmanagement in Virtuellen Unternehmen und Unternehmensnetzwerken. Berlin et al.: 493-532.

Zapf, M. (2001a): Die Fallstudie aus der Wirtschaftsinformatik - Simulationsgestützte Prozessanalyse für das Communication Center einer Direktbank, in: WISU(7): 998-1000.

Zapf, M. (2001b): Gestaltung flexibler Kundeninteraktionsprozesse im Communication Center: Theoretische Grundlagen und experimentelle Analyse. Lehrstuhl Wirtschaftsinformatik. Bayreuth, Universität Bayreuth.

Zapf, M./Heinzl, A. (2001): Kundeninteraktionsprozesse im Communication Center, in: WISU(12): 1661-1670.

Zimmermann, W. (1999): Operations Research - Quantitative Methoden zur Entscheidungsvorbereitung, München, Wien, 9. Auflage.

Zinn, W. (1996): The New Logistics in Latin America: An Overview of Current Status and Opportunities, in: The International Journal of Logistics Management 7(1): 61-71.

Zinn, W./Bowersox, D. J. (1988): Planning Physical Distribution With The Principle Of Postponement, in: Journal of Business Logistics 9(2): 117-136.

ENTSCHEIDUNGSUNTERSTÜTZUNG FÜR ÖKONOMISCHE PROBLEME

Herausgegeben von Wolfgang Gaul, Armin Heinzl
und Martin Schader

Band 1 Ingo Böckenholt: Mehrdimensionale Skalierung qualitativer Daten. Ein Instrument zur Unterstützung von Marketingentscheidungen. 1989.

Band 2 Jürgen Joseph: Arbeitswissenschaftliche Aspekte der betrieblichen Einführung neuer Technologien am Beispiel von Computer Aided Design (CAD). Felduntersuchung zur Ermittlung arbeitswissenschaftlicher Empfehlungen für die Einführung neuer Technologien. 1990.

Band 3 Eva Schönfelder: Entwicklung eines Verfahrens zur Bewertung von Schichtsystemen nach arbeitswissenschaftlichen Kriterien. 1992.

Band 4 Michael Bargl: Akzeptanz und Effizienz computergestützter Dispositionssysteme in der Transportwirtschaft. Empirische Studien zur Implementierungsforschung von Entscheidungsunterstützungssystemen am Beispiel computergestützter Tourenplanungssysteme. 1994.

Band 5 Reinhold Decker: Analyse und Simulation des Kaufverhaltens auf Konsumgütermärkten. Konzeption eines modell- und wissensorientierten Systems zur Auswertung von Paneldaten. 1994.

Band 6 Wolfgang Gaul / Martin Schader (Hrsg.): Wissensbasierte Marketing-Datenanalyse. Das WIMDAS-Projekt. 1994.

Band 7 Daniel Baier: Konzipierung und Realisierung einer Unterstützung des kombinierten Einsatzes von Methoden bei der Positionierungsanalyse. 1994.

Band 8 Ulrich Lutz: Preispolitik im internationalen Marketing und westeuropäische Integration. 1994.

Band 9 Kirsten Petersen: Design eines Courseware-Entwicklungssystems für den computerunterstützten universitären Unterricht. CULLIS-Teilprojekt I. 1996.

Band 10 Stefan Neumann: Einsatz von Interactive Video im computerunterstützten universitären Unterricht. CULLIS Teilprojekt II. 1996.

Band 11 Eberhard Aust: Simultane Conjointanalyse, Benefitsegmentierung, Produktlinien- und Preisgestaltung. 1996.

Band 12 Peter Heydebreck: Technologische Verflechtung. Ein Instrument zum Erreichen von Produkt- und Prozeßinnovationserfolg. 1996.

Band 13 Michael Pesch: Effiziente Verkaufsplanung im Investitionsgütermarketing. 1997.

Band 14 Frank Wartenberg: Entscheidungsunterstützung im persönlichen Verkauf. 1997.

Band 15 Thomas Lechler: Erfolgsfaktoren des Projektmanagements. 1997.

Band 16 Alexandre Saad: Anbahnung und Erfolg von europäischen kooperativen F&E-Projekten. Eine empirische Analyse anhand von ESPRIT-Projekten. 1998.

Band 17 Michael Löffler: Integrierte Preisoptimierung. 1999.

Band 18 Frank Säuberlich: KDD und Data Mining als Hilfsmittel zur Entscheidungsunterstützung. 2000.

Ab Band 19 erscheint die Reihe unter dem Titel 'Informationstechnologie und Ökonomie'.

Band 19 Rainer Kiel: Dialog-gesteuerte Regelsysteme. Definition, Eigenschaften und Anwendungen. 2001.

Band 20 Axel Korthaus: Komponentenbasierte Entwicklung computergestützter betrieblicher Informationssysteme. 2001.

Band 21 Markus Aleksy: Entwicklung einer komponentenbasierten Architektur zur Implementierung paralleler Anwendungen mittels CORBA. Mit Beispielen aus den Wirtschaftswissenschaften. 2003.

Band 22 Michael Zapf: Flexible Kundeninteraktionsprozesse im Communication Center. 2003.

Band 23 Yvonne Staack: Kundenbindung im eBusiness. Eine kausalanalytische Untersuchung der Determinanten, Dimensionen und Verhaltenskonsequenzen der Kundenbindung im Online-Shopping und Online-Brokerage. 2004.

Band 24 Lars Schmidt-Thieme: Assoziationsregel-Algorithmen für Daten mit komplexer Strutkur. Mit Anwendungen im Web Mining. 2003.

Band 25 Stefan Hocke: Flexibilitätsmanagement in der Logistik. Systemtheoretische Fundierung und Simulation logistischer Gestaltungsparameter. 2004.

Band 26 Viktor Jung: Markteintrittsgestaltung neugegründeter Unternehmen. Situationsspezifische und erfolgsbezogene Analyse. 2004.

Band 27 Lars Brehm: Postimplementierungsphase von ERP-Systemen in Unternehmen. Organisatorische Gestaltung und kritische Erfolgsfaktoren. 2004.

www.peterlang.de

Florian Biersack

Gestaltung und Nutzung makrostruktureller Flexibilität

Frankfurt am Main, Berlin, Bern, Bruxelles, New York, Oxford, Wien, 2002.
272 S., 40 Abb.,
Regensburger Beiträge zur betriebswirtschaftlichen Forschung.
Verantwortlicher Herausgeber: Hans Jürgen Drumm. Bd. 37
ISBN 3-631-38540-4 · br. € 45.50*

Der erhebliche zeitliche und finanzielle Ressourcenaufwand zur Reorganisation von Makrostrukturen sowie das damit verbundene unternehmerische Risiko, lassen es erstaunlich erscheinen, dass im Mittelpunkt flexibilitätswissenschaftlicher Untersuchungen bisher hauptsächlich mikrostrukturelle Problemstellungen standen. Die Arbeit schließt diese Forschungslücke und entwickelt zudem ein auf Lernprozessen basierendes Entscheidungsprozessmodell, welches auch für die Praxis bei der Auswahl makrostruktureller Flexibilisierungsalternativen von großem Nutzen sein kann. Auf dem Weg zu diesem Modell werden einerseits umfassende Rahmenbedingungen sowie Restriktionen makrostruktureller Flexibilität aufgezeigt und andererseits Beurteilungskriterien präzise formuliert. Dadurch wird die Basis geschaffen für eine spannende Flexibilitätsanalyse makrostruktureller Komponenten mit erstaunlichen und anregenden Ergebnissen.

Aus dem Inhalt: Grundlagen flexibler Makrostrukturen · Makrostrukturelle Ausprägungsformen · Grundlagen, Rahmenbedingungen und Restriktionen makrostruktureller Flexibilität · Entscheidungsprozess zur Gestaltung und Nutzung makrostruktureller Flexibilität

Frankfurt am Main · Berlin · Bern · Bruxelles · New York · Oxford · Wien
Auslieferung: Verlag Peter Lang AG
Moosstr. 1, CH-2542 Pieterlen
Telefax 00 41 (0) 32 / 376 17 27

*inklusive der in Deutschland gültigen Mehrwertsteuer
Preisänderungen vorbehalten

Homepage http://www.peterlang.de

FSC
www.fsc.org
MIX
Papier | Fördert gute Waldnutzung
FSC® C083411

Kolibri 360 GmbH
Ferdinand-Jühlke-Straße 7
99095 Erfurt, Deutschland
produktsicherheit@kolibri360.de

Druck:
CPI Druckdienstleistungen GmbH
im Auftrag der
Kolibri 360 GmbH
Ferdinand-Jühlke-Str. 7
99095 Erfurt